21世纪计算机应用基础课程教材

数据库原理与应用(VFP)

第二版

主　编　祝胜林
副主编　叶志婵　刘卫民　刘　辉

华南理工大学出版社
SOUTH CHINA UNIVERSITY OF TECHNOLOGY PRESS
·广州·

图书在版编目（CIP）数据

数据库原理与应用（VFP）/祝胜林主编．—2版．—广州：华南理工大学出版社，2014.3（2024.2重印）

21世纪计算机应用基础课程教材

ISBN 978-7-5623-4173-4

Ⅰ．①数…　Ⅱ．①祝…　Ⅲ．①关系数据库系统-高等学校-教材　Ⅳ．①TP311.138

中国版本图书馆CIP数据核字（2014）第032193号

数据库原理与应用（VFP）（第二版）
Shujuku Yuanli Yu Yinyong（VFP）（Di-Er Ban）
祝胜林　主编

出 版 人： 柯　宁
出版发行： 华南理工大学出版社
（广州五山华南理工大学17号楼，邮编510640）
http://hg.cb.scut.edu.cn　　E-mail：scutc13@scut.edu.cn
营销部电话：020-87113487　87111048（传真）
责任编辑： 胡　元
印 刷 者： 广州小明数码印刷有限公司
开　　本： 787mm×1092mm　1/16　**印张：** 15.5　**字数：** 387千
版　　次： 2014年3月第2版　2024年2月第15次印刷
印　　数： 23 001～25 500册
定　　价： 29.80元

再版前言

随着计算机技术、通信技术和Internet的快速发展，每时每刻都有大量的数据产生。如何更好地组织数据、快速地获取数据和高效地处理数据（譬如检索、统计等），已经成为年青一代大学生必须掌握的基本技能。因此，数据库原理与应用课程已经成为大学生的必修课程，学习和掌握好该课程的内容既可以为专业课程学习打下坚实的基础，又可以提高自身数据管理与处理的能力。

数据作为信息的载体，可以记录在纸上，也可以存放在计算机中，这里的数据是指计算机能够处理的数据。数据处理包括数据的采集、整理、存储、加工和传输等一系列操作。数据处理的目的是提取有用的信息，方便人们进行决策。目前计算机的硬件成本不断下降，存储能力不断增强，数据管理技术也不断发展，迄今为止已经历了三个发展阶段：人工管理阶段、文件系统管理阶段和数据库系统管理阶段，现处于数据库系统管理阶段。虽然数据大小、类别和性质千差万别，但具有联系的数据总是按照一定的组织关系排列，形成一定的结构，对这种结构可以采用相应的数据模型来描述。常用的数据模型有如下三种：层次模型、网状模型和关系模型。1972年，关系模型诞生。中文Visual Foxpro 6.0（以下简称中文VFP或VFP）是一种关系型数据库，本书以它作为应用操作系统来介绍数据库原理与应用。

本书由长期从事“数据库原理与应用”课程一线教学工作的教师编写完成。在编写过程中，我们参考了相关的著作、中文VFP的帮助信息和各种与中文VFP有关的等级或水平考试大纲，同时融合了自身的教学经验。因此，本书具有如下特点：

（1）系统性。可以帮助学生系统地学习有关数据库的基本原理与方法。

（2）针对性。本书的举例和习题经过精心挑选，应用分析条理清晰，可以满足学生参加各种考试复习的需求。

（3）新颖性。对传统的章节结构进行了重新编排，使内容更加紧凑，同时也更加突出数据库应用的重点。

（4）实践性。“数据库原理与应用”课程是一门实践性非常强的课程，本书根据应用操作的需要，精心设计了上机操作的题目。

全书共分9章。第1章介绍数据库的基本原理；第2章介绍初步使用中文VFP的方法以及VFP的特点。第3章介绍中文VFP的语言基础，它是数据库应用的基础；第4章介绍数据库的基本操作方法，重点在于数据表的操作；第5章介绍数据库的高级操作，重点在于数据的应用；第6章介绍项目与程序设计，重点在于结构化程序设计；第7章介绍面向对象的程序设计基本概念和可视化程序设计方法；第8章综合前面章节的知识与应用，结合应用实例介绍数据库应用系统的项目开发方法。第9章介绍数据结构与算法、程序设计基础和软件工程基础的等级考试二级公共基础知识。全书编写分工如下：祝胜林编写第7章和第8章；刘卫民编写第3章、第5章和第6章；刘辉编写第1

章、第2章和第4章；叶志婵编写第9章和对全书的修订；最后由祝胜林负责统稿。

本书在编撰过程中，得到了华南理工大学出版社，华南农业大学信息学院、软件学院的大力支持和帮助；华南农业大学信息学院、软件学院的李康顺院长、林丕源副院长、田绪红系主任对本书提出了中肯的意见和建议，在此表示感谢！我们在编写过程中借鉴了国内外有关书籍，谨向这些书籍的作者表示真诚的感谢！

由于编者能力所限，书中如有不妥之处，敬请广大读者和专家批评指正。

编　者

2013年10月

使 用 说 明

一、使用约定

为了帮助读者更好地阅读本书，对书中采用的一些约定或惯例介绍如下：

1. 选学内容

书中的选学内容在节标题用“＊”标出，譬如：关系数据库规范化理论*。

2. 关于获取中文 VFP 的帮助

由于中文 VFP 6.0 的功能强大，提供了丰富的函数、命令和控件，所有的内容难以全部覆盖，需要进一步学习的读者可以查询中文 VFP 提供的帮助信息。不过，为了获得帮助，需要在安装中文 VFP 的时候，安装 Visual Studio 的 MSDN Library，或者通过 online 获得帮助。

3. 按键约定

单个键：回车键（↙），制表键（〈Tab〉），取消键（〈Esc〉），功能键（F1 ~ F10）。

组合键：Ctrl + W（方法：按住 Ctrl 键不放，再按 W 键）。

4. 输入形式

为了区分输入和输出形式，约定输入以下画线形式表示。如：year：1998↙表示数字 1998 通过键盘输入，以回车键结束输入。

5. 菜单选择

使用中文 VFP 时，常常需要选择菜单，菜单选择采用如下表示方式：菜单→菜单项→选项，譬如：从“程序”菜单中选择“搜索”菜单项下的“文件或文件夹…”选项，可表示为程序→搜索→文件或文件夹…。

6. 鼠标使用

单击：选定；双击：执行；右击：打开快捷菜单。

二、客户支持

对本书举例涉及的源程序、数据库与数据表、习题参考答案和电子教案，我们将它上载到华南理工大学出版社网站（http：//www.scutpress.com.cn），如有需要可以自行下载，欢迎提出宝贵意见，联系方式：Email：zhusl@scau.edu.cn。

目　录

第1章　概　述

【学习目标】

✧ 理解数据与信息的关系；
✧ 了解数据管理发展阶段；
✧ 理解数据库管理系统所处的地位；
✧ 了解数据库系统构成及数据库管理员的职责；
✧ 理解三种常用的数据模型；
✧ 掌握E－R方法的图形画法；
✧ 理解并掌握关系运算的原理与方法；
✧ 了解关系数据库规范化的基本理论；
✧ 理解数据库设计的步骤；
✧ 了解数据库技术的发展。

【重点与难点】

重点在于掌握数据模型、概念模型和关系运算；难点在于画出正确的E-R图。

1.1　数据处理

计算机硬件的处理能力不断提高而成本不断下降，且软件使用越来越方便。另外随着通信技术和网络技术，尤其是Internet的飞速发展，计算机已进入普通百姓家，据统计资料，每年接入Internet的计算机呈直线上升。随着计算机技术的普及和接入Internet的便利，对数据的处理离开计算机和网络来进行已经不可想象了。所以，本书的内容是基于计算机进行的数据处理。在讲述数据处理之前，先要区分数据与信息这两个概念。

1.1.1　数据与信息

数据（Data）是客观事物属性的描述和记录。譬如：描述一个学生的基本情况可以用学号、姓名、性别、出生日期等属性；描述学生的成绩可以用学号、姓名、课程名称和成绩等属性。在日常生活中，我们每时每刻都在与数据打交道，如体质与健康信息、学习情况和工资情况等都离不开数据。数据可以口头表达或手写在纸上，但数据量特别大的时候采用口头或手工的方式就显得效率太低，严重影响工作效率。譬如：某个大型超市每天要售卖许多商品，当天必须统计出库存情况以便补充货物。如果手工处理数据难以保证当天统计出来，这样就不能及时反映库存情况，所以，大型超市一般都采用计算机系统进行管理，即POS（Point of Sale）机收款，后台数据库系统进行统计。因此，这里的数据是从数据处理的角度来讲，是指一切可以被计算机处理的对象（如数字、字符、符号或汉字等)。为了方便计算机处理，数据具有一定的类型，如数值型、字符型、日期型或逻辑型等，每种类型的数据处理可以不同，有时还需要不同类型的数据之间相互转换。

信息(Information)是对客观事物或情况属性的反映，从哲学的观点看，信息可以消除事物的不确定性。譬如：某个大学制定了一项学生学习奖励计划，为此需要对学生进行评价：学年综合测评，测评结果的好坏间接地反映一个学生是否能得到奖励。所以，为了获得有用的数据需要对数据进行处理，从中获得符合特定要求的、综合的数据结果，这一结果就是信息。有人称21世纪是“信息爆炸”的时代，每分每秒都在产生大量的数据，Internet上的信息数以亿吉位(Gigabit)计。快速地从海量数据中查找到有用的数据，对数据进行采集、存储和分析等数据处理能力已经成为21世纪大学生必须掌握的技能。信息的表现形式可以是多种多样的，如文本、数值、报表或图形等。

数据与信息既相互联系，又有区别。数据是信息的表现形式，是外在的表示；而信息是数据所隐含的联系，是内在的表示。信息通过数据符号进行表示、传播，对原始数据进行处理获得的数据才是信息。可以说，信息是数据的浓缩和精华，是有用的数据。这里的有用是指可以帮助人们进行决策，消除某种不确定性。

1.1.2 数据处理

数据处理(Data Processing)，就是以获得信息为目的对数据进行加工、提炼。它可以使用手工计算的方式，也可以使用计算机处理的方式。为了提高数据处理的效率，节省人力资源，数据处理一般采用计算机处理的方式。数据处理包括数据的采集、整理、存储、分类、索引、排序、检索、统计、维护、传输、输出和数据安全等一系列的操作过程。

(1) 采集。采集可以是手工记录或电子记录的方式。手工方式如书写在纸上或输入到计算机中；电子方式如传感器、条形码或RFID标签等技术形式，常与自动采集相联系。

(2) 整理。在手工记录的数据中，常常出现数据不规范、不统一的问题。譬如：“华南农业大学”有时简写为“华农大”、“华农”、“农大”等，为了方便统计汇总需进行整理。

(3) 存储。数据的存储需要区分不同的设备或不同的存储格式等。从电子数据的存储格式来看，可以是Word文档表格、Excel表格、Access表或Visual Foxpro表，为了方便管理或处理，需要选择一种合适的存储形式。

(4) 分类。包括数据表和数据分类。不同性质的数据采用不同的表存放，这是按数据表分类；为了便于统计和使用，常常需要对数据进行分类归档，建立数据字典，这是按数据分类。

(5) 索引与排序。为了从大量的数据中方便、快速地检索到需要的数据，一般需要对数据按某一关键字表达式的值进行索引或排序。

(6) 统计。根据需要对数据进行某种类型的计算，其中求和、求平均、计算最大或最小是常用的统计。

（7）维护。维护包括新的数据添加、部分数据的修改或过时数据的删除。譬如：新员工的增加、员工工资级别的调整或离职员工数据的删除。

（8）传输。可以通过传统的方式，如软盘、U盘或移动硬盘进行传输，也可以通过网络形式进行传输。

（9）输出。对大量的数据进行处理得到的结果，可以采用报表、图形形式输出，也可以采用文件格式输出，如文本文件、电子表格文件等形式。

（10）数据安全。数据在存储和传输的过程中，可能被非法获取、篡改或删除等，通过授权访问、密码学技术能够提高数据的安全性。

近年来，随着移动计算技术的出现与发展，使数据处理的方式和方法有了很大的变化。普式计算、网格计算为数据处理带来新的发展前景，数据处理技术日新月异，需要人们不断学习和更新知识与技术。

1.1.3 数据管理

当今，计算机已经像电视机一样成为普通家用电子产品进入平常百姓家，电子表格软件、数据库软件的使用也比较普遍。但在计算机，尤其是个人计算机出现以前，数据的管理或处理是很不方便的。所以，数据管理也经历了一个从低级到高级的发展过程，根据数据共享、程序与数据的独立、数据冗余等特征来划分，一般认为数据管理经历了三个主要发展阶段，即人工管理阶段、文件系统管理阶段和数据库系统管理阶段。

1. 人工管理阶段

这是数据管理的初级阶段。由于缺少必要的软件、硬件环境的支持，用户只能在“裸机”（指没有必要的系统软件支持）上操作，采用程序管理方式。应用程序中不仅要设计数据的逻辑结构，还要说明数据在存储器中的存储位置（地址）。应用程序与数据之间相互结合、不可分割，当数据有所改变时，程序也必须改动。另外，各个应用程序之间的数据不能相互传递，因此这种管理方式存在程序与数据的独立性差、数据不能共享、数据冗余大、数据管理效率低等不足。

2. 文件系统管理阶段

计算机的软硬件资源在操作系统的统一协调、管理下使用，出现了文件系统，如磁盘操作系统（Diskette Operating System，DOS），相关的数据可以组织成一种数据文件。数据文件可以脱离应用程序而单独存在，文件系统为应用程序和数据文件之间提供了相应的数据调用接口，应用程序通过文件系统完成对数据的管理，一组应用程序可以共享同一个数据文件。譬如：一个学生成绩文件，可以被成绩排序程序、补考名单打印程序所共享。虽然这一阶段数据与程序之间有了一定的独立性，数据有一定的共享性，比人工管理阶段前进了一步，但仍存在程序与数据的独立性较差、数据共享性较差、数据冗余较大和数据管理效率不高等不足。

3. 数据库系统管理阶段

这一阶段对所有相关的数据以数据库（Database）方式进行管理。数据库是存储在计算机外存（如硬盘、光盘）上的相关数据构成的集合。在Visual Foxpro中，数据库是将相关的数据表、视图构成一个集合。数据库的基本思想是对所有相关的数据实行统

一、集中和独立的管理。数据库中的数据能够独立于应用程序，可以满足所有用户的不同要求，实现数据共享。在这一管理阶段，应用程序不是只与一个孤立的数据文件相对应，它可以从数据库中获取某个数据子集。譬如：来源于不同数据表的数据构成一个视图，应用程序在这个视图上进行操作。因此，这一阶段克服了前面两个阶段的不足，较好地实现了数据与程序的相互独立，数据能够较好地被程序所共享，数据文件间的关联关系使得数据的冗余大大减少，数据管理效率明显提高，并通过不同的授权来提高数据的安全性。

1.1.4 数据库管理系统

数据库管理系统（DataBase Management System，DBMS）是数据库管理的软件系统，是数据库系统的核心。中文 Visual Foxpro 6.0 就是一种数据库管理系统，它是运行于操作系统之上的一种系统软件，是用户与数据之间的一个接口。DBMS 在计算机系统中的地位如图 1.1 所示。用户将存取数据的命令提交给 DBMS；DBMS 解释并转换成操作系统能够识别和操作的指令存取数据；将存取的数据送到 DBMS 后，DBMS 将数据转换为用户要求的形式；用户获得存取数据的结果。

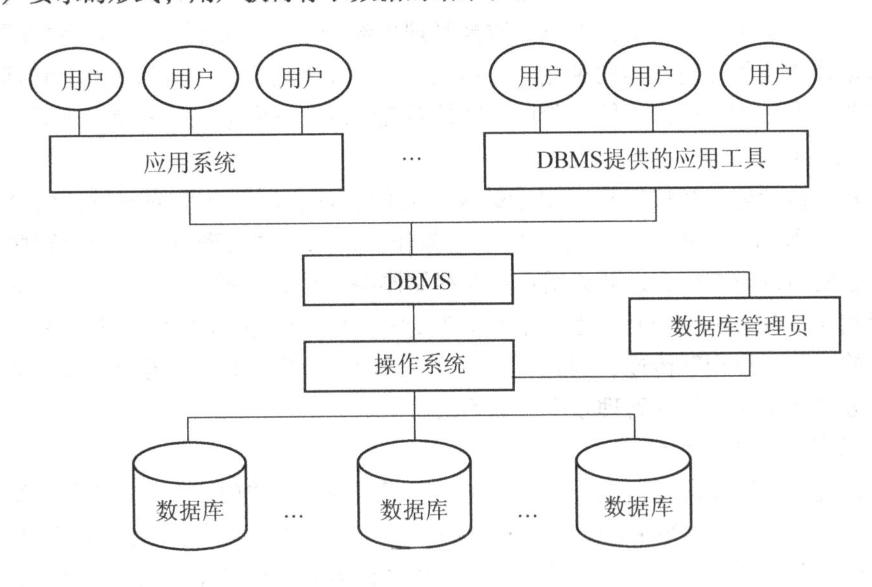

图 1.1 DBMS 在计算机系统中的地位

DBMS 具有如下功能：

（1）数据定义功能。提供数据定义语言（Data Defining Language，DDL）；定义数据库中的数据对象。

（2）数据组织、存储和管理功能。分类组织、存储和管理各种数据；确定组织数据的文件结构和存取方式；实现数据之间的联系；提供多种存取方法以提高存取效率。

（3）数据操纵功能。提供数据操纵语言（Data Manipulating Language，DML）；实现对数据库的基本操作，如查询、插入、删除和修改等。

（4）数据库的事务管理和运行管理功能。数据库在建立、运行和维护时由 DBMS

统一管理和控制；提供数据控制语言（Data Control Language，DCL）；负责数据安全性、完整性的定义、检查以及并发控制。

（5）数据库的建立和维护功能。提供大量的实用程序完成各项功能，譬如：数据库初始数据装载转换、数据库转储、介质故障恢复、数据库的重组织、性能监视分析等。

（6）其他功能。包括 DBMS 与网络中其他软件系统的通信；两个 DBMS 系统的数据转换；异构数据库之间的互访和互操作等。

DDL、DML 和 DCL 语言按其使用方式可以分为：① 自主型语言。可在终端上即时操作的交互式命令语言。② 宿主型语言。可嵌入某些宿主语言，如 C、C++或 COBOL 等高级过程性语言。

1.1.5 数据库系统

数据库系统（Database System，DBS）是指在计算机系统中引入数据库后的系统构成，一般是由计算机系统、数据库、数据库管理系统（及其开发工具）及应用系统、数据库管理员和用户 5 个组成部分构成的一个以数据库为核心的完整的运行实体。数据库系统构成如图 1.2 所示。

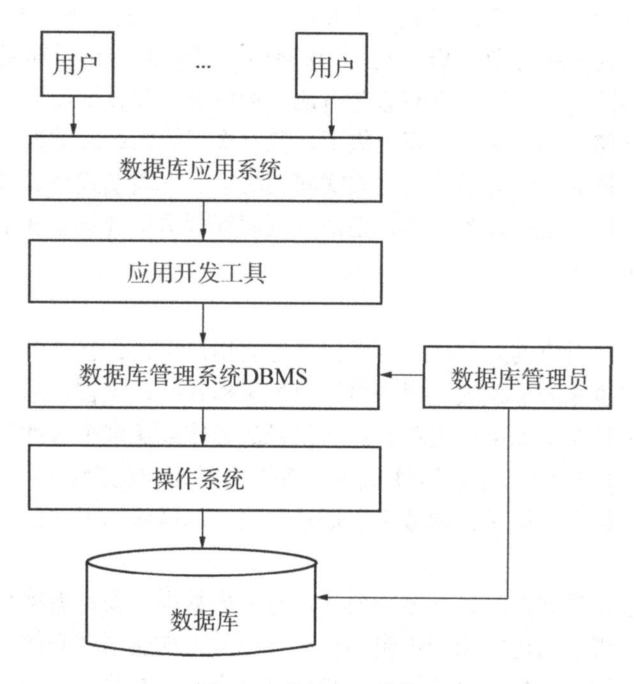

图 1.2 数据库系统构成

其中，数据库管理员（Database Administrator，DBA）是数据库的规划、设计、维护和监视等方面的专门管理人员，其主要职责包括：

（1）设计和定义数据库系统。DBA 必须参与数据库设计的全过程，与用户、应用程序员、系统分析员密切合作，设计概念模式、数据库逻辑模式以及各个用户的外模式，并决定数据库的存储结构和存取策略，设计数据库的内模式。

（2）帮助最终用户使用数据库系统。DBA 负责培训最终用户和解答最终用户日常使用数据库系统时遇到的问题。

（3）监督与控制数据库系统的使用和运行。DBA 负责监视数据库系统的运行情况，及时处理运行过程中出现的问题，分配和管理用户权限，收集审计数据。

（4）改进和重组数据库系统，调优数据库系统的性能。DBA 负责监视、分析数据库系统的性能，包括空间利用率和处理效率，定期或按一定策略对数据库进行重组织。

（5）转存与恢复数据库。DBA 必须定义和实施适当的后援和恢复策略，周期性地转存数据和维护日志等，一旦系统发生故障能在最短时间内把数据库恢复到某一正确状态。

（6）重构数据库。当用户的应用需求增加或改变时，DBA 需要对数据库进行较大的改造，即重新构造数据库。

1.1.6 数据库系统体系结构

数据库系统的体系结构（Database System Architecture，DSA）是数据库系统的一个总体框架。虽然存在数据模型、数据库语言或使用操作系统的不同，但体系结构一般具有三级模式结构的特征。这三级模式（Scheme）是：外模式、概念模式和内模式，也有人将三级模式称为三级视图（View）：外部视图、概念视图和内部视图。三级模式是数据的三个级别的抽象，使得用户能够逻辑地、抽象地处理数据而无须关心数据在计算机中如何表示和存储。在三级模式间提供了抽象层次间的联系和转换，即映射。如外模式与概念模式间的映射、概念模式与内模式间的映射。三级模式及其映射是由 DBMS 统一控制和管理的，而数据库系统的模式是由数据库管理员负责建立和维护的。数据库系统的三级模式如图 1.3 所示。

1. 外模式

外模式是与用户对应的外部模式，所以也称为用户模式，且外模式是从概念模式导出的子模式，所以也称为子模式。用户可以通过子模式描述语言来描述用户级数据库的记录，还可以利用数据操纵语言实现对这些记录的操作或从多个属性的数据运算导出新的数据。例如：银行的储户通过 ATM 机可以查询自己账户的余额；全球通用户可以通过网络查询到自己的通话记录；读者可以通过网络查询借阅图书的记录。

2. 概念模式

概念模式对应于概念级，又称逻辑模式。它是由数据库设计者综合所有用户的数据模式，按照统一的观点构造的全局逻辑结构，并用模式描述语言来描述，是对数据库中全部数据的逻辑结构和特征的总体描述，是所有用户的公共数据视图。例如：在一个进销存应用系统中，仓库管理员看到的是日期、客户、品种规格和数量等数据；财务人员看到的是日期、客户、品种规格、数量、单价和金额等；财务主管看到的是客户的应收、应付货款；系统开发人员看到的数据库，即程序员的数据视图。所以，在开发系统之前需要进行大量的需求分析，综合各类用户的视图，要求从概念视图能够导出不同用户的外部视图。

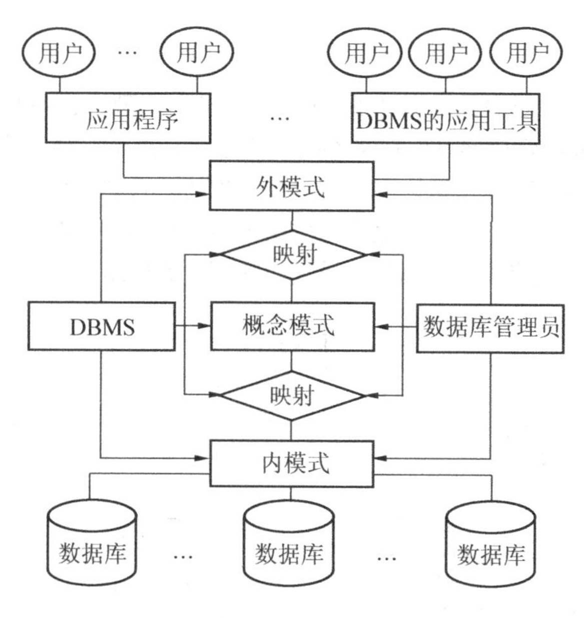

图 1.3 数据库系统的三级模式

3. 内模式

内模式对应于物理级，又称存储模式，是全体数据库数据的内部表示或底层描述。它描述了数据在存储介质上的存储方式与物理结构。例如：工资数据的“基本工资”项在数据表中用 JBGZ 属性来描述，包含在“工资数据表”文件中，该数据表文件存放在某台计算机中。

数据库应用系统是针对特定的应用需求而专门开发的应用软件，如工资管理系统、进销存管理系统等，它不仅包括计算机软、硬件，还包括数据和人员。人员根据职责不同大致可以划分为：领域专家、系统分析专家、数据库系统管理员、系统设计人员、程序设计人员、数据操作员（如录入员、复核员等）、数据应用人员；根据三级视图可以分为三类人员：用户、程序设计人员和系统管理员，其中与外部视图对应的是用户，与概念视图对应的是程序设计人员，与内部视图对应的是系统管理员。

1.2 数据模型

现实世界中的客观事物是彼此相互联系的，因而反映客观事物属性的数据也是相互联系的。数据模型（Data Model）是反映客观事物及客观事物联系的数据组织的结构和形式，它具有三个组成要素：数据结构、数据操作和数据的约束条件。其中，数据结构是所研究的记录类型的集合，是对系统静态特性的描述；数据操作是指对数据库中各种对象（类型）的实例（值）允许进行的操作的集合；数据的约束条件是一组完整性规则的集合。数据模型可以分为三种类型：层次模型、网状模型和关系模型。数据库系统的分类是根据数据模型来划分的。

1.2.1 层次模型

在计算机系统中，目录或文件夹采用的就是层次模型，也叫目录树。为了方便操作，Windows 系统资源管理器可以将文件夹以树型图来显示。层次模型数据库系统是最早使用的一种数据库，其数据结构可以表示成一棵树。首先看两个实例，再归纳这棵树的特点。一个家族的谱系可以方便地使用层次模型来描述，如图 1.4 所示；一所高校的行政管理也可以方便地使用层次模型来描述，如图 1.5 所示。

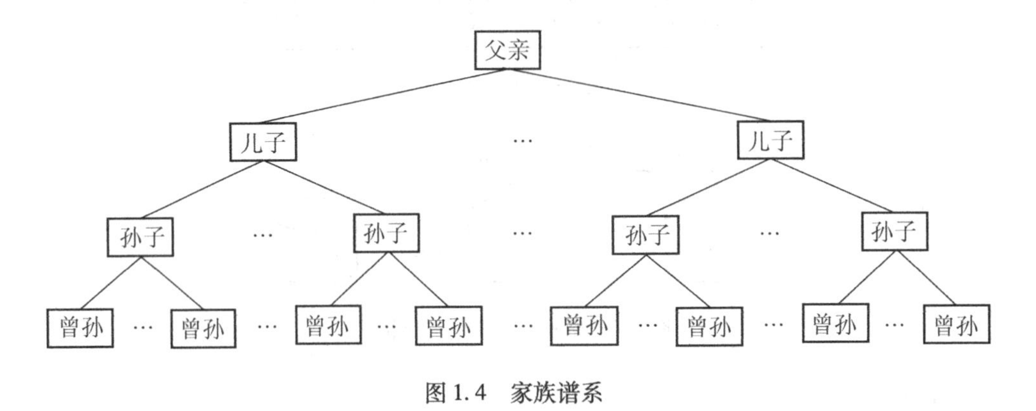

图 1.4　家族谱系

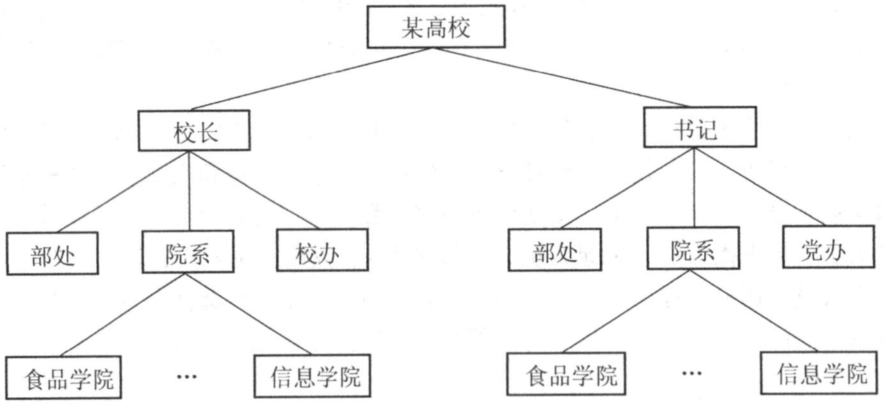

图 1.5　某高校的行政管理层次模型

从上面的实例可以得出层次模型的如下特点：

(1) 有且仅有一个结点没有父结点，它就是根结点。譬如：图 1.4 中“父亲”框；图 1.5 中“某高校”框。

(2) 其他结点有且仅有一个父结点。譬如：图 1.4 中“儿子”框和“孙子”框；图 1.5 中“院系”框。

(3) 有些结点没有子结点，它就是叶子结点；既有父结点，又有子结点的结点是树枝结点。譬如：图 1.4 中“曾孙”框是叶子结点，而“孙子”框是树枝结点；图 1.5 中“信息学院”框是叶子结点，而“院系”框是树枝结点。

1.2.2 网状模型

在日常生活中，人们常说人际关系就是一张网，如亲戚关系、同学关系和同事关系等。在管理中，比较复杂的关系其实也是网状的，如一个学生可以选修多门课程，而一门课程也可以被多个学生选修。某些程序设计语言（如C语言）可以采用指针方式实现网状模型数据。下面将学生选修课程的情形以网状模型表示，如图1.6所示。

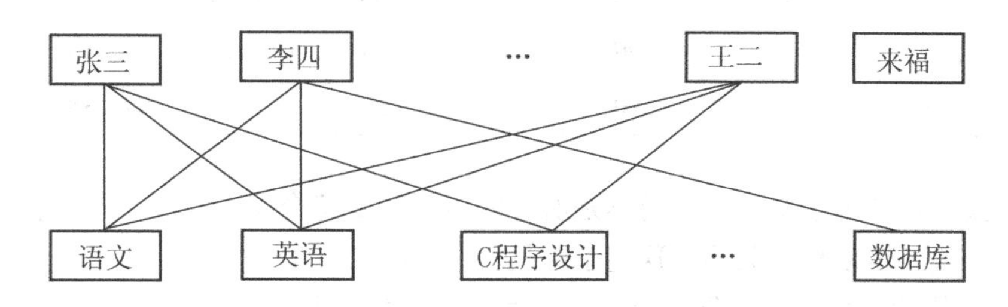

图1.6 学生选修课程的网状模型

从逻辑上看，网状联系是基本层次联系的集合，用结点表示实体，用边表示实体间的联系；从物理上看，每一个结点都是一个存储记录，用链接指针来实现记录之间的联系。但是，由于实体间的关系构成了一张网，纵横交错，从而使数据结构更加复杂。广义地讲，任何一个连通的基本层次联系的集合都是网状模型，它具有如下特点：

（1）允许结点拥有多个父结点。譬如："张三"结点的父结点包括"语文"、"英语"和"C程序设计"。

（2）可以有一个以上的结点没有父结点。譬如："来福"结点没有父结点。

1.2.3 关系模型

在日常工作中，为了清楚地表示数据和数据间的关系，常采用表格形式，如学生成绩表、工资统计表等。关系模型就是用二维表格结构来表示实体以及实体之间联系的数据模型。现有的大多数数据库管理系统都是关系型的，如xBase系列、Visual Foxpro、SQL Sever、Oracle、IBM DB、Sybase等。下面先看两张表格：学生成绩表如表1.1所示，水电费表如表1.2所示，然后归纳关系模型的特点。

表1.1 学生成绩表

学号	姓名	语文	数学	英语	总分	名次
050101	王璇	90	78	95	263	2
050102	田恬	75	80	89	244	4
050103	马晓春	80	98	75	253	3
050104	刘粤勤	93	85	88	266	1
050105	苗雯雯	76	68	79	223	6
050106	邹全景	80	70	90	240	5

表 1.2　水电费表

户号	户主姓名	水费			电费			水电费总计/元
		用水量/m^3	单价/元	金额/元	用电量/度	单价/元	金额/元	
11－201	张海亮	123	1.90	233.70	204	0.65	132.60	366.30
11－202	王秀芳	102	1.90	193.80	198	0.65	128.70	322.50
11－203	牛梅和	96	1.90	182.40	170	0.65	110.50	292.90
11－204	杨红	158	1.90	300.20	269	0.65	174.85	475.05

关系模型用二维表格表示，但不是所有的表格都是符合关系型的，即只有满足一定条件的二维表才可以称为关系。这些条件是：

(1) 表格的每行表示一条记录，每列表示一个属性或特征；

(2) 每个属性是不可分的数据项，且具有相同的类型，不允许表中有表；

(3) 既不允许有完全相同的行，也不允许有完全相同的列。

根据上述条件可以判定表 1.1 是一个关系；而依据条件 (2) 可以判定表 1.2 不是一个关系，因为“水费”、“电费”列之下又分别细分为三列。

关系模型是建立在数学概念基础上的，具有较强的理论依据的一种数据模型。下面介绍关系模型的一些基本术语：

(1) 关系。一个关系就是一张二维表，每个关系有一个关系名。可以表示为：

关系名 (属性 1，属性 2，…，属性 n)

(2) 元组或记录。表中的一行称为一个元组，对应存储文件中的一条记录。

(3) 属性或字段。表中的列称为属性，每列都有一个属性名。属性值相当于记录中的数据项或字段的值。

(4) 域。域是指属性的取值范围，即不同的元组对于同一个属性的值所限定的范围。譬如：性别属性只能从“男”或“女”两个值中取，百分制成绩的取值范围为 0～100，表 1.1 中的成绩就是百分制成绩。

1.3　概念模型

计算机技术和网络技术已经广泛地应用于工作、学习和生活中，数据管理已经离不开计算机。计算机化的数据管理需要进行如下转变：现实世界→信息世界→机器世界，即“三个世界”的抽象，如图 1.7 所示。

1.3.1　实体与实体集

1. 实体

实体 (Entity)，是指客观存在的并且可以相互区分开来的事物。它既可以是具体

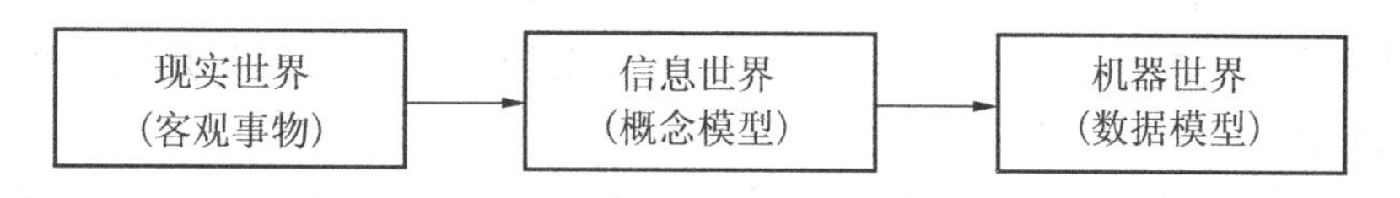

图1.7 “三个世界”的抽象过程

的人、事或物，也可以是抽象的概念和概念之间的联系。譬如：张老师、李同学、从广州到北京出差、一套房或学生某个学期的选课情况等。与实体有关的概念包括实体属性、码和实体型。

（1）实体属性（Entity Attribute）。实体属性是实体所具有的某一特性。实体是通过若干属性或特征来刻画的。譬如：可以通过学号、姓名、性别、出生日期、入学年份或所学专业等属性来描述一类学生对象。属性具有特定的数据类型，并且具有一定的取值范围（称为域），譬如：性别属性的数据类型是字符型，它的取值范围是“男”或“女”。

（2）码（Key）。码可用于区分或唯一地标识实体中不同个体的一个属性或几个属性的组合。譬如：在同一个班的学生中，除了学号属性外，其他属性都有可能出现重复，所以学号是学生实体的码。如果存在多个码，也称为候选码（Candidate Key），可以从中选定一个作为主码（Primary Key）。如果某属性虽不是该实体的主码，却是另一实体的主码，则称此属性为外部码（External Key）。譬如：学生选课实体中包括学号、课程号等属性，这里的学号和课程号都不是该实体的主码，但它们分别是学生实体和课程实体的主码。

（3）实体型（Entity Type）。实体型是用于刻画或抽象同类实体的实体名及其属性名的集合。实体型是概念的内涵，而实体值是概念的实例。譬如：教师（编号，姓名，性别，所在学院）就是教师的实体型，对每个属性确定其取值（101，张三，男，计算机学院）得到的是该实体的一个实例。

2. 实体集

实体集（Entity Set），是指具有相同实体型的实体的集合。譬如：全体员工就是一个实体集。信息世界中的实体、实体集术语对应机器世界的术语如表1.3所示。

表1.3 术语的对应关系

信息世界	机器世界
实体	记录
属性	字段（数据项）
实体集	数据表（文件）
码	关键字

1.3.2 实体间的联系

现实世界中的客观对象是相互联系的，在信息世界中这种联系是通过实体间的联系来体现的，而实体内部则通过组成实体的各种属性联系在一起。譬如：“王璇”和“田恬”是同学关系，具有相同的实体型，而刻画“王璇”和“田恬”是通过属性之间的关系来实现的，如表 1.1 所示。

根据实体集之间联系方式的不同，可以分为一对一联系、一对多联系、多对一联系和多对多联系。

(1) 一对一联系 (1:1)。实体集 A 中的每一个实体，在实体集 B 中至多有一个(可以没有) 实体与之联系，反之亦然。譬如：在我国，每个大学生至多只有一个大学毕业证，可以存在没有获得毕业证的学生，则大学生和大学毕业证之间具有一对一联系。

(2) 一对多联系 ($1:n$) 与多对一联系 ($n:1$)。实体集 A 中的每个实体，在实体集 B 中有 n 个实体($n \geqslant 0$) 与之联系；反之，实体集 B 中的每个实体，在实体集 A 中至多只有一个实体与之联系。譬如：一个学生可以选修多门课程，则学生与课程之间具有一对多的联系；一门课程可以被多个学生选修，则课程与学生之间存在多对一的联系。

(3) 多对多联系 ($m:n$)。实体集 A 中的每个实体，在实体集 B 中有 n 个实体($n \geqslant 0$)与之联系；反之，实体集 B 中的每个实体，在实体集 A 中有 m 个实体 ($m \geqslant 0$) 与之联系。譬如：一个学生可以选修 n 门课程，每门课程可以被 m 个学生选修，则学生与课程之间存在多对多的联系。对 $m:n$ 联系的处理通常是通过增加联系实体，将其转化为一对多联系和多对一联系。譬如：在学生与课程之间增加一个“选课”联系实体，可以将 $m:n$ 的联系转变成 $1:n$ 和 $m:1$ 的联系。

1.3.3 实体联系表示方法

在概念模型中，表示实体间的联系，最常用的方法是实体-联系方法 (Entity-Relation, E-R)，简称 E-R 方法。该方法直接从现实世界中抽象出实体与实体间的联系，然后用 E-R 图来表示数据模型。在 E-R 图中，实体用方框表示；实体属性用椭圆框表示，通过直线将它们连接起来；实体联系用菱形框表示，也是通过直线将实体和实体联系连接起来并在直线上标注联系的类型。如果实体联系具有属性，它也是用椭圆表示，同样也是通过直线将它们和实体联系连接起来。

【例 1.1】 某高校的选课系统中，学生可以选修多门不同的课程，每门课程可以被多个学生选修。试画出学生选课系统的 E-R 图。

在选课系统中有两个实体：学生和课程，它们之间通过选修联系起来，实现了 $m:n$ 的联系转化为一对多和多对一的联系，即学生与选修之间存在 $1:m$ 的联系，而选修与课程之间具有 $n:1$ 的联系。假设学生 (学号，姓名，性别，入学年份，所在院系)、课程 (课程号，课程名称，学分)、选修 (学号，课程号，成绩)，则对应的 E-R 图如图 1.8 所示。

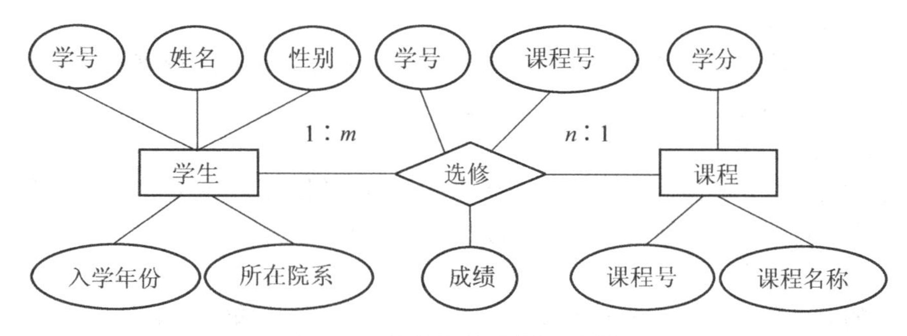

图1.8 学生选课系统E-R图

1.4 关系运算

关系可以由集合代数来定义，下面给出关系的数学定义。

(1) 域 (Domain)。域是一组具有相同数据类型的值的集合。譬如：实数域、{男，女}、$\{x \mid x \in \mathbf{N}\}$ 等。

(2) 笛卡儿积 (Descartes Product)。设定一组域 D_1，D_2，…，D_n，这些域中可以存在相同的域。定义 D_1，D_2，…，D_n 的笛卡儿积为：

$$D_1 \times D_2 \times \cdots \times D_n = \{(d_1, d_2, \cdots, d_n) \mid d_i \in D_i, i = 1, 2, \cdots, n\}$$

其中每一个元素 (d_1，d_2，…，d_n) 叫做一个 n 元组或简称元组。元素中的每个值 d_i ($i=1$，2，…，n) 叫做一个分量。

例如：$D_1 = \{a, b, c\}$，$D_2 = \{x, y\}$，$D_3 = \{b\}$，则 $D_1 \times D_2 \times D_3$ 为：

$$D_1 \times D_2 \times D_3 = \{(a,x,b),(a,y,b),(b,x,b),(b,y,b),(c,x,b),(c,y,b)\}$$

可以看出，笛卡儿积中元组的个数等于每个域中元素的个数乘积，上例中 D_1 有3个元素，D_2 有2个元素，D_3 有1个元素，因此 $D_1 \times D_2 \times D_3$ 中有6个元组 ($6=3\times2\times1$)。

(3) 关系 (Relation)。笛卡儿积 $D_1 \times D_2 \times \cdots \times D_n$ 的任意一个子集称为 D_1，D_2，…，D_n 上的一个 n 元关系。表示为：

$$R(D_1, D_2, \cdots, D_n)$$

其中 R 是关系名称，n 是关系的目或度。

关系是笛卡儿积的有限子集，所以关系也是一个二维表，表中的每行对应一个元素或记录 (如 (a，x，b))，表中的每列对应一个域。由于域可以相同，所以为了区分，需要给每个域取一个名，这个名就称为属性名或字段名。当 $n=1$ 时是单元 (目) 关系，当 $n=2$ 时是二元 (目) 关系，当 $n>2$ 时是多元 (目) 关系。n 元关系有 n 个属性，且属性名要唯一。在VFP中，每个关系使用一个数据表 (.dbf) 来存放。

关系代数定义了关系上的一组集合代数运算，每个运算都以一个或多个关系作为运算对象，运算的结果也是一个关系。关系代数运算包括传统的集合运算和专门的关系运算两类。

1.4.1 传统的集合运算

传统的集合运算有并运算、交运算、差运算和笛卡儿积运算。

1. 关系的并运算

关系的并运算是指关系 R 和关系 S 的所有元素合并，再删除掉重复的元组，得到一个新的关系，称为 R 和 S 的并，记为 $R \cup S$。

2. 关系的交运算

关系的交运算是指由既属于 R 又属于 S 的所有元组组成的集合，即在两个关系中取相同的元组得到的一个新的关系，称为 R 和 S 的交，记为 $R \cap S$。

3. 关系的差运算

关系的差运算是由属于 R 而不属于 S 的所有元组组成的集合，即在关系 R 中删除掉与关系 S 中相同的元组而得到的一个新的关系，称为 R 和 S 的差，记为 $R - S$。

4. 笛卡儿积运算

笛卡儿积运算的定义已经在 1.4 节给出，这里再给出它的记法，设两个关系 R 和 S，则它们的笛卡儿积，记为 $R \times S$。

为了方便读者理解这几种传统的集合运算，下面举一个例子。

【例 1.2】 设有三个关系：R (X, Y)、S (X, Y) 和 T (Y, Z)，它们的元组用二维表格来表示，如图 1.9 所示。

R

X	Y
a	d
b	a
c	c

S

X	Y
d	a
b	a
d	c

T

Y	Z
b	b
c	d

图 1.9 关系 R、S 和 T

$R \cup S$

X	Y
a	d
b	a
c	c
d	a
d	c

$R \cap S$

X	Y
b	a

$R - S$

X	Y
a	d
c	c

$R \times T$

X	Y	Y	Z
a	d	b	b
a	d	c	d
b	a	b	b
b	a	c	d
c	c	b	b
c	c	c	d

图 1.10 传统集合运算的结果

根据运算的定义，可以得到传统集合运算的结果，如图 1.10 所示。

1.4.2 专门的关系运算

专门的关系运算有选择、投影和连接运算。

1. 选择（Select）

选择运算是从关系中找出满足给定条件的所有元组，记为 $\delta_F(R)$，其中 R 表示关系，F 表示条件表达式。譬如：女职工且工资高于 500 元这一条件的 VFP 可以表示为：

性别 = "女". and. 工资 > 500

其中 = 、 > 是关系运算符，. and. 是与逻辑运算符。使得逻辑表达式的值为真的元组被选取，可以看作沿水平方向选取元组。在 VFP 中是通过命令中的 for 或 while 短语实现选择符合条件的记录。

2. 投影（Project）

投影运算是从关系中挑选若干属性组成新的关系。投影运算记为 $\Pi_x(R)$，其中 R 为一个关系，x 为一组属性名或属性序号组（即对应属性在关系中的顺序编号）。同选择运算相比，投影实质也是选择，只不过是从列方向进行的选择，对关系进行垂直分解。

经过投影运算得到的新关系，其中包含的属性个数一般比原来关系的属性个数要少，或者属性的排列顺序不同。在 VFP 中是通过命令中的 fields 短语实现字段（属性）的选择。

3. 连接（Join）

连接运算是将两个关系的属性名拼接在一起，生成一个新关系，其中的属性来自两个原关系，元组需要满足连接条件。因此，连接运算是在连接条件的控制下，实现对两个关系的结合。连接可以分为如下三类：θ 连接、F 连接和自然连接。

（1）θ 连接。θ 连接是从关系 R 和 S 的笛卡儿积中选取属性值满足某一 θ 操作的元组，记为 $R \underset{i\theta j}{\bowtie} S$，其中 i 和 j 分别代表关系 R 和 S 中第 i 个和第 j 个属性的序号，θ 代表操作。譬如：可以是 >、= 或 < 等，如果是“=”，则该连接操作称为“等值连接”。

（2）F 连接。是从关系 R 和 S 的笛卡儿积中选取属性值满足某一公式 F 的元组，记为 $R \underset{F}{\bowtie} S$，其中 F 是形式为 $F_1 \wedge F_2 \wedge \cdots \wedge F_n$ 的公式，“$\wedge$”表示逻辑与运算，每个 F_i（$i=1, 2, \cdots, n$）是形式为 $i\theta j$ 的式子，而 i 和 j 分别代表关系 R 和 S 中第 i 个和第 j 个属性的序号。

（3）自然连接。自然连接是除去重复属性的等值连接，它是连接运算的一个特例，也是最常用的连接运算，记为 $R \bowtie S$。其中 R 和 S 是两个关系，并且具有一个或多个同名属性。

在 VFP 中实现连接可以采用物理连接命令 join，也可以采用逻辑连接命令 set relation to 〈条件表达式〉，并结合动词短语 fields 使用。

【例 1.3】　设有关系 R（A, B, C）和关系 S（B, C, D），它们用二维表格表示，如图 1.11 所示。

R

A	B	C
11	12	13
14	15	16
17	18	19

S

B	C	D
12	13	12
15	16	13
19	18	15

图 1.11　关系 R 和关系 S

依据定义，可以得到专门关系运算的结果，如图 1.12 所示。

$\delta_B=15(S)$

B	C	D
15	16	13

$\prod_{A,C}(R)$

A	C
11	13
14	16
17	19

$R \underset{[3]=[2]}{\bowtie} S$

A	B	C	B	C	D
11	12	13	12	13	12
14	15	16	15	16	13

$R \bowtie S$

A	B	C	D
11	12	13	12
14	15	16	13

图 1.12　专门关系运算的结果

4. 除（Division）

除运算是指给定关系 R（X, Y）和 S（Y, Z），其中 X, Y, Z 为属性组。R 中的 Y 与 S 中的 Y 允许有不同的属性名，但必须出自相同的域集。R 与 S 的除运算得到一个新的关系 P（X），P 是 R 中满足下列条件的元组在 X 属性列上的投影：元组在 X 上分量

值 x 的像集 Y_x 包含 S 在 Y 上投影的集合。记为：

$$R \div S = \{t_r[X] \mid t_r \in \mathbf{R} \wedge Y_x \supseteq \Pi_Y(S)\}$$

其中 Y_x 为 x 在 R 中的像集，$x = t_r[X]$。

【例 1.4】设关系 R，S 和它们相除的结果 $R \div S$ 如图 1.13 所示。

R

A	B	C
a_1	b_1	c_2
a_2	b_3	c_7
a_3	b_4	c_6
a_1	b_2	c_3
a_4	b_6	c_6
a_2	b_2	c_3
a_1	b_2	c_1

S

B	C	D
b_1	c_2	d_1
b_2	c_1	d_1
b_2	c_3	d_2

$R \div S$

A
a_1

图 1.13　除运算

分析可知：在关系 R 中，A 的取值范围为 $\{a_1, a_2, a_3, a_4\}$，其中：

a_1 的像集为 $\{(b_1, c_2), (b_2, c_3), (b_2, c_1)\}$；$a_2$ 的像集为 $\{(b_3, c_7), (b_2, c_3)\}$；

a_3 的像集为 $\{(b_4, c_6)\}$；a_4 的像集为 $\{(b_6, c_6)\}$。

S 在 (B, C) 上的投影为 $\{(b_1, c_2), (b_2, c_3), (b_2, c_1)\}$。显然，只有 a_1 的像集 $(B, C)_{a_1}$ 包含 S 在 (B, C) 属性组上的投影，因此 $R \div S = \{a_1\}$。

1.5　关系数据库规范化理论*

在关系数据库系统中，设计一个数据库就是设计一些关系表、关系表中的属性（字段）和关系表之间的关系。为了解决关系模式存在的数据冗余、不一致性、插入异常和删除异常等问题，需要研究关系模式的规范化设计问题。

首先来看一张不符合规范化设计的关系表，如表 1.4 所示，然后分析如何使它规范化，解决存在的异常问题。

表 1.4　学生基本信息与成绩表

学号	姓名	性别	课程号	课程名	成绩
050103	张华	男	102	C 语言	85
050103	张华	男	108	网络	83
050207	李华平	男	105	VFP	78
050109	郝琴	女	102	C 语言	80
050503	田广权	男	103	VB	95
050402	祝玉禧	男	105	VFP	100
050106	杨珊	女	103	VB	88

从表1.4可以看出，当一个学生选修多门课程时，就会出现数据冗余。譬如："张华"同学选修了"C语言"和"网络"两门课程，而他的基本信息"学号"、"姓名"和"性别"出现了重复（冗余）。如果在输入姓名时，不小心将"张华"输入成了"章华"，就出现了同一个学号对应两个姓名，即发生数据不一致。如果有某个学生没有选修课程，由于课程号不允许为空，则该学生的基本信息（"学号"、"姓名"和"性别"）也就无法插入，即出现插入异常。如果只需要删除某个学生的成绩，就会出现删除异常，将该学生的基本信息也删除了。

为了解决上述关系模式存在的问题，需要将一个关系模式分解为多个关系模式，即范式和规范化。注意，本节中的关系模式同本书前面提到的关系没有本质的区别，只是在与"转换"一词搭配时，称为关系模式更加合适。

1.5.1 范式和规范化

要设计一个好的关系模式，必须使关系满足一定的约束条件，此约束已经形成了规范，该规范就称为范式（Normal Form，NF）。范式分成五个等级，一级比一级要求严格，第一范式是最低要求，第五范式要求最高。显然，满足较高范式条件者必然满足较低范式条件。一个较低范式的关系模式，可以通过关系模式的无损分解转换为若干较高范式关系模式的集合，这一过程就称作关系模式规范化（Normalization）。一般情况下，第一范式或第二范式的关系存在许多缺点，实际的关系数据库一般使用第三以上范式的关系，当然也不是范式越高越好，需要兼顾效率和方便性。

1.5.2 范式的判定条件

1. 第一范式（1NF）

设R是一个关系模式，R属于第一范式当且仅当R中每一个属性A的值域只包含原子项，即不可分割的数据项。从该定义可知，表1.4符合1NF。

2. 第二范式（2NF）

设R是一个关系模式，R属于第二范式当且仅当R是1NF，则每个非主属性的完全函数依赖于主码。

（1）主码。主码是指属性或属性的组合，其值能够惟一地标识一个元组。

（2）主属性。包含在主码中的诸属性称为主属性。

（3）函数依赖。设$R(U)$是属性集U上的关系模式，X，Y是U的子集。若对于$R(U)$的任意一个可能的关系r，r中不可能存在两个元组在X上的属性值相等，而在Y上的属性值不等，则称X函数确定Y或Y函数依赖于X，记作$X \rightarrow Y$。譬如：在表1.4中，学号是唯一的，不存在学号相同而姓名不同的学生元组，即学号→姓名；同理，课程号→课程名。

（4）完全函数依赖。设$X \rightarrow Y$是一个函数依赖，且对于任何$X' \subset X$，$X' \rightarrow Y$都不成立，则$X \rightarrow Y$是一个完全函数依赖，即Y函数依赖于整个X，记为$X \xrightarrow{F} Y$。譬如：在选修实体联系中，学号和课程号$\xrightarrow{F}$成绩。

【例1.5】 设关系模式$R(A,B,C,D)$,关键字为$\{A, B\}$的组合，若R满足函数依赖$A \to D$，则R不属于2NF。通过投影分解消除1NF关系中非主属性对主码的部分依赖成分，使之满足2NF。

通过对关系模式R进行投影，分解成两个子关系模式R_1和R_2：

$R_1(A,D)$ &&$A \to D$

$R_2(A,B,C)$ && $\{A, B\} \to C$且A是R_2关于R_1的外码

则R_1、R_2都属于2NF。利用外码A连接R_1和R_2可重新得到R，即R_1和R_2是R的无损分解。

3. 第三范式（3NF）

设R是一个关系模式，R属于第三范式当且仅当R是2NF，且每个非主属性都非传递函数依赖于主码。

（1）传递依赖。设$R(U)$是一个关系,$X,Y,Z \subseteq U$，如果$X \to Y(Y \not\subseteq X, Y \nrightarrow X)$且$Y \to Z$成立，则称$Z$传递函数依赖于$X$，记为$X \xrightarrow{T} Z$。

（2）部分函数依赖。设$X \to Y$是一个函数依赖，但不是完全函数依赖，则称$X \to Y$是部分函数依赖，或称Y函数依赖于X的某个真子集，记作$X \xrightarrow{P} Y$。

一个属于2NF但不属于3NF的关系总可以分解为由属于3NF的关系模式构成的集合。

【例1.6】 设关系模式$R(A,B,C)$,主码为$\{A\}$，满足函数依赖$B \to C$，且$B \nrightarrow A$，则R不属于3NF，计算属于3NF的关系模式集合。

利用投影消除非主属性间的传递函数依赖，可以将R分解为如下的关系模式R_1和R_2：

$R_1(B,C)$ && 因为$B \to C$，且$B \nrightarrow A$，则R_1属于3NF

$R_2(A,B)$ && 因为主码为$\{A\}$，$A \to B$，且$B \nrightarrow A$，则R_2属于3NF

并且R_1和R_2基于属性B连接可以重新得到关系模式R。

3NF的关系已排除了非主属性对于主码的部分依赖和传递依赖，从而使关系表达的信息相当单一，能够满足关系数据库一般情况下的要求。

4. BC范式（BCNF）

设R是一个关系模式，若R中所有非平凡的、完全的函数依赖的决定因素是码，则R属于BCNF。

设$X \to Y$是一个函数依赖，若$Y \subseteq X$，则称$X \to Y$是一个平凡函数依赖。

由上述定义可以得出如下结论，若R属于BCNF，则R有：

（1）R中所有非主属性对每一个码都是完全函数依赖；

（2）R中所有主属性对每一个不包含它的码也是完全函数依赖；

（3）R中没有任何属性完全函数依赖于非码的任何一组属性。

若关系模式R属于BCNF，则R中不存在任何属性对码的传递依赖和部分依赖，所以R也属于3NF。因此，任何属于BCNF的关系模式一定属于3NF，反之则不然。一个关系模式若属于BCNF，则在函数依赖的范畴内，它已实现了彻底的分离，也已消除了

插入和删除异常。

1.5.3 关系模式的分解

在例1.5和例1.6中，通过投影可以分解关系模式，分解后的模式可以通过连接重新得到原来的关系模式。这样做的目的，是为了使分解后的模式保持原模式所满足的特性，要求分解处理具有无损分解和保持函数依赖性。

1. 无损分解

无损分解指的是对关系模式进行分解时，原关系模式下任何一合法的关系值在分解之后能通过自然连接运算恢复。

2. 验证无损分解的充要条件

如果R的分解为$\beta=\{R_1,R_2\}$，F为R所满足的函数依赖集合，则分解β具有无损分解的充分必要条件为：

$$R_1 \cap R_2 \rightarrow \{R_1 - R_2\} \text{ 或 } R_1 \cap R_2 \rightarrow \{R_2 - R_1\}$$

1.6 数据库设计

目前，数据库的建设规模、信息量大小和使用频度已经成为衡量一个国家信息化程度的重要标志之一，因而科学地设计和实现数据库及其应用系统日益受到人们的关注。数据库设计尤其是大型数据库设计是一项涉及多学科的综合技术。数据库设计包括两个方面内容：

（1）结构设计。设计数据库框架或数据库结构。

（2）行为设计。设计应用程序、事务处理等。

数据库设计的任务是在DBMS的支持下，按照应用的要求，为某一部门或组织设计一个结构合理、使用方便、效率较高的数据库及其应用系统。

目前常用的各种数据库设计方法都属于规范设计法，即运用软件工程的思想和方法，根据数据库设计的特点，提出各种设计准则和设计规程。规范设计法在具体使用中可以分为手工设计和计算机辅助数据库设计。手工设计工作量较大，设计者的经验与知识在很大程度上决定了数据库设计的质量。计算机辅助数据库设计可以减轻设计的工作强度，加快设计的速度，提高设计的质量。

数据库设计步骤包括六个阶段，如图1.14所示。

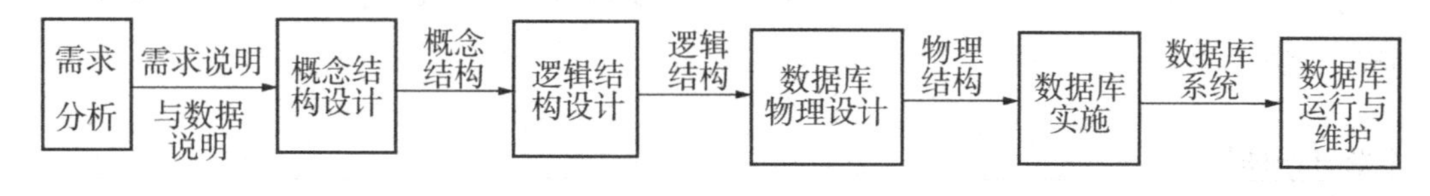

图1.14 数据库设计的步骤

（1）需求分析。它是整个设计过程的基础，是最困难、最耗费时间的一步，结果是否直接地反映了用户的实际要求，将直接影响后面各个阶段的设计，也会影响数据库设计结果的合理性与实用性。

（2）概念结构设计。它是整个数据库设计的关键，在将现实世界需求转化为机器世界的模型之前，需要通过对用户需求进行综合、归纳与抽象，以一种独立于具体DBMS的逻辑描述方法来描述数据库的逻辑结构，即概念结构。

（3）逻辑结构设计。它是将抽象的概念结构转换为所选用的DBMS支持的数据模型，并对其进行优化。

（4）数据库物理设计。它为逻辑数据模型选取一个最适合应用环境的物理结构，包括存储结构和存取方法。

（5）数据库实施。设计人员运用DBMS提供的数据语言及其宿主语言，根据逻辑结构设计和数据库物理设计的结构建立数据库，编制与调试应用程序，组织数据入库并进行试运行。

（6）数据库运行与维护。数据库应用系统经过试运行后方可投入正式运行，在运行过程中必须不断地对其进行评价、调整和修改。

1.7 数据库技术的发展

数据库技术从20世纪60年代中期产生迄今经历了几十年的快速发展，其应用领域和使用范围越来越广泛，与其他技术结合越来越密切。依据数据模型，数据库技术一般分为三代：

（1）第一代为网状、层次数据库。IMS系统是典型的层次数据库系统，DBTG系统是典型的网状数据库系统。

（2）第二代为关系数据库系统。System R和INGRES是典型的关系数据库系统，包括当前大多数商用数据库系统，譬如Oracle、Foxpro和SQL Sever等。

（3）第三代为以面向对象模型为主要特征的数据库系统。面向对象数据库（Object Oriented Database System，OODBS）的实现方式有两种：①在面向对象的设计环境中加入数据功能，典型的有ORIENDB（混合面向文档和面向对象模型的图形数据库）、CLOS（Common Lisp Object System）等。②对传统数据库系统进行改进，使其支持面向对象的数据模型，如Oracle 8.0及以上版本、INFORMIX 9.0及以上版本，等等。

数据库技术与网络通信、人工智能、面向对象程序设计、并行计算等技术相互渗透和结合，成为当前数据库技术发展的主要特征，涌现出各种数据库，如分布式数据库、并行数据库、对象与关系数据库、知识库、主动数据库、演绎数据库、多媒体数据库和模糊数据库等。

【学习指导】

✦ 信息是有用的数据，方便人们进行决策；数据处理的目的是为了得到信息。

✦ 程序与数据之间的独立性、数据的共享性和冗余性是划分数据管理的代的指标。

✦ DBMS是在操作系统之上的系统软件，是用户与数据库间的接口。

✦ 数据库系统体系结构分为三种模式，有利于保持数据库的数据独立性。

✦ 数据库系统构成包括5部分。
✦ 数据模型描述的数据间的关系，可分为层次模型、网状模型和关系模型。
✦ 关系型数据库中的关系是满足一定条件的二维表。表间的关系可分为一对多、多对一与一对多和多对多。表（实体）间的关系可用E－R图表示。
✦ 专门的关系运算有：选择、投影和连接。
✦ 关系数据库系统的应用，关键是设计关系表及表间的关联关系，范式和规范化理论与方法是提高数据库设计能力的基础。
✦ 数据库设计包括6个步骤。
✦ 数据库技术依据数据模型分为三代。

【习题1】

一、填空题

1.1 数据与信息既相互联系，又有区别。数据是信息的表现形式，是＿＿＿＿＿＿表示；而信息是数据所隐含的联系，是＿＿＿＿＿＿表示，信息通过数据符号进行表示、传播。对数据进行处理获得的数据才是信息，可以说信息是数据的浓缩和精华，是＿＿＿＿＿＿数据。

1.2 数据处理包括数据的＿＿＿＿＿、＿＿＿＿＿、＿＿＿＿＿、＿＿＿＿＿、索引、排序、检索、＿＿＿＿＿、维护、传输、输出和数据安全等一系列的操作过程。

1.3 数据管理也经历了从低级到高级的发展过程，根据数据共享、程序与数据的独立、数据冗余等特征来划分，一般认为，数据管理经历了三个阶段：＿＿＿＿＿＿＿＿＿、＿＿＿＿＿＿＿＿＿和＿＿＿＿＿＿＿＿＿。

1.4 数据模型由三要素组成：＿＿＿＿＿＿、＿＿＿＿＿＿和＿＿＿＿＿＿＿＿。

1.5 根据数据模型的不同来划分，数据库可以划分为三种：＿＿＿＿＿＿＿＿、＿＿＿＿＿＿和＿＿＿＿＿＿。

1.6 根据实体集之间的联系方式的不同，可以分为：＿＿＿＿＿＿、＿＿＿＿＿＿和＿＿＿＿＿＿。

1.7 传统的集合运算有＿＿＿＿、＿＿＿＿、＿＿＿＿和＿＿＿＿运算。

1.8 专门的关系运算有＿＿＿＿＿＿、＿＿＿＿＿＿和＿＿＿＿＿＿运算。

二、单项选择题

1.9 数据库系统与文件系统的主要区别是（　　）。

A. 数据库系统复杂，而文件系统简单

B. 文件系统不能解决数据冗余和数据独立性问题，而数据库系统可以解决

C. 文件系统只能管理程序文件，而数据库系统能够管理各种类型的文件

D. 文件系统管理的数据量较少，而数据库系统可以管理庞大的数据

1.10 DBMS是（　　）。

A. 操作系统的一部分　　B. 在操作系统支持下的系统软件

C. 一种编译程序　　D. 应用程序系统

1.11 数据库三级模式体系结构的划分，有利于保持数据库的（　　）。

A. 数据独立性　　B. 数据安全性
C. 结构规范化　　D. 操作可行性

1.12 数据库系统的独立性是指（　　）。
A. 不会因为数据的数值变化而影响应用程序
B. 不会因为系统数据存储结构与数据逻辑结构的变化而影响应用程序
C. 不会因为存储策略的变化而影响存储结构
D. 不会因为某些存储结构的变化而影响其他的存储结构

1.13 数据库类型是根据（　　）划分的。
A. 文件形式　　B. 记录形式　　C. 数据模型　　D. 存取数据的方法

1.14 E－R 方法是数据库设计的工具之一，它一般适用于建立数据库的（　　）。
A. 概念模型　　B. 结构模型　　C. 物理模型　　D. 逻辑模型

1.15 关系模型是（　　）。
A. 用关系表示实体　　B. 用关系表示联系
C. 用关系表示实体及其联系　　D. 用关系表示属性

1.16 若 $D_1=\{a_1,a_2,a_3\}$，$D_2=\{1,2,3\}$，则 $D_1\times D_2$ 集合中共有元组有（　　）个。
A. 6　　B. 8　　C. 9　　D. 12

1.17 有两个关系 R 和 S，分别包含 15 个和 10 个元组，则在 $R\cup S$、$R-S$、$R\cap S$ 中不可能出现的元组数目情况是（　　）。
A. 15，5，10　　B. 18，7，7　　C. 21，11，4　　D. 25，15，0

1.18 从关系中选取满足条件的元组的关系代数运算为（　　）。
A. 条件运算　　B. 选择运算　　C. 投影运算　　D. 搜索运算

1.19 关系规范化中删除操作异常是指（　　），插入操作异常是指（　　）。
A. 不该删除的数据被删除
B. 该插入的数据被插入
C. 应该删除的数据未被删除
D. 应该插入的数据未被插入

1.20 在关系数据库设计理论中，起核心作用的是（　　）。
A. 范式　　B. 模式设计
C. 数据依赖　　D. 数据完整性

1.21 关系数据库规范化是为解决关系数据库中的（　　）问题而引入的。
A. 插入、删除和数据冗余
B. 提高查询速度
C. 减少数据操作的复杂性
D. 保证数据的安全性和完整性

1.22 在关系模式 $R(A,B,C)$ 中，存在函数依赖关系 $\{A\rightarrow C,\ C\rightarrow B\}$，则关系模式 R 最高可以达到（　　）。
A. 1NF　　B. 2NF
C. 3NF　　D. 以上三者都不是

1.23 在关系模式 $R(A,B,C,D)$ 中，有函数依赖集 $F=\{B \to C, C \to D, D \to A\}$，则 R 能达到（　　）。

A. 1NF　　B. 2NF

C. 3NF　　D. 以上三者都不是

1.24 数据库系统一般是由数据库、数据库管理系统（及其开发工具）及应用系统、数据库管理员、用户和（　　）5个组成部分构成的一个以数据库为核心的完整的运行实体。

A. DBMS　　B. DBA

C. 计算机系统　　D. 操作系统

1.25 下面哪一个不属于数据库管理员的职责（　　）。

A. 设计和定义数据库系统　　B. 帮助最终用户使用数据库系统

C. 转存与恢复数据库　　D. 编码数据库应用系统的功能

1.26 数据库设计最耗费时间的阶段是（　　）。

A. 需求分析　　B. 概念结构设计

C. 逻辑结构设计　　D. 数据库实施

1.27 第3代数据库系统数据模型是（　　）。

A. 层次模型　　B. 面向对象模型

C. 关系模型　　D. 网状模型

三、简答题

1.28 数据库系统是如何实现数据独立性的?

1.29 等值连接与自然连接有何区别?

1.30 某医院病房计算机管理系统中需要如下实体及其属性。

科室：科室名称、电话、地址

医生：工作证号、姓名、性别、所属科室名、年龄、职称

病房：病房号、床位数、所属科室名

床位：床位号、病房号、收费标准

病人：病历号、姓名、性别、床位号、主治医生工作证号

其中，一个科室有多个病房、多个医生；一个病房只能属于一个科室，可以有多个床位；一个医生只属于一个科室，但可以负责多个病人的诊治，一个病人的主治医生只有一个。试画出该系统对应的 E-R 图。

1.31 设有关系 R 和 S：

R

A	B	C
a	b	c
b	a	f
c	b	d

S

A	C	D
b	a	f
a	c	e
c	e	d

计算 $R-S$、$R \cup S$、$R \cap S$ 和 $R \times S$。

1.32 设有关系 S 和 T:

S

A	B	C
1	2	3
2	5	6
3	6	8
4	7	9

T

B	C	D
2	7	7
5	3	8
9	2	5
4	1	6

计算 $\delta_{B=15}(T)$、$\prod_{A,C}(S)$、$S \underset{[3]=[2]}{\bowtie} T$ 和 $R \bowtie S$。

1.33 有如下关系 R，试求出 R 所有候选关键字，列出 R 中的函数依赖，判定 R 属于第几范式。

R

A	B	C
a_1	b_1	c_2
a_2	b_6	c_2
a_3	b_4	c_3

第 2 章　初步使用中文 Visual Foxpro 6.0

【学习目标】

✧ 了解 VFP 界面的构成部分；
✧ 掌握 VFP 的启动和退出操作；
✧ 了解 VFP 三种不同的操作方式；
✧ 了解命令格式并掌握命令的书写规则；
✧ 了解 VFP 的特性。

【重点与难点】

重点在于能够初步使用中文 Visual Foxpro；难点在于正确书写命令。

2.1　启动中文 Visual Foxpro

安装中文 Microsoft Visual Foxpro 6.0（以下简称中文 VFP 或 VFP）的操作比较简单，并且目前的计算机硬件完全可以满足安装要求，所以本书不介绍其安装过程。如果读者需要了解安装信息，可查看其安装帮助或阅读 Readme 文档。下面介绍中文 VFP 的启动方式，根据安装该系统的不同情况，启动该系统的方法有多种，下面介绍从“开始”菜单启动和通过资源管理器启动的方法。

1. 从“开始”菜单启动

中文 VFP 正常安装后，会在“开始”菜单的“程序”选项中有一个“Microsoft Visual Foxpro 6.0”选项，所以，只需像启动其他程序一样启动中文 VFP 系统。

2. 通过资源管理器启动

VFP 的可执行程序名为 VFP6.exe，首先需要找到 VFP6.exe 所在的路径（包括盘符、文件夹，譬如：c：\ VFP98 \ VFP6.exe），可利用 Windows 操作系统提供的“搜索”功能。以 Windows XP 为例，进入“开始”菜单，选择“搜索”菜单项下的“文件和文件夹…”选项后，出现“搜索结果”窗口，如图 2.1 所示，按如下步骤操作：

（1）在“您要查找什么?”的下边选择“所有文件和文件夹”。

（2）在“按下面任何或所有标准进行搜索”下面的“全部或部分文件名”文本框中输入“VFP6.exe”，选择盘符后就可以按“搜索”按钮进行搜索。

（3）搜索的结果会在对话框的右边显示出来，如果已找到需要的结果，选择停止搜索即可。

用户可在窗口中直接双击相应的名称来启动，为了方便以后启动，最好用鼠标右键单击 VFP6 图标，在桌面上创建一个中文 VFP 的快捷方式，这样以后启动中文 VFP 系统只需在桌面上双击快捷图标即可。

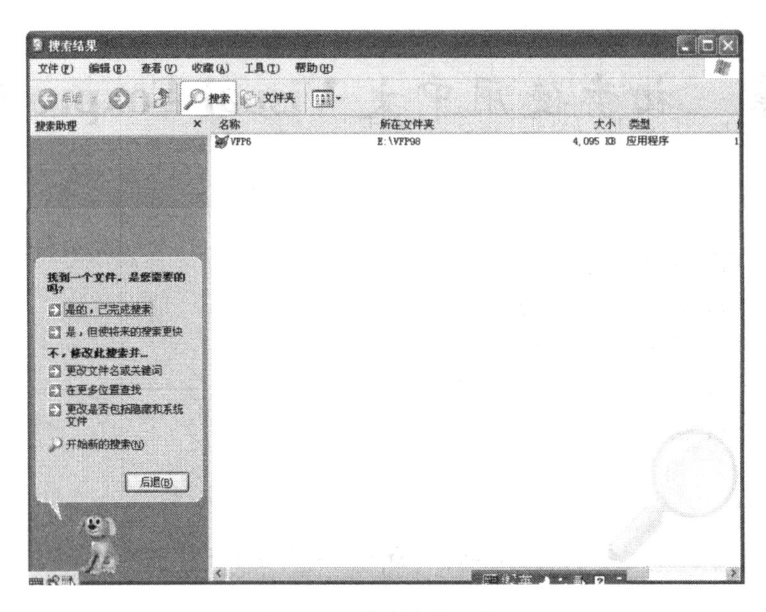

图 2.1　“搜索结果”窗口

2.1.1　界面

中文 Microsoft Visual Foxpro 6.0 启动后，出现如图 2.2 所示的界面。

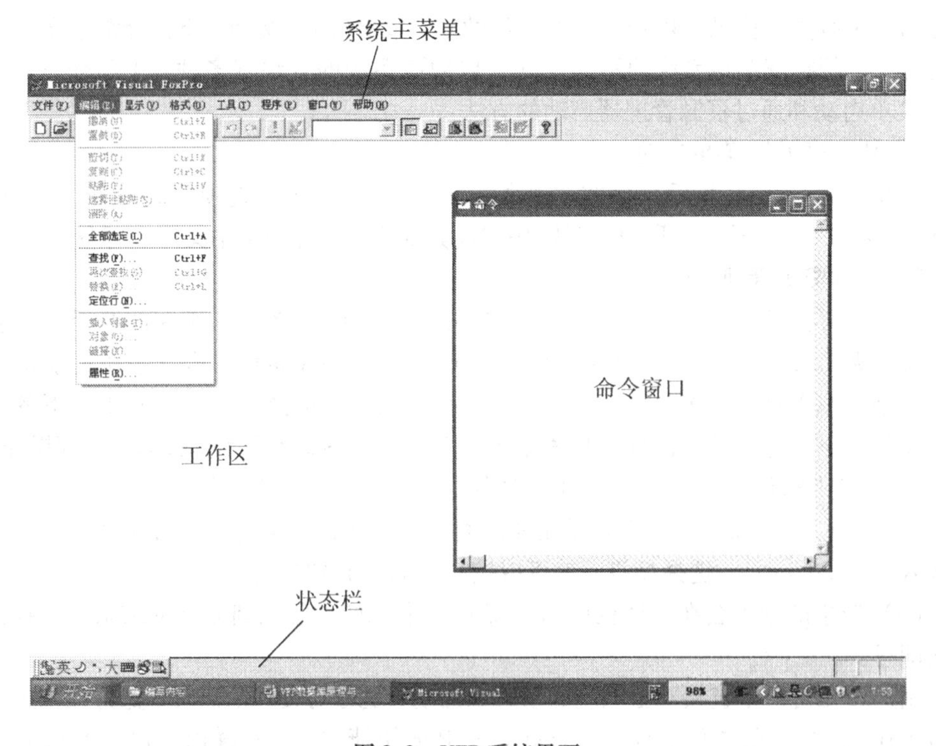

图 2.2　VFP 系统界面

从系统界面可以看出，它是由系统主菜单、命令窗口和菜单选择弹出的对话框等组成，其中不少内容在使用 Windows 操作系统时，读者已经掌握，在此不再重复介绍其用法。

1. 菜单

VFP 的强大功能是通过菜单系统充分体现出来的，系统主菜单共有 17 项，但不是同一时刻全部显示出来，菜单和菜单中的菜单项会根据用户操作的不同而有所增减，所以在操作过程中要注意步骤，否则会找不到相应菜单项。譬如：浏览数据表时才会出现“表”菜单。为了方便操作，系统将一些常用的菜单命令通过工具栏上的命令按钮形式展现，省去了频繁选择菜单的麻烦。

像 Windows 系统一样，VFP 支持各种通用类型的菜单：主菜单、下拉式菜单和快捷菜单。这些菜单的操作与 Windows 操作一样，不熟悉的读者可参考 Windows 操作指南。

2. 命令窗口

命令窗口是与 VFP 进行交互的主要界面，用于接收用户的命令输入。该窗口支持“剪切板”功能且能够保留命令输入的历史记录，所以编辑命令特别方便。注意：每条命令输入完成后以回车键结束，命令执行的结果显示在工作区或打开新窗口。

在某些操作后，可能看不到命令窗口（即命令窗口处于隐藏状态），可以通过窗口菜单或使用快捷键 Ctrl + F2 再次激活它，这里的快捷键 Ctrl + F2 是一个开关键（On/Off）。

3. 对话框

对话框是为请求或提供信息而出现的窗口，由于输入数据的形式有多种，所以在对话框中常见的元素有标签、命令按钮、文本框、列表框、组合框、单选按钮和复选按钮等，这些常见的元素在可视化编程部分会详细讲解。

在 Windows 操作中，读者已经熟悉了对话框的操作，这里不重复。

2.1.2　功能简介

VFP 提供了强大的功能，包括文件（File）、编辑（Edit）、显示（View）、格式（Format）、工具（Tool）、程序（Program）、窗口（Window）和帮助（Help）等，并根据操作情境而变化。菜单和菜单项是动态变化的，即菜单可以显示或消失，菜单项可以激活或失效。由于使用的是中文版本，读者无须死记硬背各项菜单的功能。VFP 菜单的安排符合 Microsoft 软件的一贯做法，读者多上机实践就可以熟练各项操作，本书在用到相应菜单时会有详细介绍。如果安装了 Microsoft Visual Studio MSDN Library，可以获得关于 VFP 的全面帮助。另外，也可以通过 Internet 访问 Microsoft 站点获得有关帮助。

下面介绍如何定制 VFP 开发环境。环境设置包括主窗口标题、默认目录、项目、编辑器、调试器及表单工具选项、临时文件存储、拖放字段对应的控件和其他选项。这种环境配置可以通过交互方式，也可以使用编程方式来完成。

1. 交互方式配置

像 Microsoft 的其他软件一样，系统的配置一般放在“工具”菜单的“选项”菜单项中，VFP 系统的“选项”窗口如图 2.3 所示。

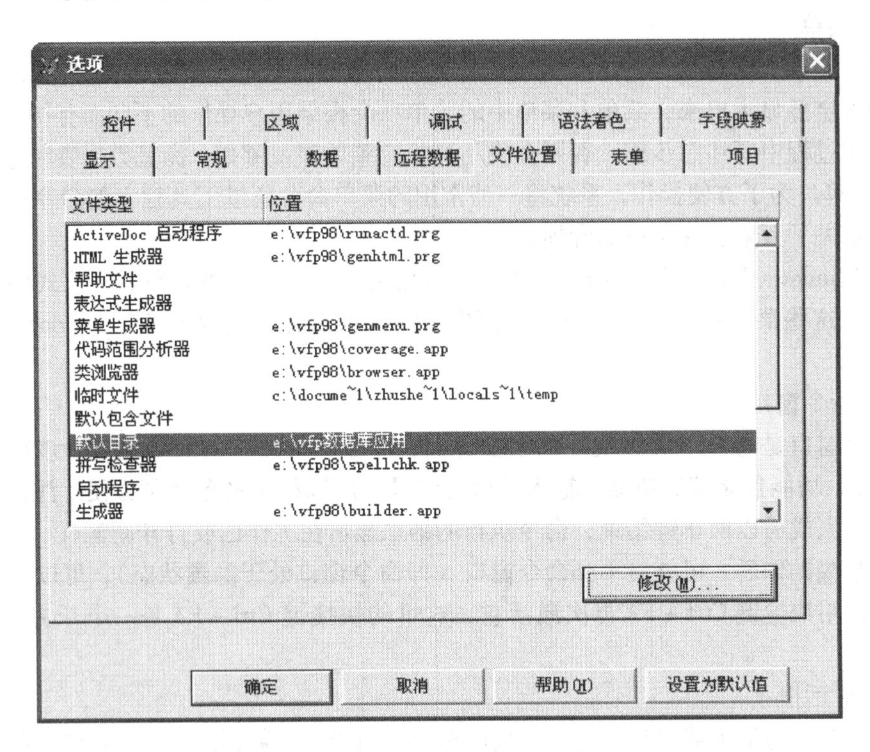

图 2.3　“选项”窗口

从图 2.3 可以看到选项的设置很多，但一般情况下采用默认配置即可。下面以文件位置为例介绍具体的设置步骤。文件位置可以设置默认的目录或路径，其具体设置操作如下：在“选项”窗口中选中“文件位置”选项卡，如图 2.3 所示，单击“修改”按钮，选择或输入所需目录。为了使配置操作在下次启动时仍然有效，单击“设置为默认值”按钮。如果只单击“确定”按钮，则所作的配置在下次启动不再起作用。譬如：设置默认目录为“e:\ vfp 数据库应用”，以后启动 VFP 时可直接操作该目录下的各类文件，方便项目开发。如果没有设置默认目录，用户建立的各类文件将自动保存在 VFP 系统目录下。

2. 编程方式配置

在图 2.3 所示的“选项”窗口中，如果按住 Shift 键，再单击“确定”按钮，则当前设置会显示在命令窗口中，可以利用“剪贴板”将设置命令复制到程序中。编程方式配置就是在默认的配置命令的基础上，按自己的要求修改相应的命令。下面列出从命令窗口复制过来的一些命令：

```
set compatible off
set palette on
set bell on
```

```
set bell to", 1
set safety on
set escape on
…
```

通过编程方式配置一般是通过 set 命令来设置。

2.2　退出 Visual Foxpro

退出 Visual Foxpro，返回 Windows 操作系统的方法有多种：

（1）单击 VFP 主窗口右上角的“关闭”按钮；

（2）按 Alt + F4 组合键；

（3）在命令窗口输入命令“quit”，并按回车键；

（4）单击主窗口的控制菜单，选择关闭命令；

（5）从“文件”菜单中选择“退出”选项；

（6）按 Ctrl + Alt + Del 组合键，通过“任务管理器”结束任务。

2.3　初步使用中文 Visual Foxpro

VFP 提供了三种工作方式：命令窗口方式、菜单方式和程序方式。初学者一般通过前两种方式积累命令使用的经验后，再学习编写程序的有关知识才能够较好地掌握程序方式，所以，本书采用这种循序渐进的安排。

2.3.1　命令窗口方式

命令窗口方式是在命令窗口输入相应的命令后，按回车键确认，则命令的执行结果显示在工作区。譬如：计算 125 乘以 4.65 并显示结果，如图 2.4 所示。

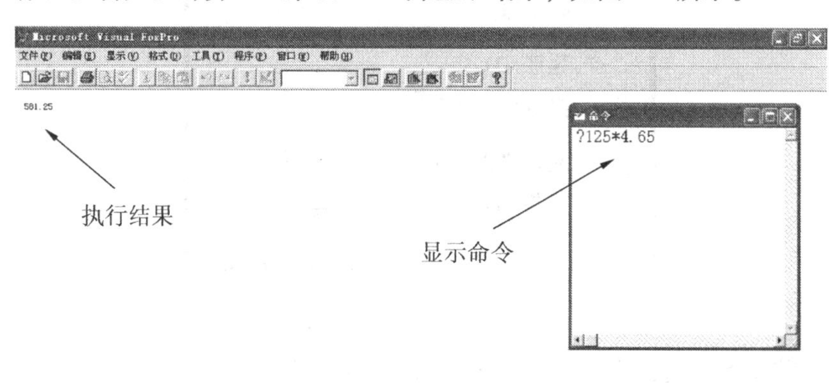

图 2.4　命令窗口方式

其中，“?”是输出表达式结果的命令，“ * ”是乘法运算符。? 命令格式如下：

? 表达式表

其中表达式表可以包括多个表达式，表达式之间用“,”分隔。譬如：

? 1 +2，3 +4，23 * 8/9

2.3.2 菜单方式

通过鼠标选择相应的菜单来执行特定命令的方式就是菜单方式。譬如：新建数据表文件的操作可以通过菜单方式，具体步骤如下：

（1）在 VFP 主菜单的“文件”菜单中选择“新建”菜单项，打开“新建”窗口，如图 2.5 所示。

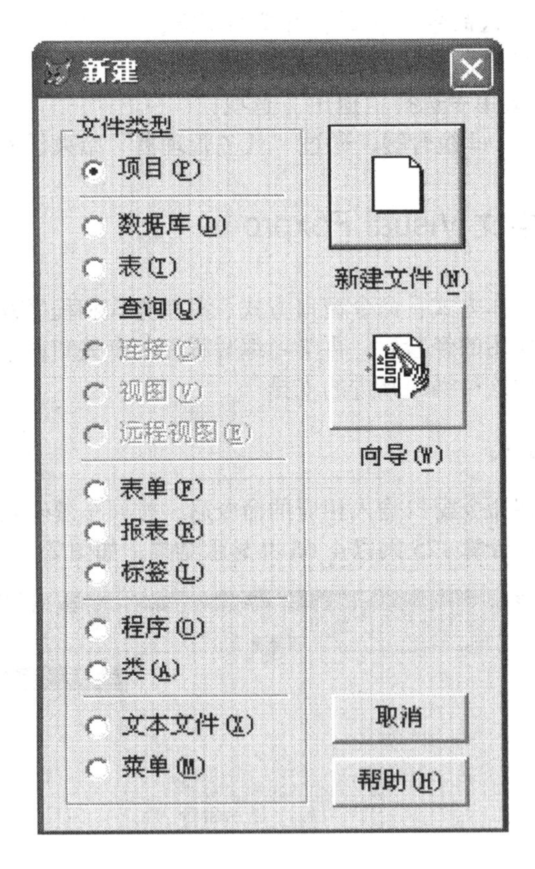

图 2.5 “新建”窗口

（2）在图 2.5 中选择文件类型“表”，再单击“新建文件”按钮后，打开“创建”窗口，如图 2.6 所示。

图 2.6　“创建”窗口

(3) 在图 2.6 中输入要创建的表名“成绩”，然后单击“保存”按钮，则打开“表设计器”窗口，按照要求输入字段的相应信息，如图 2.7 所示。

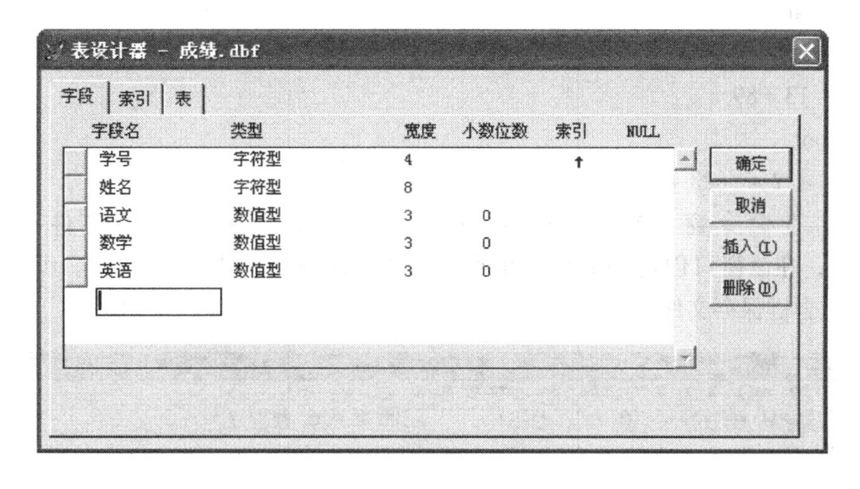

图 2.7　“表设计器”窗口

(4) 所有字段信息输入完成后，按“确定”按钮，弹出系统对话框，如图 2.8 所示，如果选择“否”按钮表示不是立即输入数据，则创建数据表结构的操作到此结束。

使用菜单方式操作简单明了，关键是要弄清提示信息，不要盲目按鼠标或回车键。其实，进入“表设计器”可以通过一条命令来完成：create 成绩↙（↙代表回车键）。一般命令操作比菜单操作要快捷，但需要记住命令。

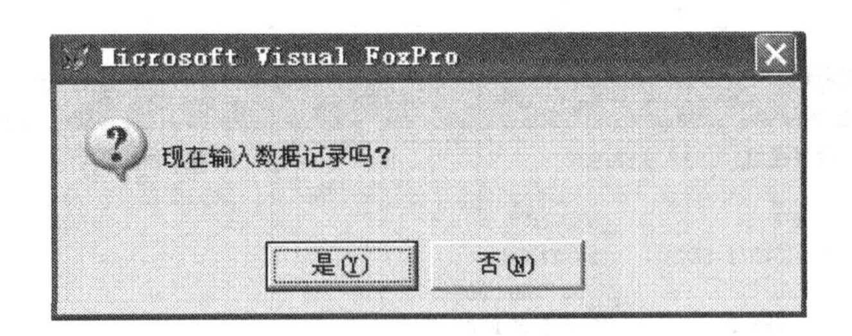

图2.8　立即输入数据对话框

2.3.3　程序方式

要完成一项特定操作可能不是一条命令就能完成的，而是需要一组命令，并且这一组命令可能经常被执行到。这时，通过命令窗口方式反复按顺序地输入这一组命令就显得效率很低。如果将这一组命令写入一个文件，当下次要执行相同命令的时候只需调用该文件即可。程序方式就是这样一种方式，将完成特定功能的一组命令，按顺序写入命令文件（也叫程序文件），编写这一命令文件的过程就是编程。这部分内容在第6章有详细讲述，这里只举一个简单的例子。

1．创建和编辑程序文件

【例2.1】　以程序的方式，执行如下命令：

```
clear
wait
? 13 * 89
wait
? 1/2 * (23 + 78 * 53)
```

首先，在命令窗口输入：modi comm test↙，之后打开程序文件编辑窗口“test. prg”，在该窗口创建并编辑一个程序文件 test. prg，如图2.9所示，编辑完毕按 Ctrl + W 组合键保存文件。

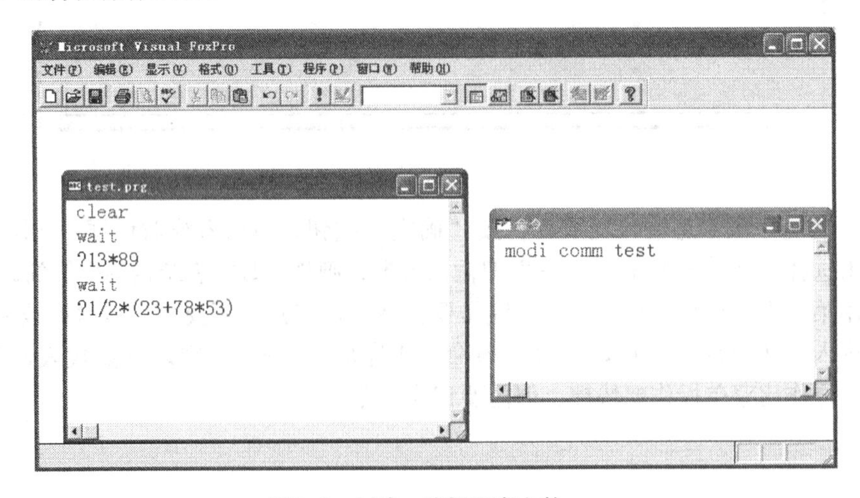

图2.9　创建、编辑程序文件 test

2. 执行程序文件

执行程序文件就是调用该文件。可以通过菜单执行程序文件，也可以通过命令执行程序文件，如图 2.10 所示，程序的执行结果输出到工作区。

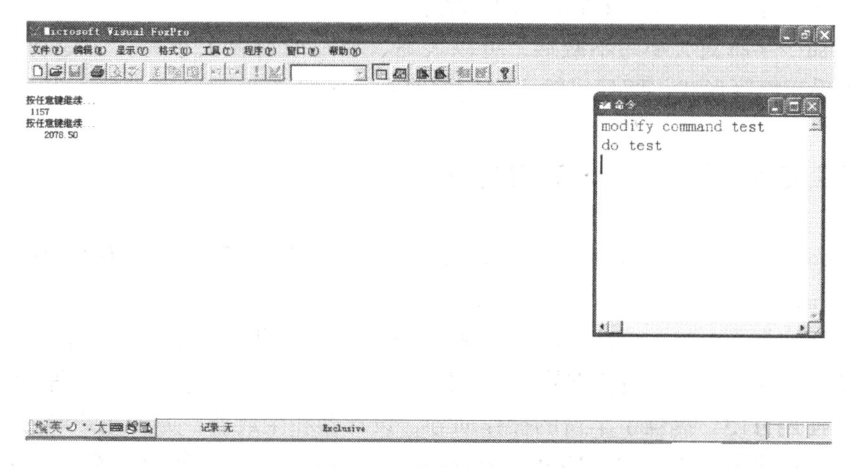

图 2.10　执行程序 test

2.4　正确书写命令

命令窗口方式和程序方式都离不开命令，VFP 的命令也称语句，语句动词的含义与其对应的英文含义基本相同，如 create（创建）、list（列表）和 sort（排序）等。正确书写命令是这两种操作方式的关键，下面介绍命令的一般格式和书写规则。

2.4.1　命令格式

每个命令分为两部分，第一部分是命令动词，也称命令关键字（或称保留字），用来表示命令应执行的操作。第二部分是动词短语或称子句，用来对操作提供某些限制性的说明，如操作的对象、范围或条件。所以，命令的一般格式如下：

命令动词 [〈范围〉] [for|while〈条件表达式〉] [fields〈字段名表〉]

其中，命令动词是第一部分，其他部分都是动词短语。在动词短语中，“[ ]”是可选项，“〈〉”是必选项，“|”是两者选其一。在输入命令时这些符号不用键入，因为它们不是命令的内容。关于动词短语中三个部分的含义将在数据表有关操作中再作详细说明。注意：上述一般格式是对大多数命令而言的，有些特殊命令不符合上述格式，譬如：Set date ansi，? 或??。

2.4.2　命令书写规则

为了确保命令书写正确，需要了解命令书写的有关规则。

（1）每条命令必须以命令动词开头，动词后面的短语的先后顺序可以是任意的。动词与短语以及短语与短语之间用空格分隔。命令动词和保留字不能作为标识符，如不能作为变量名、函数名。

（2）一行只能写一条命令，每条命令必须以回车键结束。

（3）一条命令如果太长需要分多行书写，则需在分行处添加上续行符“;”，再按回车键在下一行接着输入，最后以回车键结束。

（4）命令字符对大小写不敏感，可以大写、小写或混合大小写。命令动词或动词短语可以采用简写形式，即只需输入它们的前4个字符。

2.5　中文 Visual Foxpro 的特性

Microsoft Visual Foxpro 6.0 中文版，具有强大的网络支持功能和应用程序的管理能力，同 Xbase 系统相比具有如下功能与特性：

（1）用户界面友好。由菜单驱动，输入/输出界面采用窗口方式，具有强大的编辑操作功能，提供了完整的颜色支持，具备统一且功能强大的集成开发、管理环境。

（2）使用方便。提供了丰富的操作向导、设计器和生成器，方便用户学习和操作。

（3）支持多种编程方式。VFP 系统命令和语言功能强，有数百条命令和大量的标准函数。支持传统的过程式编程技术和面向对象可视化编程技术，提供了完善的编程、调试和项目管理等工具，大大加快了应用程序的开发速度。

（4）可与其他应用程序交互操作。VFP 可以使用来自其他应用程序的对象，并与其他程序之间导入、导出数据，还可以与 Microsoft 的其他应用程序实现数据共享。

（5）网络服务功能。VFP 提供了更多、更好的工具，方便用户将自己的应用程序扩展到 Internet 网页上去。

（6）向下兼容。低版本的程序可以直接在高版本的 VFP 系统中运行，保护了用户的前期投入，实现了低版本向高版本程序的过渡。

【学习指导】

- ✦ VFP6.0 的可执行文件名：VFP6.exe。
- ✦ VFP 具有强大的功能菜单和命令交互窗口。
- ✦ VFP 的退出与 Windows 窗口的一般关闭方法相同。
- ✦ 使用 VFP 有三种方式：命令窗口方式、菜单方式和程序方式。
- ✦ VFP 的大多数命令由命令动词和动词短语两部分构成。
- ✦ VFP 的命令书写具有一定的规则。

【习题2】

一、简答题

2.1 使用 VFP 可以有哪三种方式？各自有何特点？

2.2 VFP 命令的一般格式是什么？书写需要注意哪些规则？

二、上机操作题

2.3 试启动与退出 VFP，操作 VFP 界面，配置系统开发环境。

第3章　中文 Visual Foxpro 6.0 语言基础

【学习目标】

✧ 理解数据类型、常量和变量的概念；
✧ 掌握各种数据类型的特点和常量的表示形式；
✧ 掌握数组的定义和数组元素的引用；
✧ 掌握各类标准函数的使用方法；
✧ 理解表达式的概念和表达式的分类；
✧ 掌握表达式的计算方法与步骤。

【重点与难点】

重点在于表达式的正确书写和运算；难点在于函数的灵活应用。

3.1　数据类型

数据类型决定数据的存储方式和使用方式，它是使用 VFP 的语言基础，对了解各种数据类型的有关知识十分必要。VFP 提供的所有数据类型如表 3.1 所示。表中“说明”栏符号“*”表示只出现在表的字段中。

表 3.1　VFP 提供的数据类型

序号	数据类型中文名	数据类型英文名	长度（字节）	type 函数返回值	说明
1	字符型	Character	1～254	C	
2	货币型	Currency	8	Y	
3	数值型	Numeric	1～20	N	
4	浮点型	Float	1～20	N	*
5	日期型	Date	8	D	
6	日期时间型	Datetime	8	D	
7	双精度型	Double	8	N	*
8	整型	Integer	4	N	*
9	逻辑型	Logic	1	L	
10	备注型	Memo	4	M	*
11	通用型	General	4	G	*
12	字符型（二进制）	Character	1～254	C	*
13	备注型（二进制）	Memo	4	M	*
14	未定义的表达式类型			U	

表中的type函数可以返回表达式或变量的数据类型，使用格式如下：

type（字符表达式）

其中，字符表达式可以是变量、常量、字段或其他表达式，要用英文双引号界定起来。例如：

```
x = 12.3
? type（"x"）    && 显示 N
```

3.1.1 字符型

字符型数据由字母（A～Z或a～z）、汉字、数字（0～9）、空格等任意ASCII码组成，长度为0～254个字节，每个字符占一个字节。有些字符型数据表面上看起来和数字一样，如电话号码、身份证号码，像这样不能进行运算的数据必须用字符型数据来表示。

字符型常量用英文状态下单引号（' '）、双引号（" "）或中括号（[ ]）等界定符来界定，譬如:'中国'、"中国"或[中国]。注意：界定符不属于字符型常量。

3.1.2 货币型

表示钱数的多少使用货币型，每个货币型数据占8个字节，可以表示范围比较大的数据，在小数位数超过4位时，系统将自动进行“四舍五入”处理。当指定某个常量为货币类型时，要使用“$”符号。譬如：x = $13.58 。在命令窗口输入如下函数可以返回x的类型。

```
? type（"x"）    && 显示 Y 表示为货币类型
```

3.1.3 数值型

数值型数据可由数字（0～9）、符号（+或-）或小数点（.）组成，长度为1～20位（包括符号和小数点），每个数据占8个字节。数值型数据可以表示数量、单价等数据，能够进行四则运算。譬如：100（个），12.5（个/元）。

3.1.4 浮点型

浮点型也叫单精度浮点型，VFP提供此类型是为了保证兼容性，它的功能与数值型等价，但该类型只能用于数据表的字段。

3.1.5 日期型

日期型用来表示日期，长度固定为8个字节，包括年、月和日三个部分，其中年（yyyy）占4位，月（mm）占2位，日（dd）占2位，譬如：yyyymmdd。每个部分用规定的分隔符分开，且各个部分的排列顺序也可以不同，所以日期型数据有多种多样的表现形式。其默认形式是“月/日/年”，譬如：03/22/07。具体的表现形式可以通过set命令来设定，下面列出几种常用的命令，其他设置命令可查询有关帮助信息。

```
set date ansi          && 年月日格式，用“.”分隔
set century on         && 用4位表示年份，如果为off，则用2位表示年份
set mark to "-"        && 分隔符用“-”表示
set date to ymd        && 年月日格式
set date to mdy        && 月日年格式
```

日期常量的严格输入格式为 {^yyyy-mm-dd}，默认显示为mm/dd/yy。可在命令窗口输入命令测试如下：

```
DD = {^2003-04-22}
? DD                   && 显示为：04/22/03
? Date ()              && 显示系统当前的日期
```

日期型数据在数据管理中常常会遇到，譬如：在图书馆借/还书的借书日期、归还日期，到银行存/取款的存款日期、取款日期。在表达式和函数部分还会讲到对它的操作。

3.1.6　日期时间型

日期时间型用于描述日期和时间数据，长度也是固定为8个字节。它除了包括日期的年、月、日外，还包括时、分、秒以及上午、下午。日期时间型常量输入的严格格式为{^yyyy-mm-dd [hh[:mm[:ss]] [a|p]]}，譬如：{^2007-04-01 5:30:20 p}表示2007年4月1日下午5点30分20秒，p表示下午。同日期型一样，日期时间型也有多种输出格式，最常用的是mm/dd/yy hh：mm：ss [am|pm]。日期时间型测试命令如下：

```
rqsj = {^2007-04-01 5：30：20 p}     && 显示结果为04/01/07 05：30：20 PM
? rqsj
?datetime()           && 显示系统当前的日期和时间
```

在精确到时、分、秒的场合需要用到日期时间型，譬如：电信计费就要用到日期时间型。VFP中有不少关于它的操作，将在后续章节介绍。

3.1.7　双精度型

双精度型就是双精度浮点型。同数值型比，它能提供更高的数值精度，采用固定存储长度的浮点数形式，每个双精度浮点型数据占8个字节。与数值型数据不同，它的小数点位置是由输入的数据值来决定的，并且只能用于表中的字段。

3.1.8　整型

整型用于表示无小数部分的数据，占4个字节，以二进制形式存储，不像数值型需要转换成ASCII字符存储，它只能用于数据表的字段。

3.1.9　逻辑型

逻辑型用于对客观事物判断，取值可以是“真”或“假”，长度固定为1个字节。逻辑型的“真”可以用.T.、.t.或.Y.、.y.表示；逻辑型的“假”可以用.F.、.f.或.N.、.n.表示。注意：字符两边的“.”不能省，也不能用空格隔开。

3.1.10 备注型

备注型用于存放较长的字符型数据（字符数据块），可以认为是字符型数据的特殊形式，只能用于数据表中的字段。在表中，备注型字段占4个字节，显然，这4个字节并不是用来存放实际的字符数据，它实际上只是存放一个指针（地址），用于指向字符数据在备注文件中的相对位置。

备注型数据没有长度限制，仅受限于现有的可用磁盘空间，且备注型字段的实际内容变化很大，所以不能将它直接存放在数据表中。VFP系统将备注型数据存放在一个与数据表同名的备注文件中。譬如：一个有备注字段的数据表的文件名为test. dbf，对应的备注文件名为test. fpt。

由于没有对应的备注型的内存变量，所以对备注型字段的处理，需要转换成字符型变量，然后利用字符型函数或表达式进行处理。

3.1.11 通用型

通用型数据用于存储OLE（Object Link or Embeding，对象的链接或嵌入）对象的数据，它只能用于数据表中的字段，长度固定为4个字节。同备注型一样，通用型也只是存放一个指针，用于指向实际数据在备注文件中的相对位置，实际数据或对OLE对象引用的路径存放在与数据表同名的备注文件中。

OLE对象的具体内容可以是一个电子表格、Word文档或图片等，所以通用型数据也没有长度的限制，实际长度仅受限于现有的磁盘空间。例如，在派出所的户籍管理中，照片可以按通用型来存储。

3.1.12 二进制字符型

该类型数据可用于存储任意不经过代码页修改的字符型数据，它只能用在表中的字段。

3.1.13 二进制备注型

该类型数据可用于存储任意不经过代码页修改的备注型数据，它只能用在表中的字段。

3.2 常量与变量

在程序运行过程中，有些量不能被改变，而有些量可以被改变，所以根据量是否能够被改变，可以分为常量和变量。用于存储数据的变量、数组、字段、对象属性等都称为数据存储容器。

3.2.1 常量

在程序的运行过程中不能被改变的量，称为常量。在VFP中，常量具有一定的类型，根据是否直接引用，可以分为字面常量和符号常量。字面常量就是直接引用的常量；而符号常量就是用一个符号来引用的常量。下面列出一些字面常量。

3.14 是数值型常量，"ABC"是字符型常量，{^2007-03-08} 是日期型常量，.T.和.F.是逻辑型常量。

除了上面提到的字面常量外，在程序方式中还可以使用伪编译指令#define 定义符号常量，例如：

```
#define PI 3.14    && 定义符号常量
S = PI * r * r     && 引用符号常量
```

符号常量的标识符含义明了，还可以实现“一改全改”。譬如：PI 在程序中出现多次，现在需要提高它的精度到 3.141 592 6，则只需在程序中修改#define 部分即可。

3.2.2　变量

在程序运行过程中可以被改变的量，称为变量。同常量相比，变量有对应的存储空间，可以存放初值、中间值或程序运行结果。同样，变量也有一定的类型，只不过它不是强制类型，而是通过赋值的类型来确定变量的类型。同一个变量在不同时刻根据存放值的类型改变，变量的类型也随之发生改变。

变量的命名符合标识符（Identifier）的命名规则：由字母（包括汉字）、数字和下画线三种字符组成，且第一个字符不能为数字，长度不超过 254 个字节。

变量可以分为内存变量和字段变量。内存变量是内存中一个存储单元的位置名称，通过变量名存取这个存储单元的数据。字段变量随数据表存放在磁盘上，在需要的时候才被调入内存。所以，断电后内存变量的数据会丢失，而字段变量的数据仍然存在。本节介绍内存变量，字段变量将在下一章介绍。内存变量可以分为系统变量、简单内存变量和数组。

1. 系统变量

系统变量名以下画线开头，譬如：_PAGENO，它们用于存放系统有关的设置值，所有系统变量及其设置值以数据表的形式存放在磁盘上，在系统启动时调入内存。系统变量可以通过“工具”菜单的“选项”进行重新设置。

2. 简单内存变量

这里特指不是系统变量，也不是数组的内存变量，即简单内存变量。由于简单内存变量对应的存储单元在内存，所以 VFP 退出或断电后，原来存放在内存中的数据会被清除。当然，也可以将简单内存变量以文件的形式保存在磁盘中，需要的时候再恢复。

简单内存变量的操作包括给变量赋值、显示、清除、存盘或恢复等。

(1) 变量的赋值

可以使用 store 或“=”命令实现变量的赋值，前者可以一次给多个变量赋值，而后者只能给一个变量赋值。例如，给变量 a，b，c 赋初始值 10，对应的命令如下：

```
store 10 to a
store 10 to b
store 10 to c
```

相当于 store 10 to a，b，c

或者a = 10

b = 10

c = 10

（2）显示内存变量

可以使用 list memory 或 display memory 命令来显示，如果不带其他的动词短语，这两条命令可以显示所有的系统内存变量、自定义内存变量和数组元素的有关信息，前者采用“滚屏”方式显示，后者采用“分屏幕”方式显示。

为了显示某一类变量信息，可以使用“框架”，其使用格式如下：

list memory like 框架

或 display memory like 框架

其中，like——像；“框架”是定义匹配格式，可以包括通配符“ * ”（与对应位置上任意多个字符匹配）和“?”（与对应位置上的 0 或 1 个字符匹配）。譬如：

list memo like abc *　　　&& 显示以字母 abc 开头的内存变量

display memo like x?y　　　&& 显示以字母 x 开头，字母 y 结尾，中间可以有 0 个或 1 个任意字符的内存变量

（3）清除内存变量

所谓“清除”，就是将某些不需再用的内存变量或数组从内存中释放，以节省内存空间。清除后的内存不能再使用，除非重新定义。清除可以使用 release all 命令，也可以使用 clear memory 命令。命令格式如下：

release [all |[like|except 框架]|内存变量表]

或 clear memory [[like|except 框架]|内存变量表]

其中，like——像；except——除外；框架含义同前，内存变量表是用逗号分隔的变量名表。譬如：

release a，b，c　　　&& 清除变量 a，b，c

clear memory except a *　　　&& 清除非 a 开头的内存变量

注意：系统变量是不能被清除的。

（4）内存变量存盘

所谓“存盘”，就是将已经定义的某些内存变量、数组元素的有关信息，包括名字、特性（公共、私有或本地）、类型、值等保存到磁盘上的内存文件（.mem）中，在需要的时候可以恢复到内存。被保存的内存变量仍然可以继续使用。命令格式如下：

save all [like | except 框架] to 内存变量文件名

其中，相关项的含义与清除内存变量中的命令相同，内存变量文件名默认类型为 .mem。

在管理信息系统设计中，常常将用户名和密码保存在内存变量文件中制成“钥匙盘”，登录系统时只需插入“钥匙盘”进行认证，即可将用户名和密码变量恢复到内存。

(5) 恢复内存变量

所谓“恢复”，就是从内存变量文件中恢复其中所有的内存变量的名字、特性、类型和值，被恢复的内存变量可以在下面的程序中使用。命令格式如下：

restore from 内存变量文件名 [additive]

其中，若采用 additive，系统不清除当前的所有内存变量，而是将内存变量文件中保存的所有内存变量增加到当前所有内存变量之后，如果这两部分的内存变量名有重复，则系统只保留内存变量文件中的内存变量。若不采用 additive，则系统先清除当前的所有内存变量，然后再恢复内存变量文件中的所有变量。

关于内存变量的有关操作演示如图 3.1 所示。图中 Pub 表示 public（公共变量或称全局变量），N 表示变量类型，没有小数点的数是输入时的值，带小数点的数是存储单元中存放的数据。

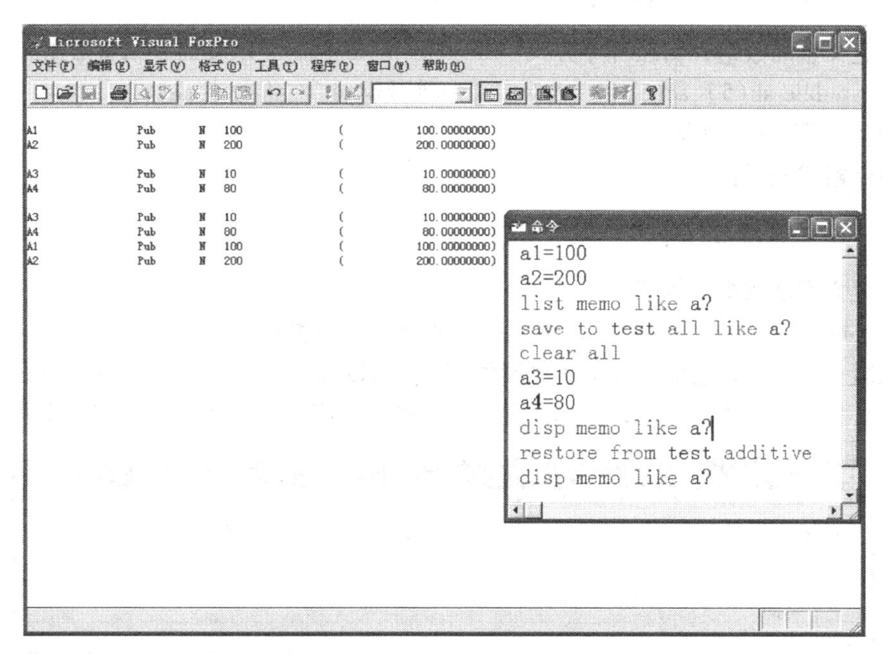

图 3.1　内存变量的操作

3. 数组

数组是由同一个名字组织起来的、通过下标加以区分的简单内存变量的集合，它是有序的。数组的元素通过数组名和下标唯一确定。在 VFP 中，同一个数组元素在不同时刻可以存放不同类型的数据，并且在同一数组中的每个元素的值也可以是不同的数据类型。数组可以分为一维数组和二维数组。

数组在使用前必须先定义，定义数组有如下多种方式。

(1) 使用 declare 命令

命令格式如下：

declare 数组名(expN1 [,expN2])[,…]

其中，数组名是标识符，由用户定义。expN1 和 expN2 是数值表达式，用于表示下标。

在二维数组中，expN1 表示行数，expN2 表示列数。该命令可以同时定义多个数组。例如：

declare a(3),b(2,3)　&& 定义一维数组 a、二维数组 b

（2）使用 dimension 命令

命令格式如下：

dimension 数组名(expN1 [,expN2]) [,…]

该命令与 declare 命令基本相同。例如：

dimension x(5),y(3,4)　&& 定义一维数组 x、二维数组 y

（3）使用 public 命令

命令格式如下：

public 数组名(expN1 [,expN2]) [,…]

该命令定义全局数组，而在程序方式中 declare 和 dimension 定义的是私有数组。例如：

public ab(5),ac(3,4)　&& 定义一维数组 ab、二维数组 ac

（4）使用 local 命令

命令格式如下：

local 数组名(expN1 [,expN2]) [,…]

该命令定义本地数组。例如：

local c(5),d(3,4)　&& 定义一维数组 c、二维数组 d

数组一旦定义，它的初始值是逻辑值 .F.，所以在使用数组时，一定要对数组进行初始化。另外，引用数组时，下标是从 1 开始的。数组的定义和引用如图 3.2 所示。

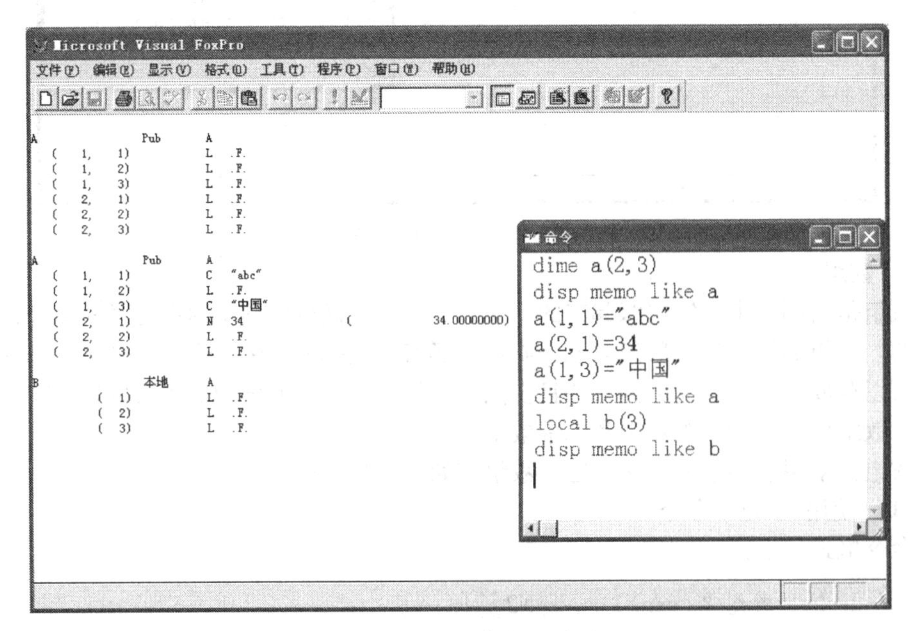

图 3.2　数组的定义和引用

在 VFP 中，数组可以重新定义，并能动态地“放大或缩小”。如果改变原数组的维数和容量，则原数组中每个元素的值不变，如图 3.3 所示。

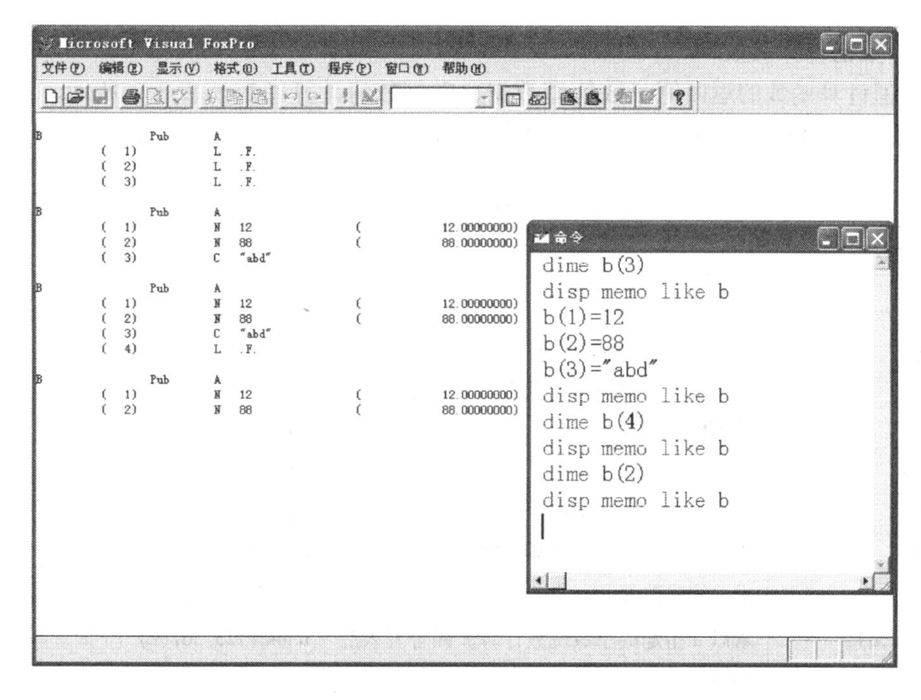

图 3.3　数组动态“缩放”

3.3　标准函数

3.3.1　函数的概念

在 VFP 中，有标准函数和用户自定义函数两类函数。系统提供了一批标准函数，调用这些函数就可以方便地完成某些操作。灵活地应用标准函数可以提高数据库使用和编程的效率。但是，有些复杂的操作并没有对应的标准函数，这时就需要用户自己定义函数。本节介绍标准函数的用法，而用户自定义函数将在第 6 章讲解。

函数的组成包括函数名、函数的参数和函数的返回值。函数的一般形式如下：

　　函数名([〈参数表〉])

其中，()是函数的标志，即使函数不带参数，这一对圆括号也不能省；参数表可以包括多个参数，每个参数之间用逗号分隔，譬如：max(x,y,z)。函数名可以缩写为前面 4 个字母。在调用函数时，要注意参数的类型、数据范围和返回值的类型。

标准函数中，根据每一个函数的功能，可以大致分为如下类别：数值计算函数、字符处理函数、类型转换函数、日期时间函数、数据表操作函数、测试函数、数组函数等。由于标准函数特别多，限于篇幅，本节仅介绍一些常用的函数，有些函数在用到时再介绍。读者可通过系统帮助获得有关函数的用法。

3.3.2 常用函数

1. 数值计算函数

数值计算函数的返回值是数值型数据，常用数值计算函数如表 3.2 所示。参数 x、n 可以是数值常量、变量、函数或表达式，举例可以用“?”命令在命令窗口中输出。

表 3.2 常用的数值计算函数

函数格式	功能作用	举 例
pi()	求圆周率 π 的值	pi()
rand(x)	求一个 0 ~ 1 之间的随机数,其中 x 是种子(seed),可以缺省,为负数,可以提供最大的随机性	rand() rand(-1) rand(1)
abs(x)	求 x 的绝对值	abs(-8)
sqrt(x)	求 x 的平方根,x≥0	sqrt(100)
exp(x)	求以 e 为底的 x 值的幂指数	exp(10)
int(x)	求 x 的整数部分	int(123.567)
round(x,n)	求以 n 指定的小数位数计算 x 四舍五入后的值	round(123.567,2)
sign(x)	求 x 值的符号特征值。返回 1:正数,0:零,-1:负数	sign(-10)
log(x)	求以 e 为底的自然对数值	log(100)
log10(x)	求以 10 为底的对数值	log10(100)
max(x1,x2,x3,…)	求各个表达式值的最大值	max(10,20,30)
min(x1,x2,x3,…)	求各个表达式值的最小值	min(10,20,30)
mod(x1,x2)	求 x1 相对于 x2 的模,即 x1 除以 x2 的余数	mod(100,7)
fv(x1,x2,x3)	假设投资付款额 x1 在每周期末进行,计算固定复利投资到期的收益值(包括本金和利息)。x1 指定周期性等额投资数(可正可负),x2 指定周期月利率,x3 指定投资周期	payment = 1000 && 月投资数 interest = 0.75/12 && 月利率 periods = 48 &&4 年 ? fv(payment,interest,periods)
payment(x1,x2,x3)	计算固定周期利率贷款在每一期结束时应支付的还贷额。x1 是最初贷款本金,x2 是月利率,x3 是投资周期数	principal = 50000 interest = 0.115/12 periods = 20 * 12 ? payment(principal,interest,periods)
pv(x1,x2,x3)	计算固定复利周期性等额投资的当前收益值(包括投资和利息)。x1 是周期性等额投资数(可正可负),x2 是月利率,x3 是投资周期数	payment = 500 interest = 0.75/12 periods = 48 pv(payment,interest,periods)

在工程计算中常用到三角函数和反三角函数，本书由于篇幅限制略去，读者可查询相关帮助信息。数值计算函数的操作如图 3.4 所示。

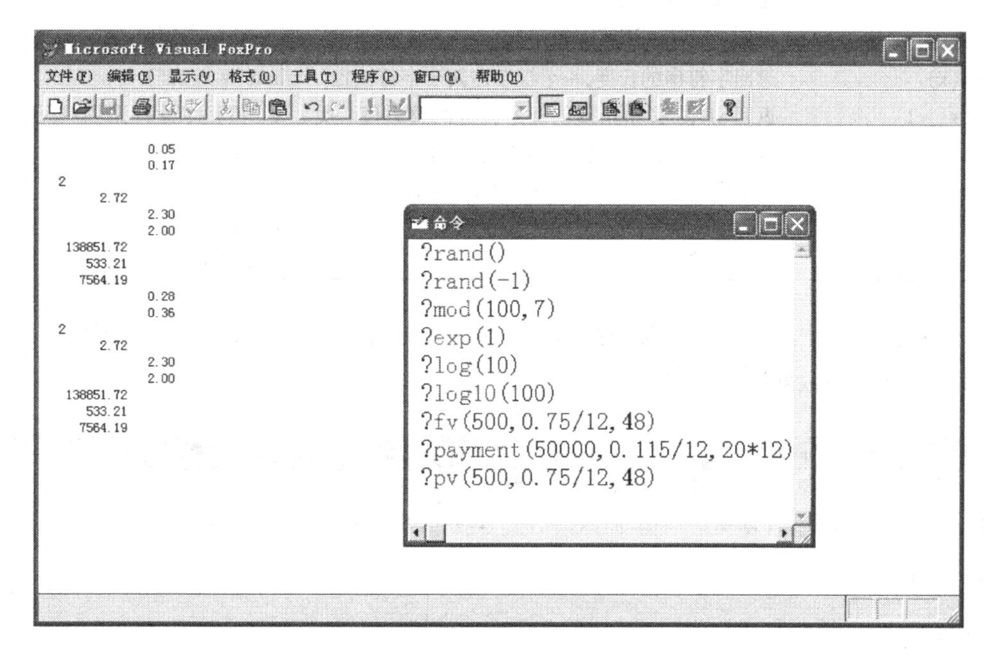

图 3.4　数值计算函数的操作

2. 字符处理函数

在数据表的操作中，常常用到字符处理函数，而字符处理函数特别多，下面仅列出常用的字符处理函数，如表 3.3 所示。参数 x 可以是字符常量、变量、函数或表达式，参数 n 可以是数值常量、变量、函数或表达式。

表 3.3　字符处理函数

函数格式	功能作用	举　例
alltrim(x)	去掉 x 的前导或尾随空格。类似函数 trim(x)或 rtrim(x)去掉尾随的空格；类似函数 ltrim(x)去掉前导空格	alltrim(″abc″) trim(″abc″) ltrim(″abc″)
upper(x)	将 x 中的所有小写字母转换成大写字母。相反地，lower(x)是将 x 中的所有大写字母转换成小写字母	upper(″mymail@21cn.com″) lower(″How are you? OK!″)
left(x,n)	从 x 的左边返回 n 个字符。一个汉字相当于 2 个字母，字符个数从 1 开始数。相反地，right(x,n)是从 x 的右边返回 n 个字符	left(″张三丰″,2) right(″2007－03－31″,2)
substr(x,n1,n2)	从 x 中返回一个子串，n1 指定字符开始，n2 指定返回字符的个数	substr(″09/10/2003″,4,2)

续表 3.3

函数格式	功能作用	举　　例
space(n)	返回 n 个空格组成的字符串	space(10)
replicate(x,n)	返回 x 重复 n 次的字符串	replicate("Help",5)
len(x)	返回字符串的长度,一个汉字占两个字符位置	len("幸运 52")
at(x1,x2)	返回 x1 在 x2 中出现的开始位置的整数值。类似函数 atc(x1,x2),只是对字母不区分大小写	at("广州","欢迎来到广州天河!")
asc(x)	求 x 最左的一个字符的 ASCII 码。相反地,函数 chr(n)求 ASCII 码值为 n 所对应的字符	asc("abc") chr(65)
proper(x)	返回 x 的首字母大写	proper("this")

在数据处理中经常用到字符型数据，为了灵活处理与字符有关的数据，需要掌握好字符函数的操作，如图 3.5 所示。

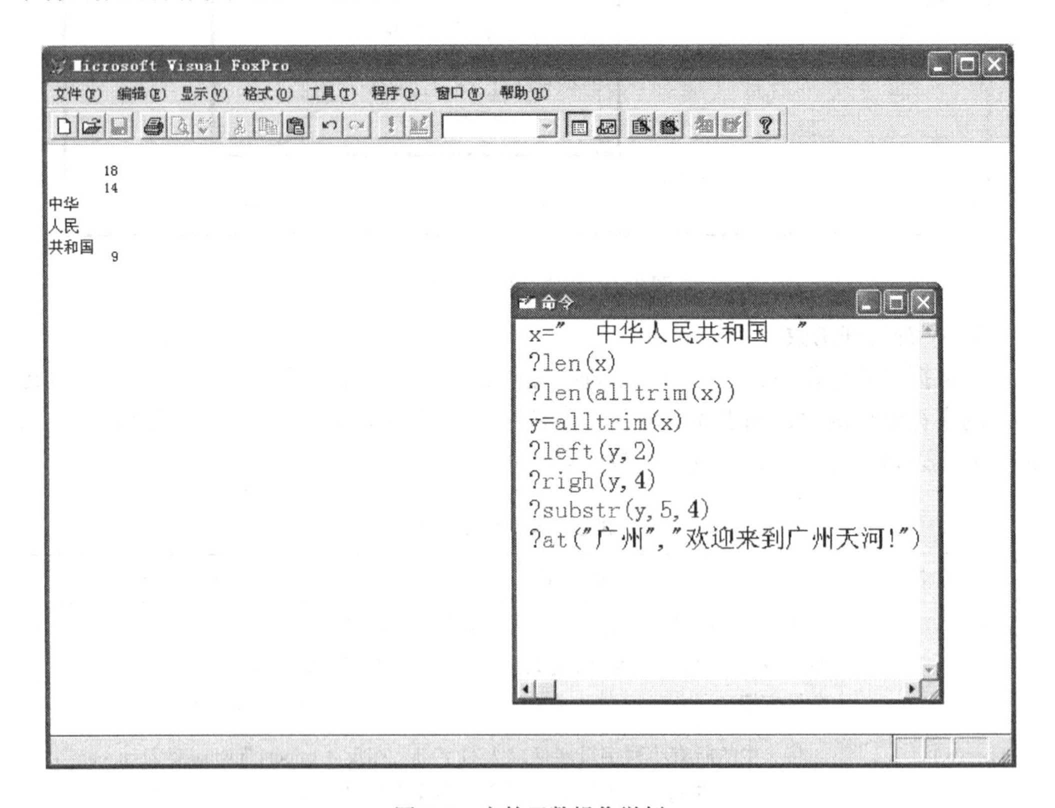

图 3.5　字符函数操作举例

3. 日期处理函数

日期型或日期时间型包括年、月、日等数据项，有时需要用到其中的一项，这时就需要日期处理函数了。常用的日期处理函数如表 3.4 所示。

表 3.4　日期处理函数

函数格式	功能作用	举　例
date()	返回系统当前日期	date()
time()	返回系统当前时间	time()
datetime()	返回系统当前日期和时间	datetime()
year(x)	从日期型或日期时间型表达式 x 中返回年份值	year(date())
month(x)	从日期型或日期时间型表达式 x 中返回月份值	month({^1993-07-01})
day(x)	从日期型或日期时间型表达式 x 中返回日期值	day({^1999-05-04})
hour(x)	从日期时间型表达式 x 中返回时值	hour(datetime())
minute(x)	从日期时间型表达式 x 中返回分值	minute({^1990-12-1 12:33:22})
sec(x)	从日期时间型表达式 x 中返回秒值	sec({^1990-12-1 12:33:22})
second()	返回从零时至现在经过的秒数	second()
dow(x)	从日期型或日期时间型表达式 x 中返回表达星期几的数值常量，如 1 表示星期天，7 表示星期六	dow(date())
week(x)	从日期型或日期时间型表达式 x 中返回表示 1 年中第几个星期	week(date())

日期处理函数的操作举例如图 3.6 所示。

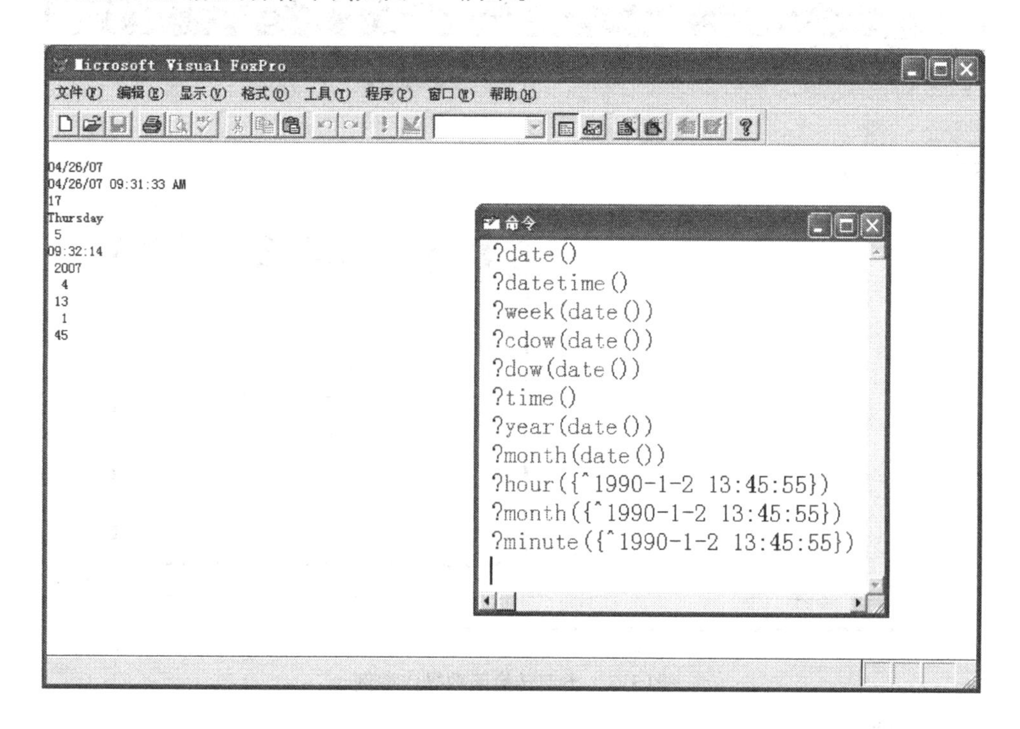

图 3.6　日期处理函数操作举例

4. 类型转换函数

VFP 中数据类型比较多，在表达式计算过程中，常常需要将数据转换为适当的类型才能计算，所以类型转换函数特别重要。常用的类型转换函数如表 3.5 所示。其中，参数 d 表示日期型或日期时间型，n 表示数值型，s 表示字符型。

表 3.5 类型转换函数

函数格式	功能作用	举 例
ctod(s)	将字符表达式 s 转换成日期常量	ctod("12/3/2003")
dtoc(d)	将日期表达式 d 转换成字符串，年、月、日用分隔符分隔	dtoc(date())
dtos(d)	将日期表达式 d 转换成字符串，如"20070426"	dtos(date())
ttoc(d)	将日期时间表达式 d 转换成字符常量	ttoc(datetime())
ttod(d)	将日期时间表达式 d 转换成日期常量	ttod({^1998-8-18 08:08:08})
str(n1, n2[, n3])	将数值表达式 n1 按 n2 指定的长度以及 n3 指定的小数点位数，转换成相应的数字字符串，遵循四舍五入原则，缺省 n3 默认为 0。注意：小数点在 n2 指定的长度中占 1 个字位	str(1234.56,6,1)
val(c)	将字符表达式 c 转换成数值常量	val("12.38")

类型转换函数的操作举例如图 3.7 所示。

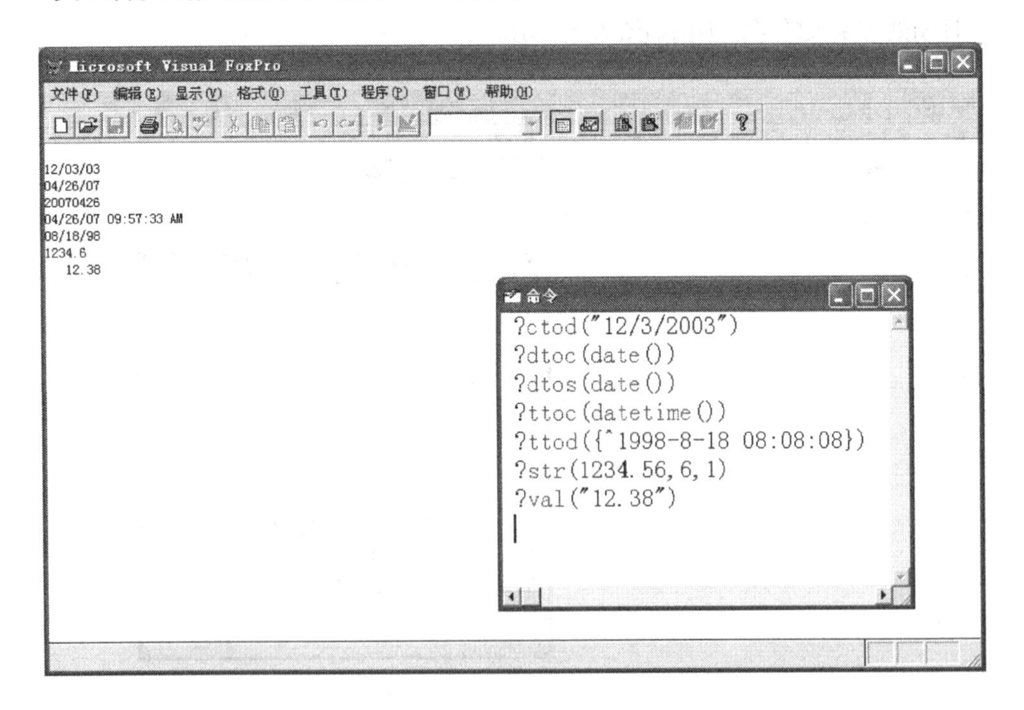

图 3.7 类型转换函数操作举例

5. 测试函数

某些操作能否继续，需要对当前的状态进行测试。如果条件不符合，中止该项操作；如果条件符合，则继续操作。譬如：对数据表中的某条记录操作，需要首先判断该记录是否存在。常用的测试函数如表 3.6 所示。

表 3.6　测试函数

函数格式	功能作用	举　例
between(x1,x2,x3)	测试表达式 x1 的值是否在 x2 和 x3 之间，是则返回 .T.，否则返回 .F.	between(12,10,20)
bof()	测试是否为文件开头(begin of file)，是则返回 .T.，否则返回 .F.	bof()
eof()	测试是否遇到文件末尾(end of file)，是则返回 .T.，否则返回 .F.	eof()
found()	测试是否找到符合条件的记录，是则返回 .T.，否则返回 .F.	found()
file(c)	测试字符表达式 c 指定的文件是否存在，是则返回 .T.，否则返回 .F.。如果不在当前目录，则必须指明路径，且必须包含文件的扩展名	file("test. prg")
empty(x)	测试表达式 x 的值是否为空，是则返回 .T.，否则返回 .F.。“空”的定义：数值型表达式的值为 0；日期型表达式为 ctod(" ")；逻辑型表达式的值为 .F.	empty(23)

测试函数还有很多，譬如：测试打印机的状态、测试程序执行状态、测试按键情况等。由于测试函数要涉及具体的内容，这里暂不具体讲述其用法，以后用到时再讲述。

3.4　表达式

前面讲解的常量、变量和函数都是表达式的构成部件，下面介绍表达式的有关概念和运算。

3.4.1　表达式的概念

表达式是通过运算符将常量、变量和函数等运算量按一定规则组成具有一定意义的式子，它包括运算符和运算量。表达式运算的结果是一个具有固定数据类型的常量，根据最后表达式结果可以分成不同的表达式类型，如数值型、字符型、日期型和逻辑型。

VFP 中的表达式特别丰富，能够完成各种类型的计算，使得数据处理更加方便、灵活。在特定的环境下，一个简单的常量、变量或函数都可以看作一个表达式。表达式的结果可以在命令窗口使用“?”或“??”显示。

表达式的计算一般是从左到右，按优先级的高低从高到低进行运算。赋值运算的优先级最低，譬如：c = a + b。如果表达式中只有一种类型的运算符，则按各自的优先级进行运算；如果表达式中有两类或两类以上的运算符，则按照算术运算、字符运算、关系运算和逻辑运算的先后顺序进行运算。

3.4.2 表达式的运算

1. 数值表达式

数值表达式的运算结果是数值型的，它是用算术运算符将数值型常量、变量和函数连接起来的式子，也称算术表达式。算术运算符如表 3.7 所示。

表 3.7 算术运算符

运算符	功 能	举 例
* *	幂运算	2 * * 8
^		5^2
*	乘法	3 * 4 * 5
/	除法	18/3
%	模运算（求余数）	53%7
+	加法	3 + 5 + 7
-	减法	12 - 3 - 8

注意：VFP 中的运算符与数学中的运算符是有差别的，例如乘号不能省略。

算术运算的优先级是：先计算括号“( )”里的；在同一括号内，按先乘方(**,^)、再乘除（ * , /)、再模运算（%）、后加减（ + , - ）的顺序计算。数值表达式举例如图 3.8 所示。

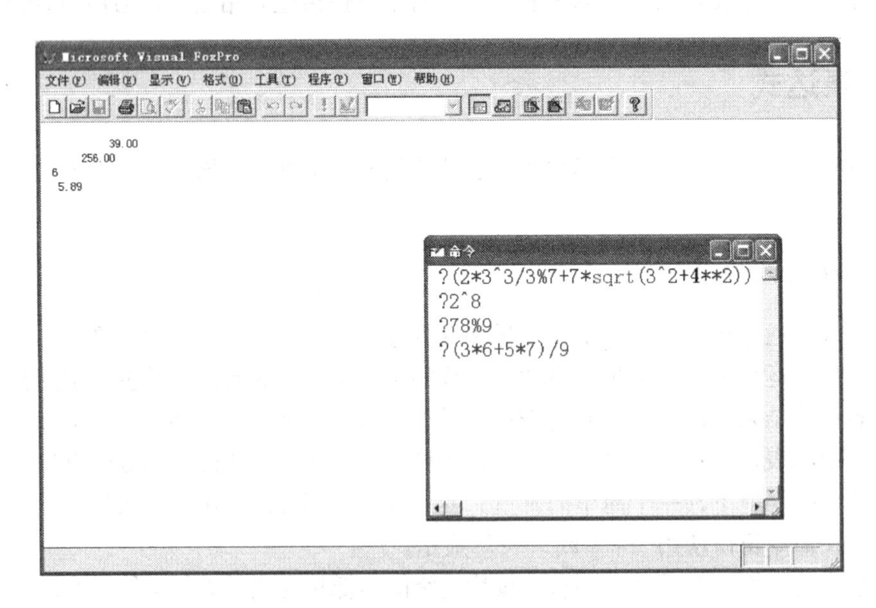

图 3.8 数值表达式举例

2. 字符表达式

字符表达式是用字符运算符将字符型常量、变量和函数连接起来的式子，它的运算结果是字符型或逻辑型。字符运算符如表 3.8 所示。

表 3.8　字符运算符

运算符	功　能	举　例
+	将每个字符型数据连接在一起，形成一个新的字符串	"abc" + "cde"
-	将第一个字符串尾部的空格去掉后与第二个字符串连接，并将第一个字符串尾部去掉的空格添加到连接后的字符串末尾	"abc" - "cde"
$	测试左边的字符串是否在右边字符串中出现，是则返回 .T.，否则返回 .F.	"中国" $ "中国人民"

字符表达式的运算举例如图 3.9 所示。

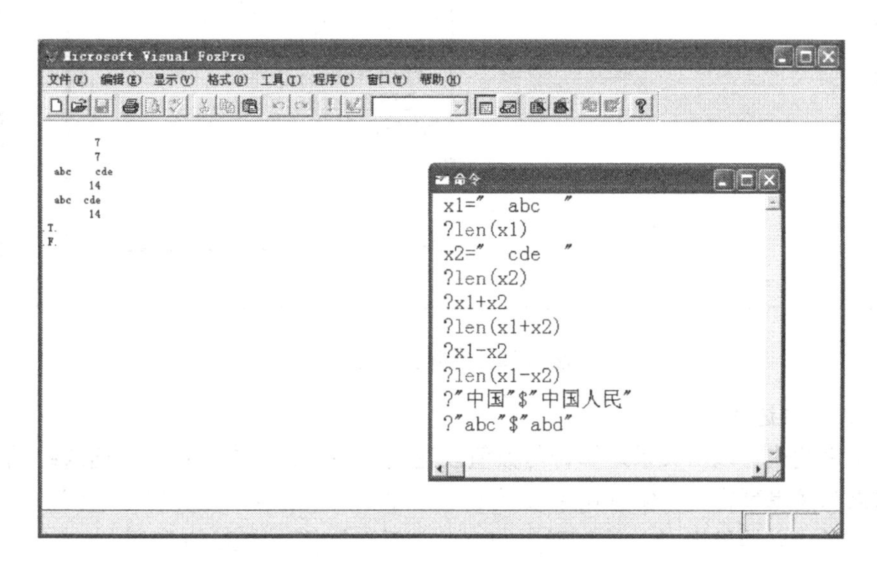

图 3.9　字符表达式的运算举例

3. 日期表达式

日期表达式是用日期运算符将日期型常量、变量和函数连接起来的式子，它的运算结果是日期型或数值型。日期运算符如表 3.9 所示。

表 3.9　日期运算符

运算符	功　能	举　例
+	相加。日期型数据是加上天数；日期时间型数据是加上秒数	date ( ) +10 datetime ( ) +20
-	相减。日期型数据用于计算两个日期相差的天数；日期时间型数据用于计算两个给定日期时间相差的秒数	{^1998/10/15} - {^1998/10/10}

日期表达式在数据管理中经常用到，如计算银行利息、电话费及图书资料借阅等。日期表达式计算举例如图 3.10 所示。

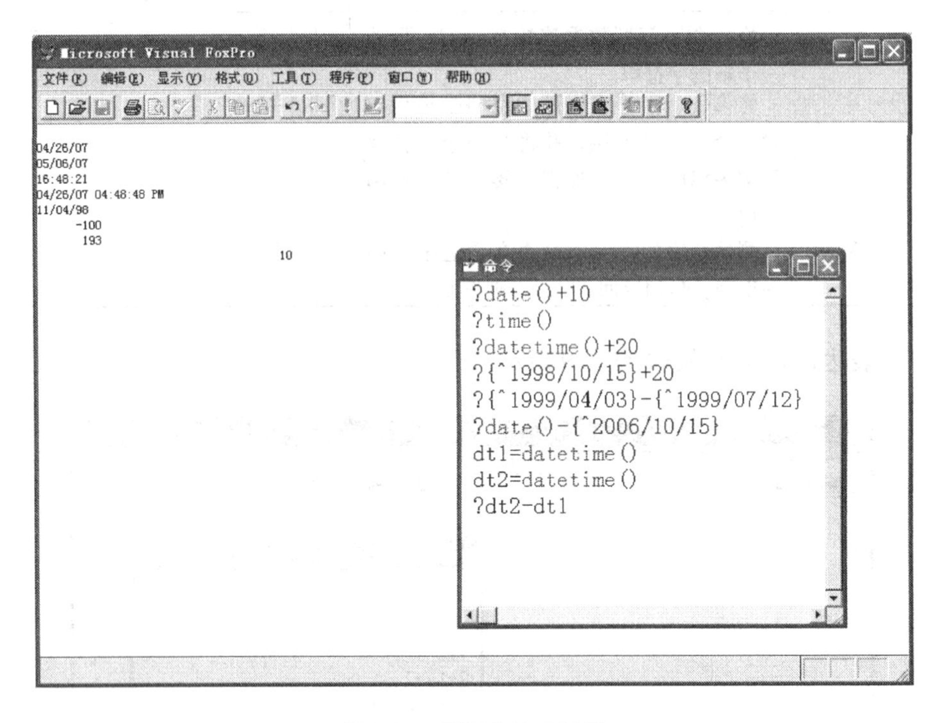

图 3.10　日期表达式举例

4. 关系表达式

关系表达式可以由关系运算符与数值表达式、字符表达式和日期表达式组成，它的运算结果为逻辑型常量，常常用来表示单个条件。关系运算是运算符两边同类型元素的比较，关系成立结果为 .T.，否则为 .F.。关系运算符如表 3.10 所示。

表 3.10　关系运算符

运算符	功　能	举　例
<	小于	1+2<7
>	大于	3+9>20
=	等于	3*5=15
<>, #, !=	不等于	7<>8
<=	小于等于	6<=9
>=	大于等于	15>=3*4
==	字符串等于	"abc"=="abcd"

注意：关系运算符同数学上的表示有所差别。另外，关系运算符的优先级低于算术运算符。关系表达式运算举例如图 3.11 所示。

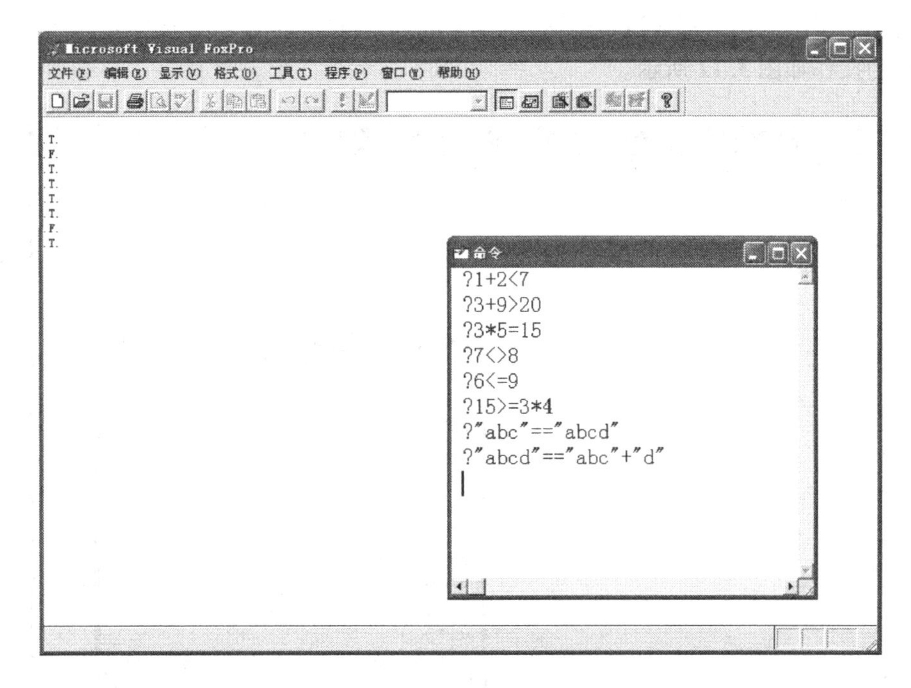

图 3.11　关系表达式举例

5. 逻辑表达式

逻辑表达式是由逻辑运算符和逻辑型常量、变量和返回逻辑型数据的函数或关系表达式组成的，它的运算结果也是逻辑型常量。逻辑运算符如表 3.11 所示。

表 3.11　逻辑运算符

运算符	功　能	举　例
. and .	逻辑与。譬如：A . and . B，当 A、B 同时为 . T . 时结果才为 . T . ，即两个条件同时满足，结果才能为真	1 > 2 . and . 5 < 8 12 > 11 . and . 18 < 20
. or .	逻辑或。譬如：A . or . B，当 A、B 同时为 . F . 时结果才为 . F . ，即两个条件只要满足其中之一，结果就为真	3 + 9 > 20 . or . 4 * 5 < 3 * 7 3 < 2. or . 5 > 6
. not .	逻辑非。譬如：. not . A，当 A 为 . T . 时，结果为 . F . ；当 A 为 . F . 时，结果为 . T .	. not . （1 > 2 . and . 3 < 4）

注意：逻辑运算符两边的“.”不能省略，逻辑运算符的优先级从高到低的顺序是：括号、. not . 、. and . 、. or . 。

关系表达式可以表示单个条件，如果要由简单的条件实现复杂的条件，就需要用到逻辑表达式。譬如：数学区间 1 ≤ x ≤ 12，在 VFP 中就要用逻辑表达式表示：x > = 1. and . x < = 12。再如，已知三条边 a，b，c，判断它们能否构成三角形的条件是任意

两边之和大于第三边，写成逻辑表达式：a + b > c . and . a + c > b . and . b + c > a。逻辑表达式的操作如图 3. 12 所示。

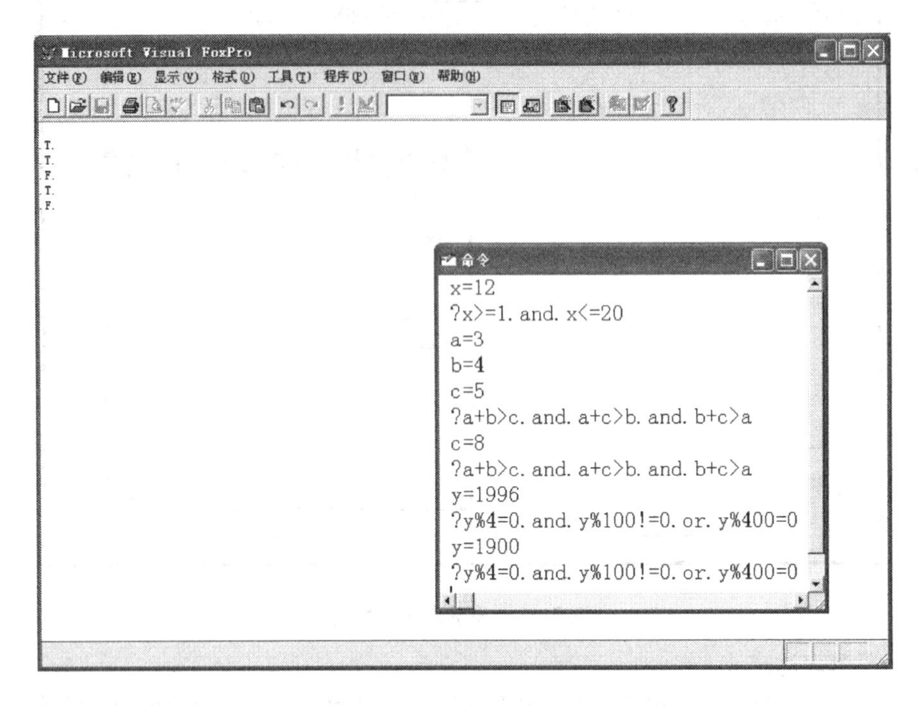

图 3. 12　逻辑表达式举例

6. 名表达式

在 VFP 中，允许用户间接引用变量的值或给命令、函数等定义一个名字，这时就要使用名表达式。名表达式是将变量、命令或函数等的名字存入到内存变量或数组中，在引用变量、命令和函数时就可以用存放名字的内存变量或数组元素来代替，这样给程序开发带来了便利。

例如：将数据表文件名存入内存变量，可以通过间接引用方式打开该数据表。命令如下：

store "cj. dbf" to x

use（x）　&& 该命令等价于 use cj。

注意：( ) 不能省略。

又如：将变量 y 的名字存入变量 x，再通过 x 访问变量 y 中的值，这种方式就是宏替换方式，如图 3. 13 所示。

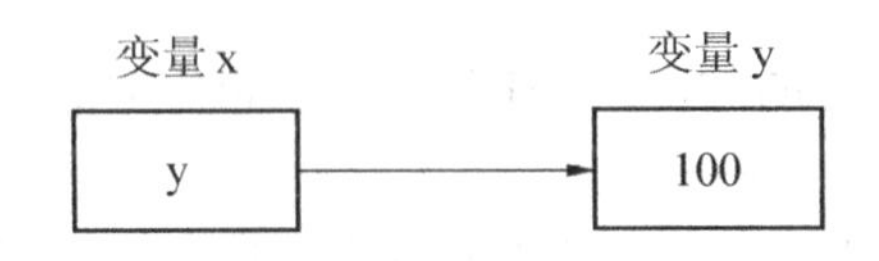

图 3. 13　宏替换方式

命令如下：

```
y = 100
x = "y"
? &x    && 该命令等价于? y
```

名表达式操作举例如图 3.14 所示。

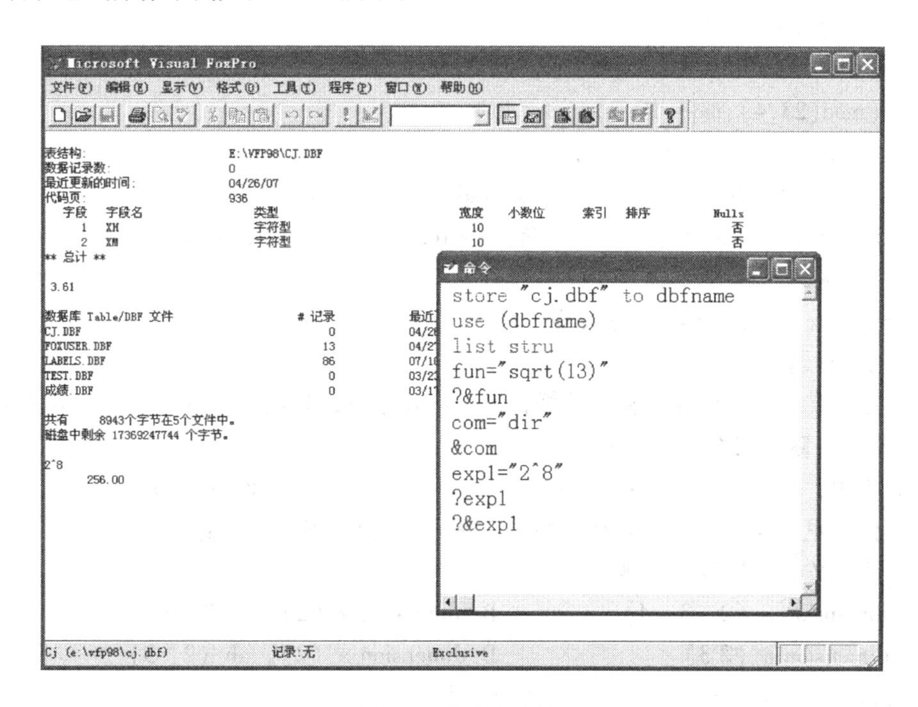

图 3.14　名表达式举例

【学习指导】

✦ 数值型数据的宽度包括小数点所占的 1 位。

✦ 备注型和通用型字段的实际数据存放在备注文件中（.fpt）。

✦ 日期型和日期时间型数据的长度都是 8 个字节，因为它们存放的都是从某个起始日期至当前所经过的秒数。

✦ 常量是不可改变的量，变量是可以被改变的量。

✦ store 命令可以同时给多个变量赋同样的值，而“=”命令只能给单个变量赋值。

✦ “?”命令先回车换行再显示，“??”命令在光标当前所在位置处开始显示。

✦ 函数分为标准函数和用户自定义函数。

✦ 函数学习内容包括函数的功能、参数个数与类型及返回值类型。

✦ 表达式包括运算符和运算量两部分，计算表达式要遵循运算符的优先级从高到低运算。

✦ 表达式可以根据运算结果值的类型来分类。

✦ 高效、灵活地操作数据表和编写程序离不开语言基础。

【习题3】

一、计算题

3.1 2.8 +7%3 * 11%2/4

3.2 5/2 +7%6 + sqrt（3^2 +4^2）

3.3 substr("华南植物园",5,4)

3.4 str（val（"12.50"）*val（"20"），4）+"元"

3.5 mod(mod(23,4),mod(19,7))

3.6 max(max(11,13),min(21,9))

3.7 y =1990 计算表达式的值：y%4 =0 . and . y%100！ =0. or . y%400 =0

3.8 a =3，b =4，c =5 计算表达式的值：a + b > c . and . a + c > b . and . b + c > a

3.9 y ="3 * *3"，z =&y，求变量 z 的值。

3.10 y =50，x ="y"，z =&x，求变量 z 的值。

二、单项选择题

3.11 备注型数据是特殊的字符型数据，即字符数据块，只能用于数据表中字段的定义。备注型数据实际存储在（　　）。

A. 表中，备注型字段占4个字节　　B. 备注文件中

C. 内存中，其大小只受内存的影响，最大可达80GB　　D. 变量中

3.12 下面定义数组的语句正确的是（　　）。

A. dimension a（2，3，4）　　B. dimension a（2）ab（2，3）

C. dimension a（2 3）　　D. dimension a（2），ab（2，3）

3.13 已知日期变量 date1，date2，非法表达式是（　　）。

A. date1 - date2　　B. date1 + date2

C. date1 +2 * 3　　D. date2 - 100

3.14 给变量赋值可以使用 store 或 =，正确的赋值命令是（　　）。

A. a =1，b =2　　B. a = b =1

C. store 1 to a，b　　D. store 1，2 to a，b

3.15 逻辑型数据的取值不能是（　　）。

A. .T.，.F.　　B. .Y.，.N.

C. .t.，.f.，.y.，.n.　　D. t，f

3.16 清除变量名中第1个或第2个字母为"b"的所有内存变量，正确的命令是（　　）。

A. release all like ?b　　B. release all like ?b?

C. rele all like ?b *　　D. rele all like *b?

3.17 已知存放姓名的变量名为 xm，判断是否姓“黄”的表达式是（　　）。

A. xm ="黄"　　B. left（alltrim（xm），2）="黄"

C. right（xm，2）　　D. substr（xm，1，1）="黄"

3.18 下面表达式的结果不为 10 的是（　　）。

A. len（spac（4）+substr（"abcdef"，2，4）+left（"abc"，2））

B. min（max（19，12），max（7，10），min（100，9））

C. 10^2 * sqrt（3 * *2）/mod（9，10）-2 * 10

D. day（{^2003-10-15}-5）

3.19 设 x=2，y="3 * x * x"，则 &y 的值应为（　　）。

A. 变量不存在　　B. 12

C. 3 * x * x　　D. 81

3.20 若有代数式 $\frac{8xy}{bc}$，则不正确的 VFP 表达式是（　　）。

A. x/b/c * y * 8　　B. 8 * x * y/b/c

C. 8 * x * y/b * c　　D. x * y/c/b * 8

三、上机操作题

3.21 在命令窗口练习常用函数的使用。

3.22 在命令窗口练习表达式的书写与运算。

3.23 已知 x=1，y=3，z=5，在命令窗口计算下面表达式的值。

exp(y^x * sqrt(z - x)%7)

3.24 已知 a=4，b=3，c=5，s=(a+b+c)/2，在命令窗口计算下面表达式的值。

sqrt(s *(s - a) * (s - b) * (s - c))

第4章　数据库的基本操作

【学习目标】

✧ 理解数据库的概念；
✧ 掌握数据库设计器的用法；
✧ 掌握表设计器的用法；
✧ 熟练掌握数据表的基本操作；
✧ 掌握表达式生成器的用法；
✧ 理解索引的概念并掌握索引的使用；
✧ 理解并掌握表间关联关系的使用；
✧ 理解视图的概念和创建步骤；
✧ 掌握利用视图更新数据。

【重点与难点】

重点在于数据表的操作；难点在于利用视图更新数据。

4.1　数据库的创建

数据表就是一张符合特定条件的二维表，用来存放相关的数据。在实际的数据库应用系统中，为了减少数据表的冗余，常常需要将一个大的表分解成多个具有关联关系的小表，因此，数据库就是一组具有关联关系的数据表的集合。数据库设计是建立数据库及其应用系统的技术，是信息系统开发的核心问题，它的内容包括结构特性设计和行为特性设计。结构特性设计是指数据库总体概念的设计，应符合具有最小数据冗余、能反映不同用户的数据需求和实现数据共享的要求。行为特性设计是指实现数据库用户业务活动的应用程序的设计，用户通过应用程序访问和操作数据库。数据库涉及的内容很多，这里只讲述数据库的基本操作。

4.1.1　创建数据库

数据库可以使用菜单方式，也可以采用命令方式来创建。下面先介绍菜单方式，再介绍命令方式。

1. 菜单方式

在“文件”菜单下选择“新建”菜单项后，打开“新建”窗口，如图4.1所示。选择文件类型为“数据库”后，可以单击“新建文件”或“向导”按钮。

单击“新建文件”按钮后，进入“创建”窗口，如图4.2所示。用户要对数据库文件命名，系统默认名为“数据1”，数据库的扩展名为“.dbc”。在命名时只需指定主

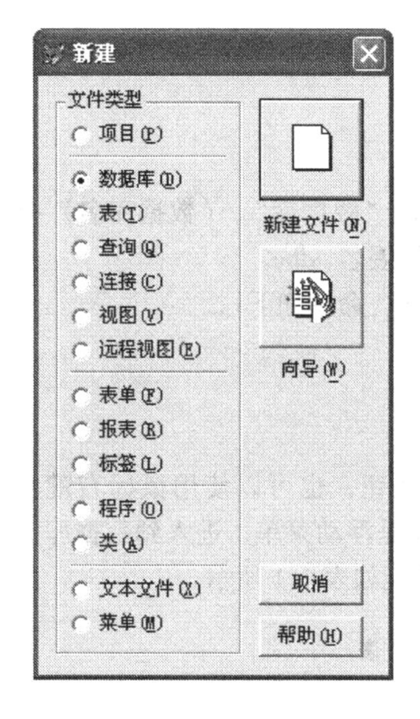

图 4.1　“新建”窗口

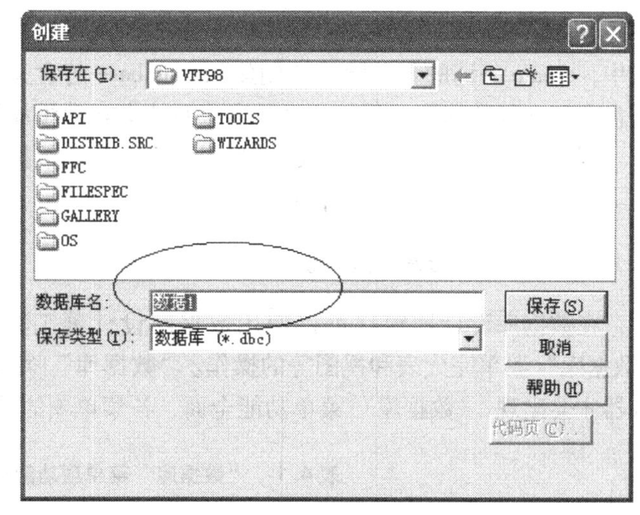

图 4.2　“创建”窗口

文件名，系统会自动添加数据库的扩展名。

在图 4.2 出现的窗口中，输入数据库名，单击“保存”按钮后，进入“数据库设计器”，如图 4.3 所示。至此，一个空的数据库文件创建完成。要对数据表、视图进行创建、添加或删除等操作，可以使用“数据库设计器”的工具按钮，或在“数据库设计器”窗口单击鼠标右键，弹出“数据库”快捷菜单，选择相应的命令完成数据库的各项操作。

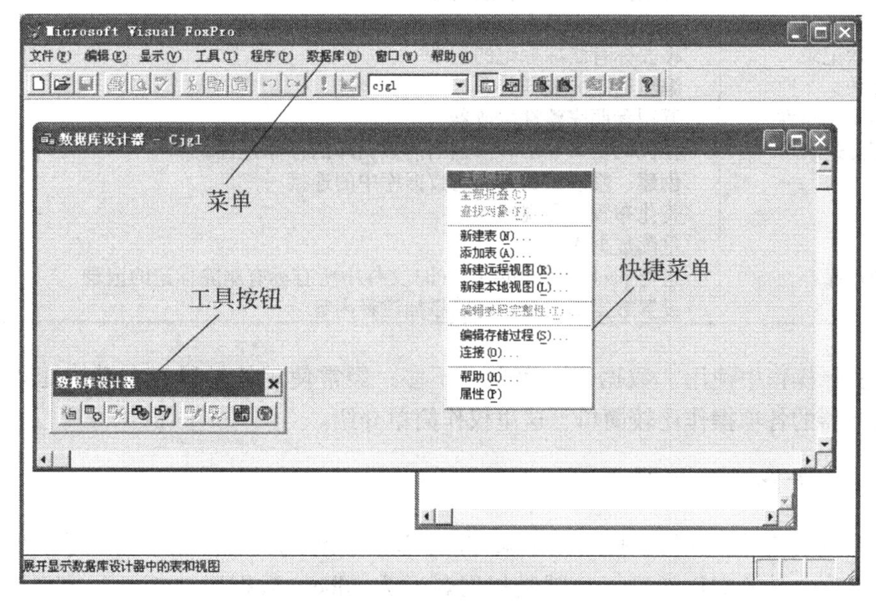

图 4.3　数据库设计器

2. 命令方式

创建数据库的命令是 create，命令格式如下：

create database〈数据库名〉

其中，create 一词的含义就是“创建”，database 的含义是“数据库”，〈数据库名〉是用户自定义的数据库文件的主文件名，系统会自动添加扩展名 . dbc。

例如，使用 create 命令创建一个“学籍管理”数据库，命令如下：

create database〈学籍管理〉

4.1.2 使用数据库设计器

在数据库设计器窗口可以使用数据库设计器工具按钮，也可以使用鼠标右键和“数据库”菜单完成表和视图等的操作。“数据库”菜单是浮动菜单，进入到数据库设计器才会出现，“数据库”菜单功能全面，各菜单项的功能如表 4.1 所示。

表 4.1 “数据库”菜单项功能一览表

菜单项	功　能
新建表	创建一个新表并将其添加到数据库中
添加表	向数据库中添加一个自由表，但属于另一个数据库的表不能添加
新建远程视图	创建一个新的远程视图并将其添加到数据库中，远程视图的数据有些来自其他计算机
新建本地视图	创建一个新的本地视图并将其添加到数据库中
修改	修改所选表的结构
浏览	在浏览窗口中显示所选表或视图的数据
移去	从数据库中移去选定的表或视图，但移去的表并没有被删除
查找对象	在数据库中查找表或视图
重建表索引	重建所选表的索引以便反映表的当前状态
彻底删除记录	移去标有删除标记的记录
编辑关系	编辑选定的关联关系
编辑参照完整性	调用参照完整性生成器
编辑存储过程	在代码窗口显示和修改当前数据库的存储过程
连接	创建、修改或删除当前数据库中的连接
重排	美化布置表和视图
刷新	重读数据库
清理数据库	运行 pack 命令删除在 . dbc 文件中所有标有删除标记的记录
属性	设置数据库属性，可以添加注释内容

在实际操作中使用“数据库”菜单并不多，经常使用的是鼠标右键快捷菜单。数据库设计器的各项操作比较简单，这里仅作简单介绍。

4.1.3 打开和关闭数据库

打开或关闭数据库可以使用菜单来完成，这一操作与其他应用软件一样，只是需要记住数据库文件的文件类型（也就是扩展名）为 . dbc。数据库“打开”窗口如图 4.4 所示。

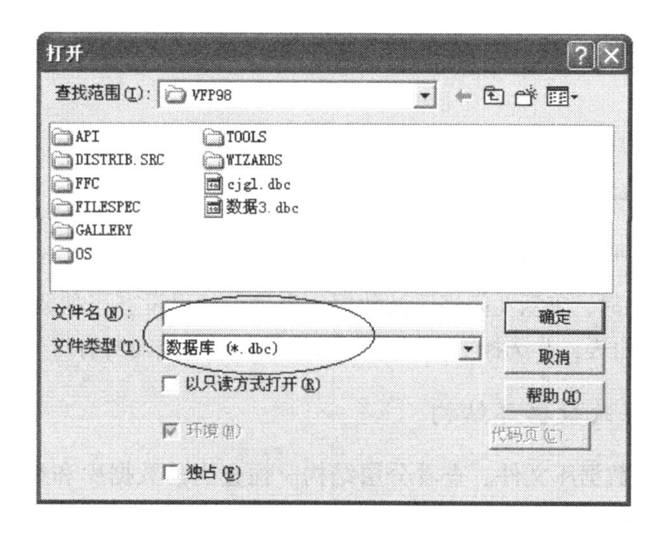

图 4.4　“打开”窗口

数据库也可以使用命令来打开、关闭，但在编程方式下只能使用命令方式。

1. 打开数据库

打开数据库的命令格式如下：

open database [数据库名 | ?] [exclusive | shared] [noupdate] [validate]

其中，“数据库名”是指要打开的数据库的文件名。“?”表示显示“打开”窗口，方便用户选择一个已经存在的数据库。exclusive 是以独占方式打开，shared 是以共享方式打开，前者是其他用户不能访问，后者是其他用户可以访问。noupdate 表示不能更改这个数据库，即以只读方式打开。validate 表示 VFP 确保数据库中的引用有效，譬如索引的引用。

数据库打开后，可以使用命令对数据库进行操作，对数据库进行修改操作的命令格式如下：

modify database

在命令窗口中输入该命令就可以进入数据库设计器。

在 VFP 中，使用 open database 命令一次只能打开一个数据库，但可以多次使用该命令打开多个数据库，以实现对多个数据库的引用。尽管可以同时打开多个数据库，但只有一个为当前数据库，对数据库的操作仅在当前数据库中进行。譬如：dbc()函数可以显示当前数据库文件名。指定当前数据库的命令格式如下：

set database to 数据库文件名

下面的命令序列示例打开两个数据库（dbc_a，dbc_b），假设这两个数据库已经存在。

```
open database dbc_a
? dbc()
open database dbc_b
```

```
? dbc()
set database to dbc _ a
? dbc()
```

2. 关闭数据库

关闭数据库的命令格式如下：

```
close database [all]
```

其中，不带 all 子句时，表示关闭当前的数据库和表，如果没有当前数据库，则关闭所有工作区内打开的自由表，并选择工作区 1；带 all 子句时，关闭所有打开的数据库和表。

4.1.4 查看和修改数据库结构

可以通过浏览数据库文件、查看分层结构、检查当前数据库和编辑 . dbc 文件等了解数据库的组织结构。

使用 modify database 可以进入数据库设计器，方便查看数据库结构。使用 validate database 命令可以检查数据库的完整性。VFP 中的 . dbc 文件类似于表文件，在数据库没有打开的条件下，可以使用 use 命令打开它，并对它的记录进行编辑。但建议读者不要使用该方法修改数据库文件，否则会破坏数据库的完整性。如果确实需要修改数据库文件，应通过数据库设计器来完成。

假设数据库文件 cjgl. dbc 已经存在且未打开，则打开、显示该文件结构和浏览记录的命令如下：

```
use cjgl. dbc       && . dbc 不能省略
list stru
brow
```

4.1.5 删除数据库

可以使用资源管理器进行数据库的删除，但仅删除数据库文件名并不能删除与它有关的数据表，所以采用命令方式可以比较完全地进行数据库及其数据表的删除。其命令格式如下：

```
delete database 数据库名 | ? [deletetables]
```

其中，“数据库名”是指定数据库文件名，且这个数据库必须是关闭的；“?”表示从“打开”窗口选择需要从磁盘删除的数据库文件名；deletetables 子句表示同时从磁盘中删除数据库中包含的表。

4.2 数据表的操作

在 VFP 中，数据表是存放数据的实体。如果一个表不属于任何数据库，则称为自由表；如果一个表属于某一个数据库，且至多只能属于一个数据库，则称这种表为数据库的表。下面先介绍自由表的操作。

4.2.1　自由表的创建

在 VFP 中，创建表结构有三种方法，使用表设计器以交互方式建立表结构、使用表向导建立表结构和使用 SQL 命令建立表结构。其中，SQL 方式将在第 5 章讲述。为了较好地演示具有较多数据类型的数据表，假设有一个学生信息表，其结构如表 4.2 所示。

表 4.2　学生信息表的结构

字段名	类型	字段宽度	小数位数	索引
编号	字符型	8		候选索引
姓名	字符型	8		普通索引
性别	字符型	2		
出生日期	日期型	8		
是否党员	逻辑型	1		
语文	数值型	5	1	
数学	数值型	5	1	
英语	数值型	5	1	
综合	数值型	5	1	
学习简历	备注型	4		
近照	通用型	4		

1. 使用表设计器创建

(1) 菜单方式

使用表设计器创建是从“文件”菜单中选择“新建”菜单项，打开“新建”窗口，如图 4.1 所示。在选择文件类型为“表”后，单击“新建文件”按钮，打开“创建”窗口，如图 4.5 所示。

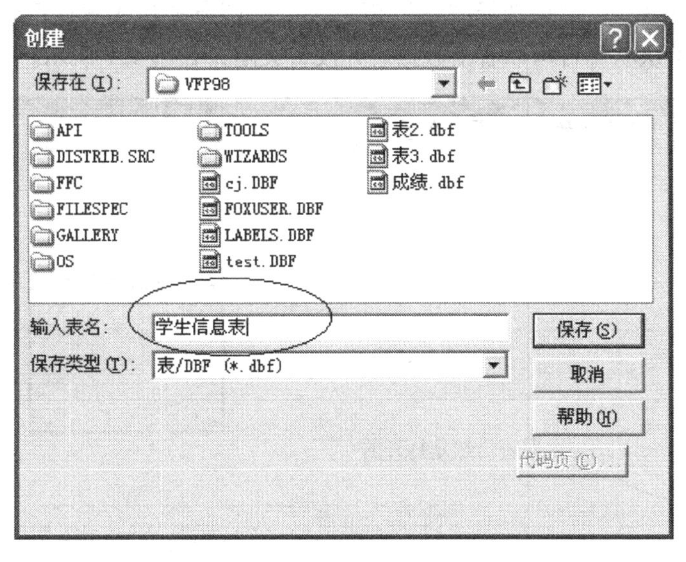

图 4.5　“创建”窗口

在“创建”窗口输入表名，例如“学生信息表”，单击“保存”按钮，进入“表设计器”窗口，逐一定义表中所有字段的字段名、类型、宽度、小数点和是否建立索引等，如图 4.6 所示。

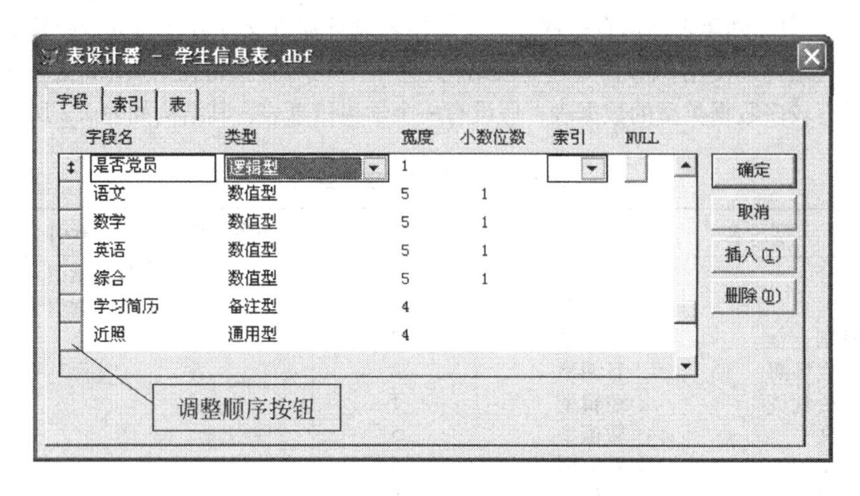

图 4.6 “表设计器”窗口

向“表设计器”输入数据时，按回车键（Enter 键）表示结束表的设计。所以，如果需要将光标移到下一个输入项，应按键盘上的方向键或 Tab 键。类型、索引的输入使用下拉列表框，而宽度和小数位数则可直接输入数值，也可通过增减器输入。调整字段顺序的方法是拖动字段名前的“调整顺序”按钮 ↕ 向上或向下移动到需要的位置后松开即可。另外，也可以使用“表设计器”中的“插入”和“删除”按钮完成字段顺序的调整。

表设计完成后，单击“确定”按钮关闭“表设计器”窗口，出现系统对话框“现在输入数据记录吗?”，如果选择“是”就可以以立即方式输入数据记录。虽然“表设计器”关闭，但从状态行可以看出数据表并没有关闭，如图 4.7 所示。

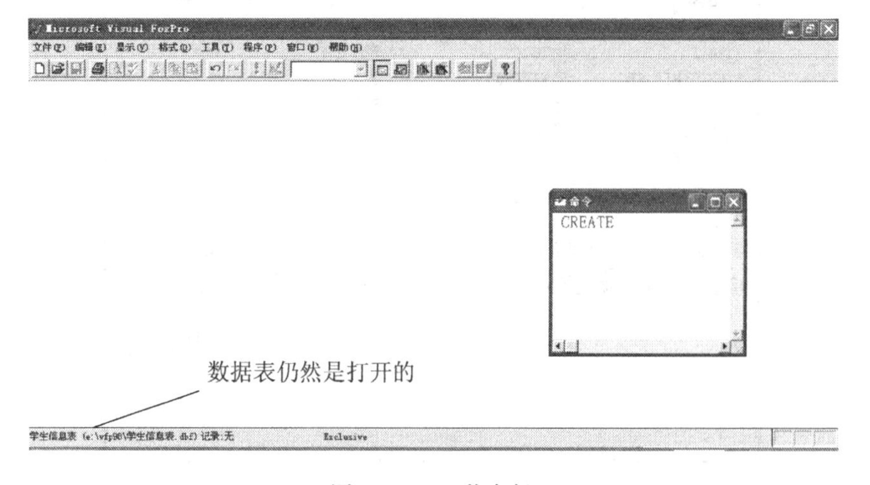

图 4.7 VFP 状态行

（2）命令方式

命令的格式如下：

create［〈表名〉］

如果缺省表名，会出现如图 4.5 所示的“创建”窗口，输入表名后单击“保存”按钮，出现如图 4.6 所示的“表设计器”窗口。如果命令中指定了“表名”，则直接进到“表设计器”窗口。

2. 使用表向导创建

创建表的结构一般是使用“表设计器”来创建，如果初学者不太了解表结构的创建，也可以使用表向导创建，按照向导提示一步一步，边学边用。具体的操作步骤是：从“文件”菜单中选择“新建”菜单项，打开“新建”窗口，如图 4.1 所示。选择文件类型为“表”后，单击“向导”按钮，出现“表向导”窗口，如图 4.8 所示。

图 4.8　“表向导”窗口

使用“表向导”创建表的结构包括 5 个步骤：选取字段；选择数据库；修改字段设置；为表创建索引；完成。在最后一步单击“完成”按钮后，进入“另存为”窗口，输入表名后单击“保存”按钮，则一个新的表结构创建完毕。

4.2.2　表的打开与关闭

表的打开是指将存放在磁盘上的数据表调入到计算机内存，同时将其定为当前工作区的当前表。数据表打开后，才能完成对表的结构的修改或表记录的操作。表的关闭与表的打开操作相反，是将表从计算机内存中释放。不管是表的打开还是关闭，都与工作区（Workarea）有关。

1. 工作区

在 VFP 中，允许用户使用 32 767 个工作区。如果用户同时使用两个或两个以上的工作区进行数据表的操作，则称为使用多重工作区。使用多重工作区应该遵循以下原则：

(1) 每个工作区至多只能打开一个表，即在同一工作区打开“新”表，系统会自动将“原”表关闭。

(2) 一个表如果需要在两个工作区中打开，则第 2 次打开需要选择 again 子句。

(3) 正在进行数据表操作的工作区称为当前工作区，在当前工作区打开的表称为当前表。数据表的操作是在当前工作区的当前表上进行的，同一时刻只能有一个工作区是当前工作区。使用 select 命令可以重新选择当前工作区。

(4) 在当前工作区访问当前表中的数据无须指定别名，而在当前工作区访问其他工作区中的表时必须指定别名，使用形式如下：

〈别名〉.〈字段名〉或〈别名〉→〈字段名〉

(5) 在不同工作区的表之间可以建立关联关系，即将多个数据表的记录指针关联起来，这样对当前表的记录指针移动时，与之关联的表的记录指针也将随之移动到关联的记录上。然而，没有关联数据表的记录指针则是相互独立的。

2. 选择当前工作区命令

选择当前工作区命令格式如下：

select〈工作区号〉|〈表名〉

其功能是将“工作区号”指定的工作区选择为当前工作区，或将“表名”指定的已经打开的表所在的工作区选择为当前工作区。其中，“工作区号”可以是 1 ~ 32 767 中任意的自然数，也可以是字母或字母数字的形式：前 10 个工作区可以使用 A ~ J，其他工作区可表示为 W11 ~ W32 767。注意：select 0 不是表示选择 0 号工作区，而是自动选择最低可用工作区。

3. use 命令

use 命令比较复杂，具有较多的命令子句，这里仅介绍该命令的打开和关闭数据表的功能，其命令格式如下：

use [〈表名〉| ?] [in〈工作区号〉|〈别名〉] [again] [alias〈别名〉] [exclusive | shared] [noupdate]

其中，若不带任何子句，即只用 use，表示关闭当前工作区打开的数据表。“表名”表示打开指定的数据表，“?”会弹出“使用”窗口供选择数据表。in 子句指定在哪个工作区打开数据表。again 子句可以在别的工作区重新打开同一个表。alias 子句是打开表的同时定义表的别名，如果不定义别名，则默认数据表名为别名。exclusive 表示以独占方式打开表，默认以此方式打开；shared 表示以共享方式打开表。noupdate 表示以只读方式打开表。

数据表打开后，可以对表的结构进行修改操作，或者对表中的记录进行操作。

4．数据工作期

数据工作期包含一组工作区，可以在工作区中打开、关闭表和建立表间的关联等。选择“窗口”菜单中的“数据工作期”菜单项，打开“数据工作期”窗口，如图 4.9 所示。

图 4.9　“数据工作期”窗口

5．表的关闭

关闭数据表的命令有以下几种。

（1）use：关闭当前工作区的当前表。

（2）close all：关闭所有打开的表，同时释放所有内存变量。

（3）close tables：关闭当前数据库中所有打开的表。

（4）close tables all：关闭所有数据库中所有打开的表及自由表。

4.2.3　修改表的结构

如果创建或修改后的表结构还不尽合理，可以使用“表设计器”对表的结构进行修改，进入“表设计器”窗口可以使用菜单方式，也可以使用命令方式。

1．菜单方式

假设数据表没有打开，可以按如下步骤对数据表进行修改：

（1）打开数据表。选择“文件”菜单中的“打开”菜单项，出现“打开”窗口，如图 4.4 所示，先从下拉列表框中选择文件类型为 .dbf，再选择需要打开的表，单击“确定”按钮后就完成了表的打开。

（2）进入表设计器。选择“显示”菜单中的“表设计器”选项，如图 4.10 所示。

图 4.10　“显示”菜单

（3）修改表的结构。这一步与表的创建中“表设计器”操作相同。

（4）保存。表结构修改完成后，在“表设计器”窗口中单击“确定”按钮，进入系统对话框“结构更改为永久性更改?”，选择“是”按钮则确认修改后的表结构，选择“否”按钮则取消修改操作。

2. 命令方式

同样地，假设数据表没有打开，可以使用如下步骤对数据表进行修改：

（1）打开表。使用 use 命令可以打开表，例如：

```
use 学生信息表
```

（2）进入“表设计器”。使用如下命令：

```
modify structure
```

该命令的功能是修改当前表的表结构。

例如：修改“学生信息表”，添加一个字段：总分(N,6,1)。总分字段的值：语文+数学+英语。

3. 表结构描述文件

使用表结构复制命令，可以将当前表的结构存入另一个表中，这个表的每一行就是一个字段，这个表文件称为表结构描述文件。其命令格式如下：

```
copy struct to 表名 extended [fields 〈字段名表〉]
```

其中，如果缺省 extended，则是将当前表的空结构复制到“表名”所指定的表文件中。有了 extended 子句，则将表的结构描述复制到“表名”所指定的表结构描述文件中。例如：

```
use 学生信息表
copy structure to test extended
use test
brow
```

执行上述命令，即可浏览表结构描述文件。在编程方式下，利用结构描述文件可以动态地生成表结构，其命令格式如下：

```
create 表名 from 表结构描述文件
```

4.2.4 记录的操作

打开数据表后，可以向表中输入数据记录、显示表中的记录、定位表中的记录、修改表中已有的记录和删除记录等，这些对数据记录进行的操作就是记录的操作。

1. 输入记录

向数据表中添加记录，可以采用立即方式或追加方式。立即方式是表结构创建完成时立即向表中输入记录。追加方式是在表结构定义完成后或打开已有的表，在“浏览”或“编辑”窗口中向表中输入数据。由于常用的是追加方式，下面讲述追加方式输入记录。

（1）菜单方式

首先打开要输入数据的表，再选择“显示”菜单中的“浏览”菜单项，进入表浏览窗口，这时的菜单栏会出现“表”菜单；若关闭表浏览窗口，则“表”菜单消失。浏览方式有浏览和编辑两种，浏览是以电子表格的浏览方式，如同 Excel 的电子表格；编辑是从上到下一个字段接一个字段。这两种方式可以出现在同一个窗口中，如图 4.11 所示。

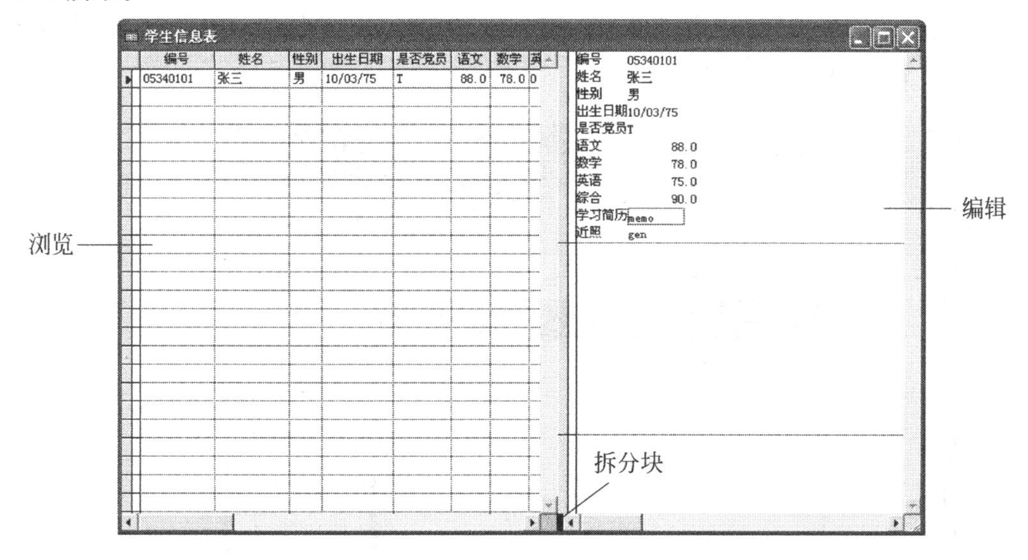

图 4.11　浏览与编辑窗口

完成“浏览”与“编辑”出现在一个窗口的操作步骤如下：向右拖动浏览窗口左下角的窗口拆分块（黑色小竖条）到指定的位置，单击窗口的右边。选择“显示”菜单下的“编辑”项就可以实现两种方式出现在同一窗口，左右两边形成两个分区。左右拖动拆分块可以调整两边分区的大小，如果拖动拆分块到最左边，则取消分区。默认左右两边的分区是链接在一起的，即一个分区光标移动，则另一分区与其同步移动，如果要取消这种链接，选择“表”菜单中的“链接分区”，去掉其前面方框中的对勾（√）即可。

选择“表”菜单，可以看到其中的“追加新记录 Ctrl + Y”和“追加记录...”，前者是在表尾追加一条新记录，可以直接按快捷键“Ctrl + Y”，后者是将其他数据表中的记录追加到当前表，如图 4.12 所示。图中的“选项”按钮可以指定条件和选择字段。

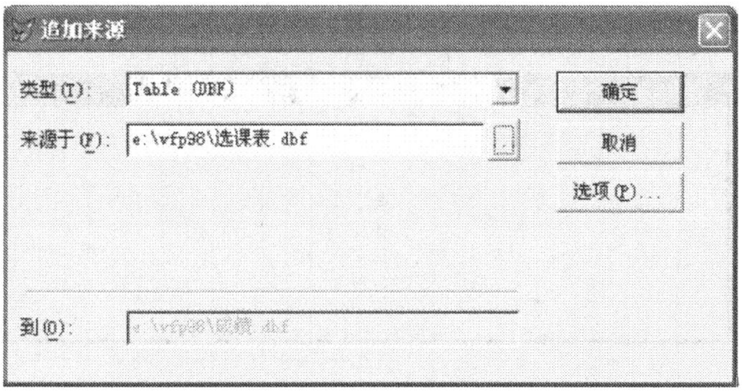

图 4.12　追加记录

数值型、字符型数据输入比较简单。日期型数据输入要注意当前日期格式，譬如：月日年或年月日等。逻辑型数据输入是："真"输入"t"、"y"、"T"或"Y"，"假"输入"f"、"n"、"F"或"N"。如图 4.13 所示，备注型字段的输入是将鼠标指针移到备注型字段的"memo"上双击，即进入备注型字段的编辑窗口，输入备注内容后，单击窗口的"关闭"按钮，或按 Ctrl + W 键关闭该编辑窗口并保存。如果不想保存输入或修改的内容，按 Esc 键退出。

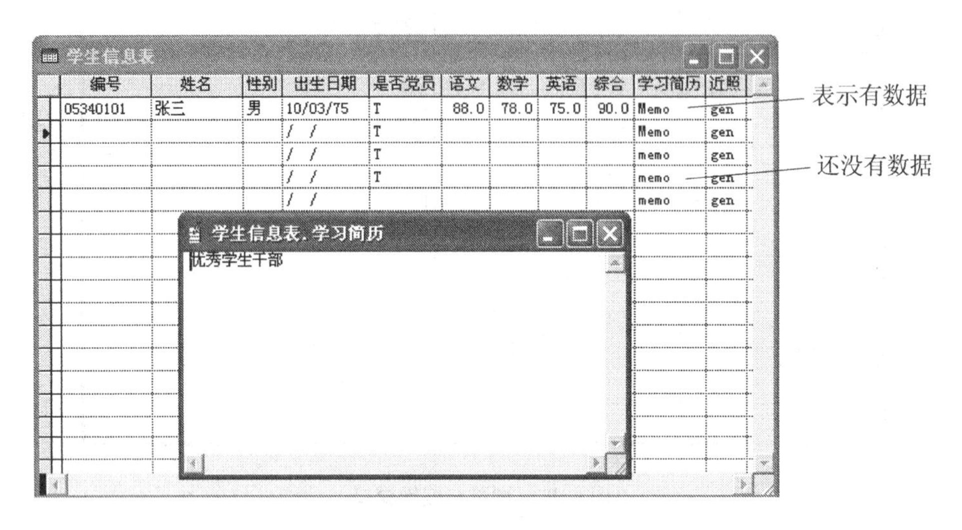

图 4.13　备注字段的输入

通用型数据是通过插入"对象"的方式来输入的。下面举一个例子：输入学生近照。首先是将鼠标指针移到通用型字段的"gen"上双击进入通用型字段的数据编辑窗口，如图 4.14 所示。再从"编辑"菜单中选择"插入对象"菜单项，就可以打开"插入对象"窗口，对象可以"新建"或"由文件创建"，如图 4.15 所示。对象插入通用字段可以采用"嵌入"或"链接"方式，默认为"嵌入"方式。插入对象后的效果如图 4.16 所示。

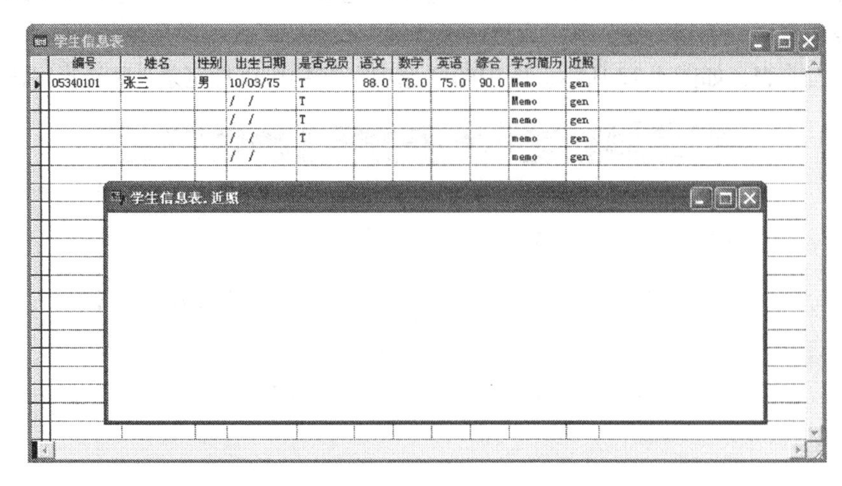

图 4.14　通用型字段的输入

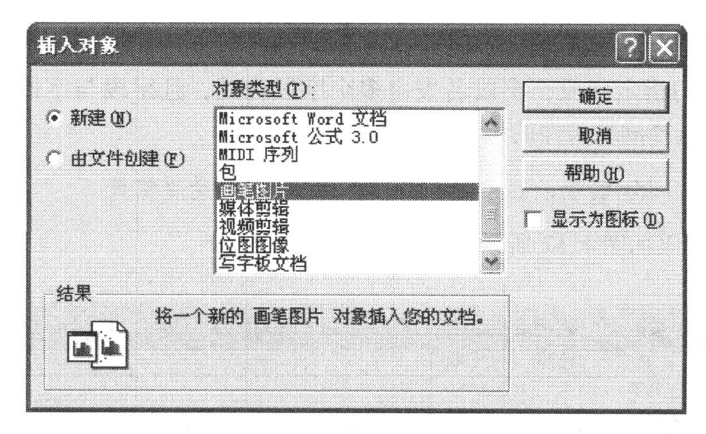

图4.15　“插入对象”窗口

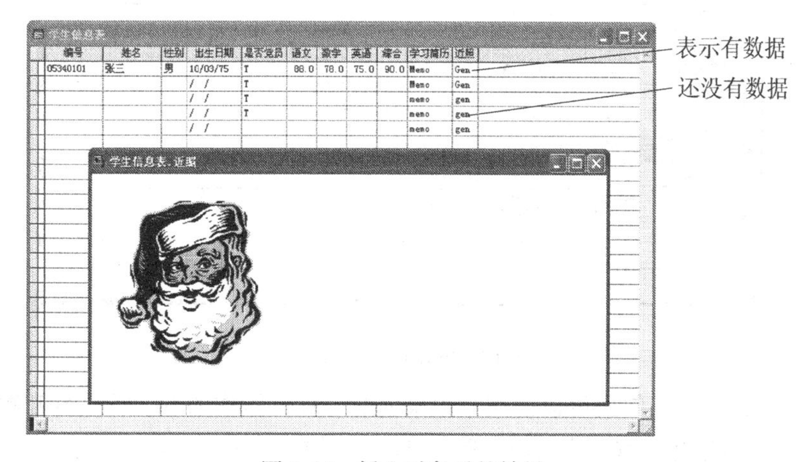

图4.16　插入对象后的效果

（2）命令方式

追加新记录的命令格式如下：

append [blank]

其中，若缺省 blank，则以编辑方式在当前表的末尾一条一条地追加记录；若选择 blank，则直接在表尾追加一条空记录，编程方式一般选择 blank。

追加记录的命令格式如下：

append from〈表名〉|〈?〉[fields 字段名1[,字段名2,…]][for〈条件表达式〉]

其功能是将其他表中的数据追加到当前表尾，可以指定字段和满足条件的记录。

2. 显示表中的记录

使用数据表时，常常需要显示表中的记录。前面讲到的浏览方式就是一种显示记录的方法，除了该方法外还有 list、display 等。

（1）browse 命令

browse 命令的功能是在“浏览”窗口显示或修改当前表。其命令格式如下：

browse [fields〈字段名表〉] [for〈条件表达式〉]

其中，fields 子句指定字段，字段名表由多个字段构成，且字段与字段间用逗号“，”分隔；for 子句选择满足条件的记录。例如：

browse fields 编号，姓名，性别，出生日期 for 是否党员

该命令的显示效果如图 4. 17 所示。

学生信息表

姓名	性别	出生日期
王树青	男	10/03/75
郭耀昌	男	03/03/74
蔡军锋	男	04/01/75
戴维斯	女	07/08/74
陈玉	女	07/12/75
罗立人	男	06/30/75
郑雪芬	女	08/01/76
孙美芳	女	09/02/75
林波	男	11/02/74
张振威	男	01/08/75

当前记录的记录指针

图 4. 17　browse 命令显示效果

fields 子句和 for 子句也可以使用菜单来完成。具体操作如下：首先打开数据表，打开“显示”菜单选择“浏览”菜单项，进入“浏览”窗口。再从“表”菜单中选择“属性”菜单项，打开“工作区属性”窗口，如图 4. 18 所示。

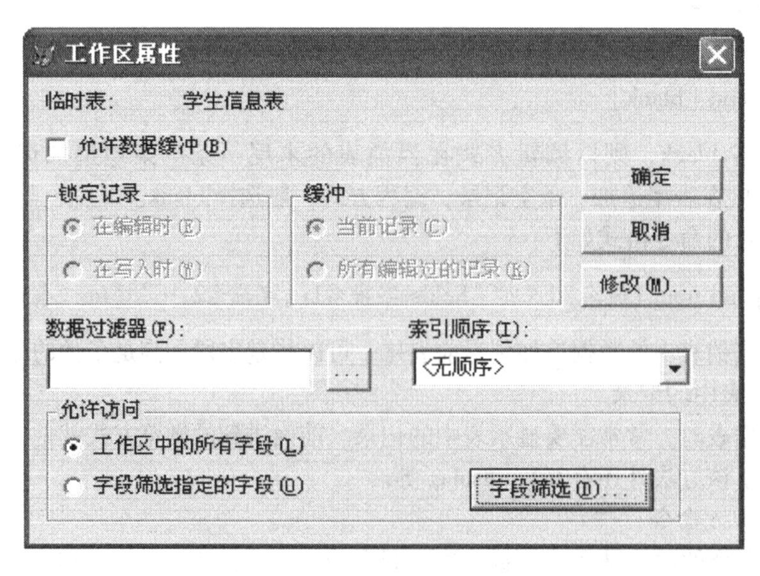

图 4. 18　“工作区属性”窗口

图中“数据过滤器”下的文本框可以直接输入条件表达式，也可以单击“…”按钮弹出“表达式生成器”，其用法将在记录修改部分介绍。如果需要进行字段筛选，先单击“字段筛选指定的字段”前的单选按钮，再单击“字段筛选”按钮即可选择字段。注意：“数据过滤器”和“字段筛选”的设置不具永久性，数据表关闭后即失效。

（2）list/display 命令

list/display 命令的功能是在输出设备上，以系统格式显示当前表中的数据。它们的命令格式如下：

```
list/display [〈范围〉][fields〈字段名表〉][for〈条件表达式〉][off]
              [to printer | file〈文件名〉]
```

其中，①范围：确定记录的操作范围，用户可以从范围短语中选择其一，范围短语如表 4.3 所示。

表 4.3　范围短语的功能与说明

范围短语	功　能	说　明
all	所有记录	全部记录
next〈n〉	包括当前记录在内的 n 条记录	一条或多条记录
record〈n〉	第 n 条记录	只有一条记录
rest	从当前记录到表尾	一条或多条记录
缺省	不指定范围	list 命令对当前表所有记录进行操作，相当于指定了 all；而 display 命令只对当前表当前记录进行操作，相当于指定了 next 1

② off：在显示结果中不包含记录号那一列。这里的记录号反映记录输入的先后顺序。

③ to 子句：指明显示去向，如果缺省 to 子句，则默认为显示屏幕；如果指定 printer，则在显示器和打印机上同时显示结果；如果指定 file〈文件名〉，则将结果在显示器上显示，同时写入数据表中。

【例 4.1】　在屏幕上显示“学生信息表”的学生姓名、性别、出生日期字段，且不显示记录号；显示第 3 条记录；显示第 2 条记录到第 5 条记录。

```
use 学生信息表
list off fields 姓名，性别，出生日期
display record 3
display for recno( ) > =2. and. recno( ) < =5
```

执行上述命令的结果如图 4.19 所示。

显示记录的命令灵活，使用的关键在于按题目要求写出合格的条件表达式。条件表达式可以是关系表达式或逻辑表达式，常常需要使用函数，譬如：recno（）返回表中当前记录的记录号。

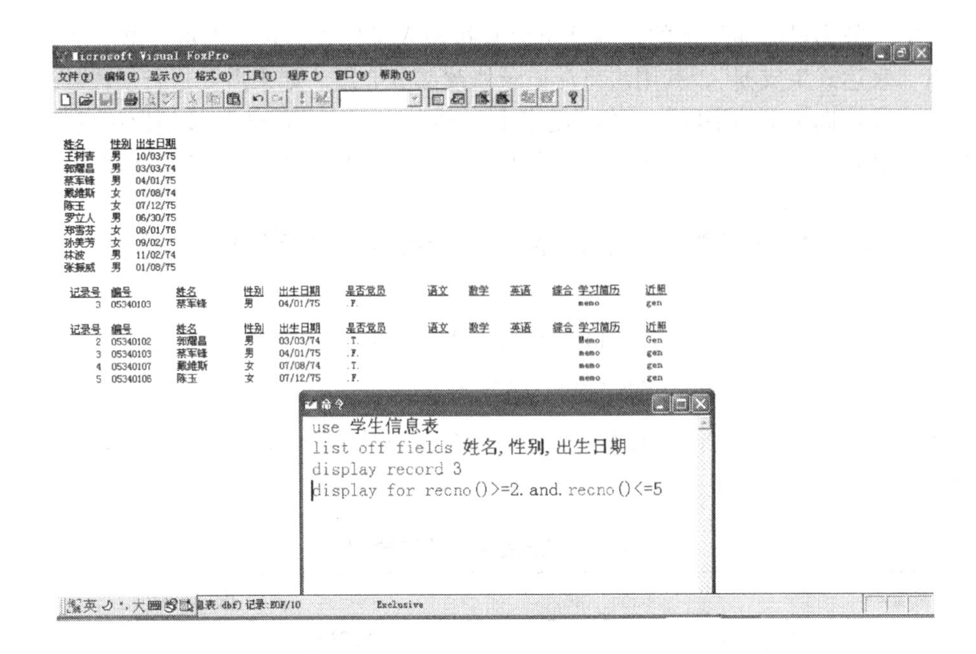

图 4.19 list/display 命令执行后显示结果

3. 定位表中的记录

记录定位的实质就是确定哪一条记录为当前记录。刚打开数据表时，当前记录为第一条记录。定位表中的记录可以有多种方法：在“浏览”窗口用鼠标指针单击记录中的任何一列，就可以容易地定位记录，如图 4.17 所示。如果数据表比较大，定位记录不方便，可以选择“表”菜单下的“转到记录”菜单项进行定位，如图 4.20 所示。

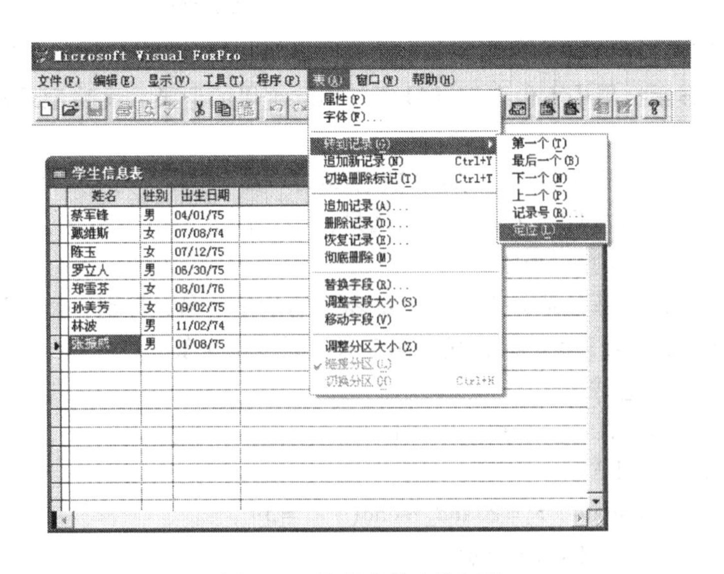

图 4.20 使用菜单定位记录

虽然前述定位方法比较容易，但在编程方式下不好使用，下面介绍使用命令进行记录定位的方法，定位命令如表 4.4 所示。

表4.4　定位命令及其含义

定位要求	含义	命令	说明
第一个	定位到第一条	go top	第一条并不是表头，即BOF（）不为.T.
最后一个	定位到最后一条	go bottom	最后一条并不是表尾，即EOF（）不为.T.
下一个	从当前记录移到下一条	skip〈n〉	n=1时可缺省；n>1时可以移动多条
上一个	从当前记录移到上一条	skip〈n〉	n=-1；n<-1时可以移动多条
指定记录号	定位到指定的记录号	go〈n〉	n表示记录号
条件定位	查找满足条件的第一条记录	locate continue	locate定位第一条满足条件的记录，continue与locate配合查找满足条件的下一条记录。编程时常常使用到这两条命令

【例4.2】　在命令窗口测试下面的定位命令操作。

```
use 学生信息表
? recno()
? bof()
skip -1
? bof()
go 3
? recno()
skip 2
? recno()
go bottom
? recno()
? eof()
skip
? eof()
locate for 性别="女"
display
continue
display
```

4. 修改记录

(1) 全屏幕修改方式

在浏览窗口可以方便地完成对记录的修改，VFP中还提供了其他全屏幕编辑命令：edit命令和change命令，由于它们不太常用，这里仅给出其命令格式：

edit/change [〈范围〉][fields〈字段名表〉][for〈条件表达式〉]

譬如：

edit fields 编号，姓名 for left（姓名，2）="林"

（2）替换修改方式

替换命令是使用表达式的值替换对应的字段值，其命令格式如下：

replace [〈范围〉]〈字段名1〉with〈表达式1〉
[,〈字段名2〉with〈表达式2〉,…,〈字段名n〉with〈表达式n〉]
[for〈条件表达式〉]

其中，范围缺省时，默认只对当前记录操作。字段类型应与表达式的值兼容或相同。

【例4.3】 在“学生信息表”中的“总分”字段的值等于语文、数学、英语三科成绩之和。使用replace命令计算每个学生的总分。

```
use 学生信息表
replace all 总分 with 语文+数学+英语      && 计算所有学生的总分
```

替换操作也可以菜单方式进行，从“表”菜单中选择“替换字段”菜单项，打开“替换字段”窗口，如图4.21所示。

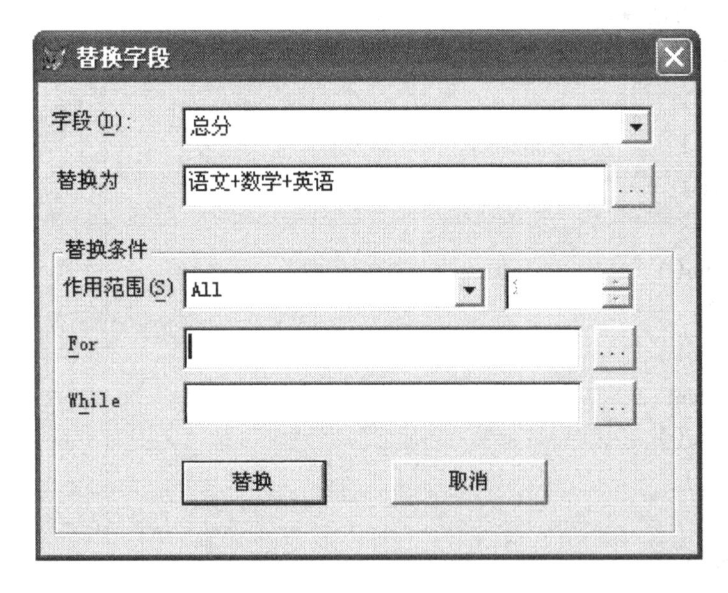

图4.21 “替换字段”窗口

图中的“替换为”文本框中对应的“语文+数学+英语”表达式可以直接输入，也可以单击文本框右边的“…”按钮，打开“表达式生成器”窗口来创建，如图4.22所示。

表达式的生成过程如下：首先在“字段”列表框找到“语文”字段，双击该字段，它就会出现在“WITH”下面的文本框中，形式为“学生信息表.语文”，前面的表名可以去掉。再双击“函数”栏“数学”组合框，找到“+”号，单击“+”即可，它也出现在“WITH”文本框中。表达式余下的内容重复上述步骤即可。表达式生成完毕，可以单击“检验”按钮进行校验。“选项”按钮可以设置不添加别名。

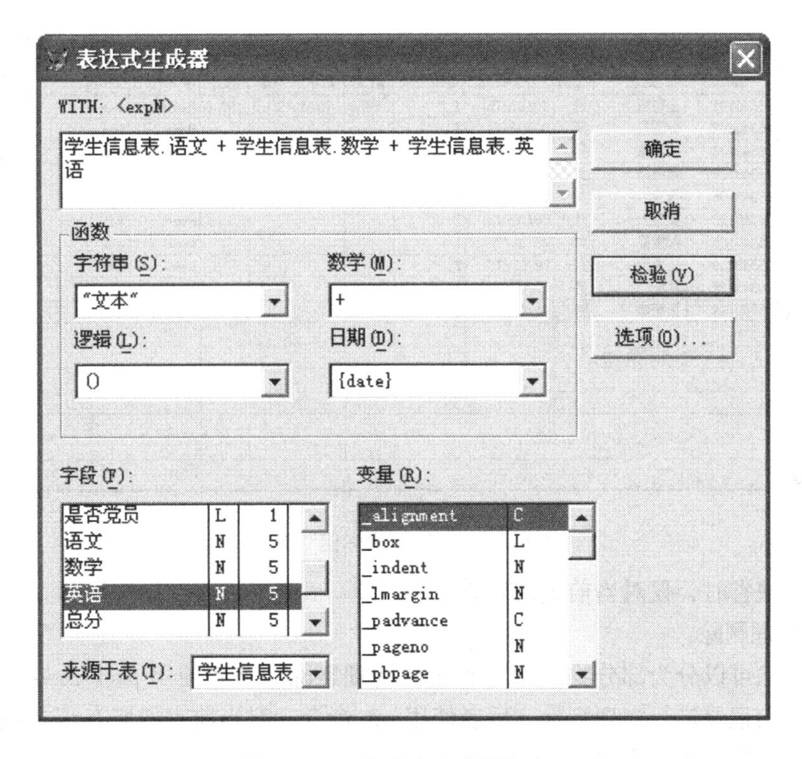

图 4.22　“表达式生成器”窗口

5. 删除记录

在数据表的维护过程中，如果发现某条记录已经不需要或不用统计，可以使用删除命令将其删除。在 VFP 中删除分为逻辑删除和物理删除。逻辑删除只是作删除标记，记录仍然存在，需要的时候还可以将其恢复。物理删除是将无用的记录彻底从磁盘中删除。若需删除部分记录，则先作逻辑删除，再作物理删除；若要删除全部记录，可以直接使用物理删除命令。物理删除的记录不能恢复。

(1) 逻辑删除

逻辑删除的命令格式如下：

delete [〈范围〉][for〈条件表达式〉]

其中，范围缺省时，逻辑删除操作仅对当前记录有效。

逻辑删除还可以使用菜单方式。在“表”菜单中选择“删除记录”菜单项，打开“删除”窗口，设置范围或条件。另外，也可在“浏览”窗口单击“删除标记”按钮实现逻辑删除。“删除标记”块在记录的左边，它是一个“开关”按钮，取消删除标记只需再一次单击即可，如图 4.23 所示。

作了删除标记的记录，在 set delete on 状态下，可以视其为不存在，即不会显示出来，也不会被统计，系统默认为 on。在 set delete off 状态下，删除标记不起作用。

逻辑删除的记录可以恢复，恢复操作与删除操作类似，其命令格式如下：

recall [〈范围〉][for〈条件表达式〉]

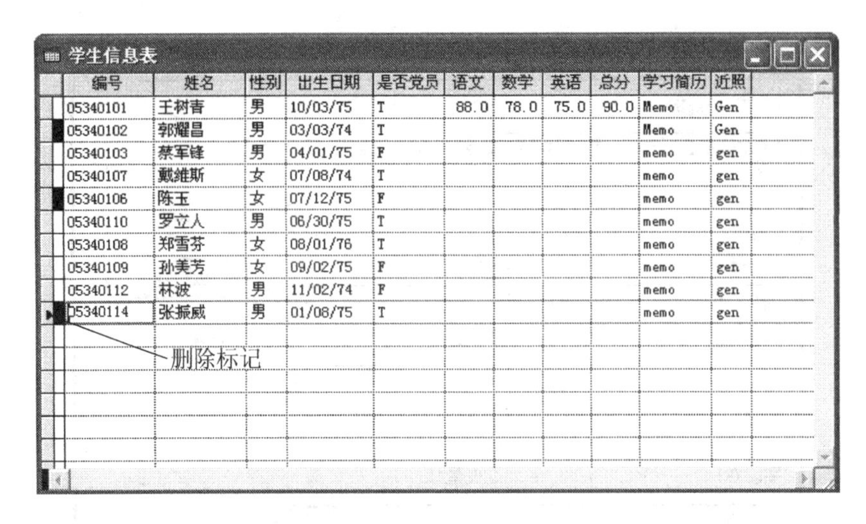

编号	姓名	性别	出生日期	是否党员	语文	数学	英语	总分	学习简历	近照
05340101	王树青	男	10/03/75	T	88.0	78.0	75.0	90.0	Memo	Gen
05340102	郭耀昌	男	03/03/74	T					Memo	Gen
05340103	蔡军锋	男	04/01/75	F					memo	gen
05340107	戴維斯	女	07/08/74	T					memo	gen
05340106	陈玉	女	07/12/75	F					memo	gen
05340110	罗立人	男	06/30/75	T					memo	gen
05340108	郑雪芬	女	08/01/76	T					memo	gen
05340109	孙美芳	女	09/02/75	F					memo	gen
05340112	林波	男	11/02/74	F					memo	gen
05340114	张振威	男	01/08/75	T					memo	gen

图 4.23 “作删除标记”窗口

其中，范围缺省时，仅对当前记录有效。

（2）物理删除

物理删除可以分为部分物理删除和全部物理删除。前者使用 pack 命令，只是对进行逻辑删除的记录进行物理删除；后者使用 zap 命令，对当前表的所有记录进行物理删除，而不管其是否作了逻辑删除。

部分物理删除的命令格式如下：

```
pack
```

执行该命令，弹出系统对话框，确定需要删除的内容，选择“是”按钮。在编程方式下，则不会弹出上述系统对话框。

全部物理删除的命令格式如下：

```
zap
```

执行该命令，弹出系统对话框，确定需要删除，选择“是”按钮。在编程方式下，也不能阻止系统对话框的弹出。该命令的副作用较大，一定要慎用！

6. 表的复制

数据表是以文件的形式出现的，可以使用资源管理器进行文件复制。但数据表与普通的文件又有所不同。譬如：表中有备注字段或通用字段的话，复制表时千万别忘了先复制备注文件；另外，可以从表中选择某些字段或记录进行复制。所以，有必要学习一下表的复制命令。copy to 命令就是将当前表中符合条件的记录复制到“表名”指定的表中。其命令格式如下：

```
copy to 表名 [〈范围〉][fields〈字段名表〉][for〈条件表达式〉]
```

其中，缺省范围时表示所有的记录。例如：

```
use 学生信息表
```

```
copy to dy field 编号，姓名，性别，出生日期 for 是否党员
use dy
brow
```

4.2.5　统计命令的使用

如何利用数据表中的数据呢？VFP 提供了丰富的统计命令。

1. 计算记录的条数

数据表中的一条记录表示一个对象，计算记录的条数也就是统计对象的个数。譬如：在学生信息表中统计学生的人数。其命令格式如下：

```
count [范围] [for〈条件表达式〉] [to 变量名]
```

其中，缺省范围时默认所有的记录，reccount（）函数也可以完成所有的记录个数统计，且速度更快。缺省 to 子句时，则在屏幕上直接显示。例如：

```
use 学生信息表
count to rs for year(出生日期) =1975        && 统计 1975 年出生的人数
? rs
```

2. 求和

在介绍 replace 命令时，讲到计算“总分”，那里用的是表达式“语文 + 数学 + 英语”，它是对每个学生而言的，按行求和。这里讲的求和是按列求和，譬如：计算“数学”的总分，是将每个学生的数学成绩加起来。该命令格式如下：

```
sum [范围]〈表达式表〉[to 变量名表 | array 数组名] [for〈条件表达式〉]
```

其中，范围缺省默认为对所有记录统计。“表达式表”可以是多个表达式，表达式之间用“,”隔开，它必须与 to 子句的“变量名表”对应。例如：

```
use 学生信息表
sum 语文，数学，英语 to yw，sx，yy
? yw，sx，yy
```

3. 求平均

求平均与求和类似，也是按列的。譬如：计算“数学”平均分，是将每个学生的数学成绩加起来，再除以总人数得到的。其命令格式如下：

```
average [范围]〈表达式表〉[to 变量名表 | array 数组名] [for〈条件表达式〉]
```

其中，范围缺省默认为对所有记录统计。“表达式表”可以是多个表达式，表达式之间用“,”隔开，它必须与 to 子句的“变量名表”对应。例如：

```
use 学生信息表
average 语文，数学，英语        && 统计结果显示在屏幕上
```

4. 计算命令

除了求和、求平均外，还有诸如求最大值、最小值等。计算命令是一个可以实现各种统计操作的综合命令。其命令格式如下：

calculate [范围]〈数值表达式表〉[to 变量名表 | array 数组名]
[for〈条件表达式〉]

其中，范围缺省默认为对所有记录统计。数值表达式表可以包含多个表达式，表达式之间用“,”隔开，它必须与 to 子句的“变量名表”对应。常用的统计函数如表 4.5 所示。

表 4.5　常用的统计函数

函数格式	功能	举例
avg（字段名）	求平均	calc avg（数学）
cnt（字段名）	计算个数	calc cnt（数学）
max（字段名）	求最大值	calc max（数学）
min（字段名）	求最小值	calc min（数学）
sum（字段名）	求和	calc sum（数学）
std（字段名）	求标准差	calc std（数学）
var（字段名）	求均方差	calc var（数学）

5. 分类汇总

按类别汇总也是数据统计中常用到的。譬如：超市分类汇总销售额，按职称统计应发工资，等等。正确使用分类汇总，首先需要打开待分类汇总的表，且该表已按关键字进行排序或索引，否则无法达到预期效果。其命令格式如下：

total to 新表 on 表达式 [范围] [fields〈字段名表〉] [for〈条件表达式〉]

其中，“新表”指定存放结果的数据表的文件名。on 子句指定分类字段。fields 子句指定需要汇总的数值字段名。

4.2.6　数据库表的使用

数据库表的创建使用数据库设计器，用鼠标右键单击数据库设计器的空白处，弹出快捷菜单，从中选择“新建表”选项，即打开“新建表”窗口，再单击“新建表”按钮打开“创建”窗口，在“输入表名”后面的文本框输入数据表文件名，单击“保存”按钮后就可进入“表设计器”窗口，如图 4.24 所示。

图 4.24 与图 4.6 相比，数据库表的表设计器功能更为强大。

（1）“显示”栏：可以设置显示格式、输入掩码和标题。如果字段名不是中文，可以在标题中输入中文，这样，既可以方便用英文编写程序，又可以方便浏览。

（2）“字段有效性”栏：可以设置字段的默认值，以提高输入速度。为了提高数据输入的准确性，可以设置规则，只要输入的字段值违背了规则，就会自动弹出系统窗口，显示指定的信息。

（3）“字段注释”栏：可以方便自己或其他人清楚地掌握字段的作用和含义，有助于维护数据表。

注意：默认值需要输入常量，且需要输入界定符。譬如：字符可用双引号界定。字

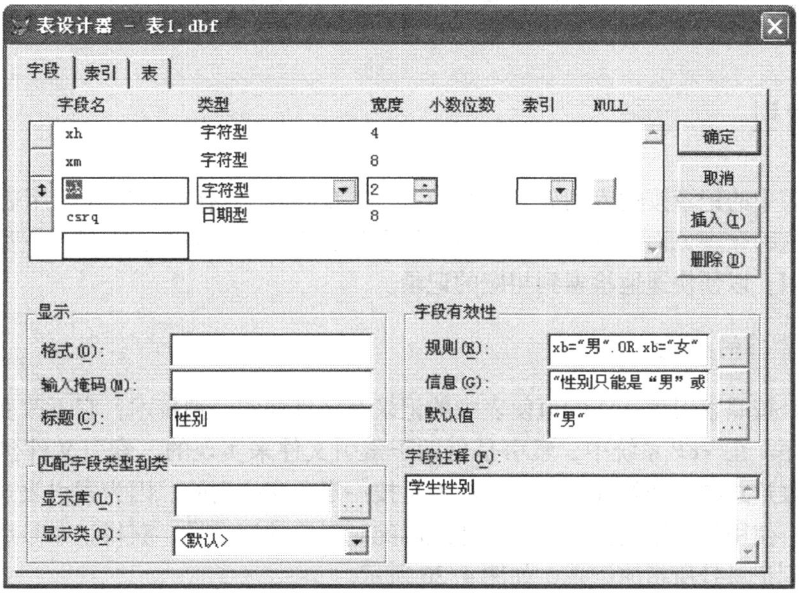

表设计器 - 表1.dbf

字段 | 索引 | 表

字段名	类型	宽度	小数位数	索引	NULL
xh	字符型	4			
xm	字符型	8			
xb	字符型	2			
csrq	日期型	8			

确定　取消　插入(I)　删除(D)

显示
格式(O):
输入掩码(M):
标题(C): 性别

字段有效性
规则(R): xb="男".OR.xb="女"
信息(G): "性别只能是“男”或
默认值: "男"

匹配字段类型到类
显示库(L):
显示类(P): <默认>

字段注释(F):
学生性别

图 4.24　数据库表的表设计器

段有效性提示信息需要使用字符的界定符。

另外，在“表设计器”的“表”选项卡，还可以设定记录有效性、触发器和表注释，如图 4.25 所示。

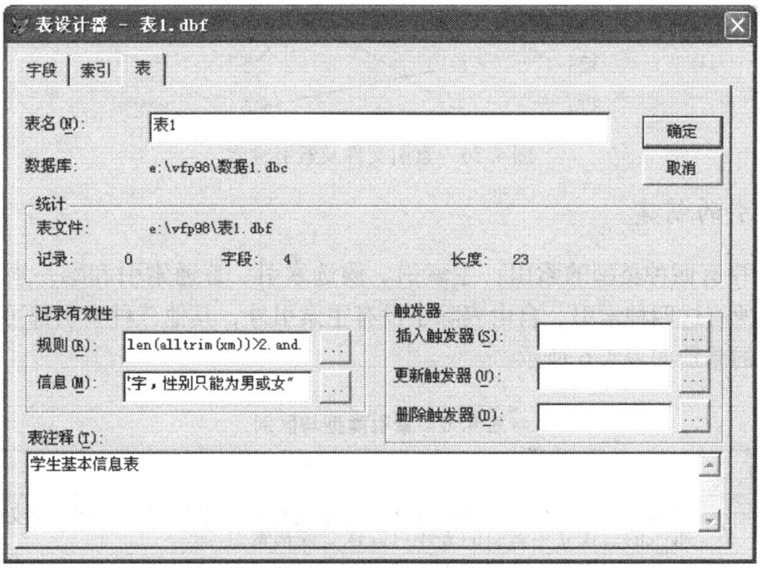

表设计器 - 表1.dbf

字段 | 索引 | 表

表名(N): 表1
数据库: e:\vfp98\数据1.dbc

确定　取消

统计
表文件: e:\vfp98\表1.dbf
记录: 0　字段: 4　长度: 23

记录有效性
规则(R): len(alltrim(xm))>2.and.
信息(M): '字，性别只能为男或女"

触发器
插入触发器(S):
更新触发器(U):
删除触发器(D):

表注释(T):
学生基本信息表

图 4.25　表的设置

触发器是建立在数据库表之上的表达式。当表中的记录被指定的操作命令修改时，触发器被激活，可以执行数据库应用程序要求的任何操作，分为插入、更新和删除三类。触发器作为数据库表的属性来建立和存储，数据表从数据库中移去，则同时删除和该表相关联的触发器。至于触发器涉及的编程内容，将在第8章讲解。

4.3 索引

数据表中的记录按输入的先后顺序（也称物理顺序）存放，但在使用表中数据时常常不按这种顺序，而是按照逻辑顺序，如学号、成绩等。为此，需要建立类似于图书目录的索引，以便快速地检索到相应的记录。

4.3.1 索引的概念

索引是按照索引表达式的值使表中的记录有序排列的一种技术，它不改变表中数据的物理顺序。在VFP系统中，索引是借助于索引文件来实现的。索引文件包括两个部分：索引表达式的值和物理记录号，前者是按一定顺序排列的。因为索引表达式的值是有顺序的，使用折半法查找，可以快速地匹配到对应的记录号，获得记录号后只需将记录指针移到记录号所指的记录，如图4.26所示。

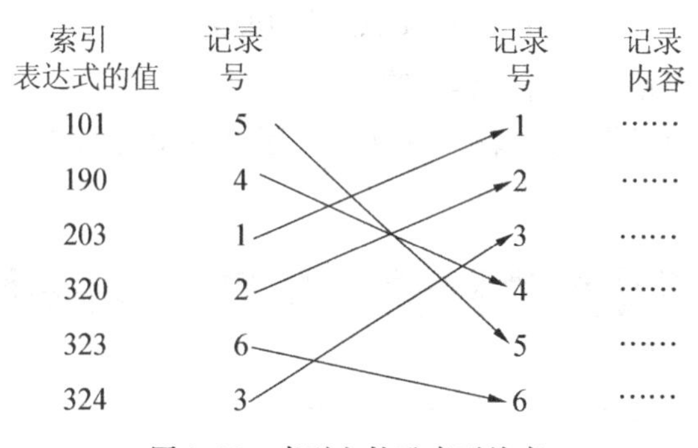

图4.26　索引文件及索引检索

4.3.2 索引的创建

在VFP中有四种类型的索引：主索引、候选索引、普通索引和唯一索引。数据库表可以使用所有这四种索引，自由表除了没有主索引外，其他三种索引都可以使用。四种索引之间的差别如表4.6所示。

表4.6　索引类型与区别

索引类型	区别
主索引	一个表只能有一个。其索引表达式的值能够唯一地标识每条记录的处理顺序，即值是唯一的。建立主索引的表还可以建立候选索引
候选索引	一个表可有多个。其索引表达式的值能够唯一地标识每条记录的处理顺序，即值是唯一的
普通索引	一个表可有多个。其索引表达式的值可以相同，一个值对应多条记录，允许重复存储在索引表中
唯一索引	一个表可有多个。其索引表达式的值相同时，只存储第一条记录，不允许重复存储

一般地，自由表可以根据字段值的唯一性来确定表中某一字段的索引类型，而数据库中由于有多个表，且表间具有关联关系，关联表的父表的主关键字段定义为主索引或候选索引，关联表的子表的外来关键字段的索引类型则可定义为表 4.6 中四种类型中的任意一种。

索引文件类型有两种。一种是传统的单项索引文件（.idx），一个索引文件对应一个索引表达式，也称单入口索引，它是为了兼容以前的版本，现在基本不用。另一种是复合索引文件（.cdx），一个索引文件可以包含多个索引表达式，每个索引表达式称为一个索引标识（tag）。复合索引文件又可分为结构复合索引文件和独立复合索引文件，前者的文件主名与数据表的文件主名相同，譬如：my.dbf 对应的结构复合索引文件为 my.cdx；后者的文件主名与数据表的文件主名不同。因为打开数据表的同时，结构复合索引文件会随之打开，不必担心索引文件没有打开而出现索引与数据记录不同步的问题。所以，现在常用的索引文件类型是结构复合索引。

创建索引可以通过菜单方式，也可以通过命令方式。

（1）菜单方式

在“表设计器”窗口中，每个字段都有一项“索引”设置（“无”、“升序”和“降序”）。设置索引类型需要进入“表设计器”窗口的“索引”选项卡，如图 4.27 所示。

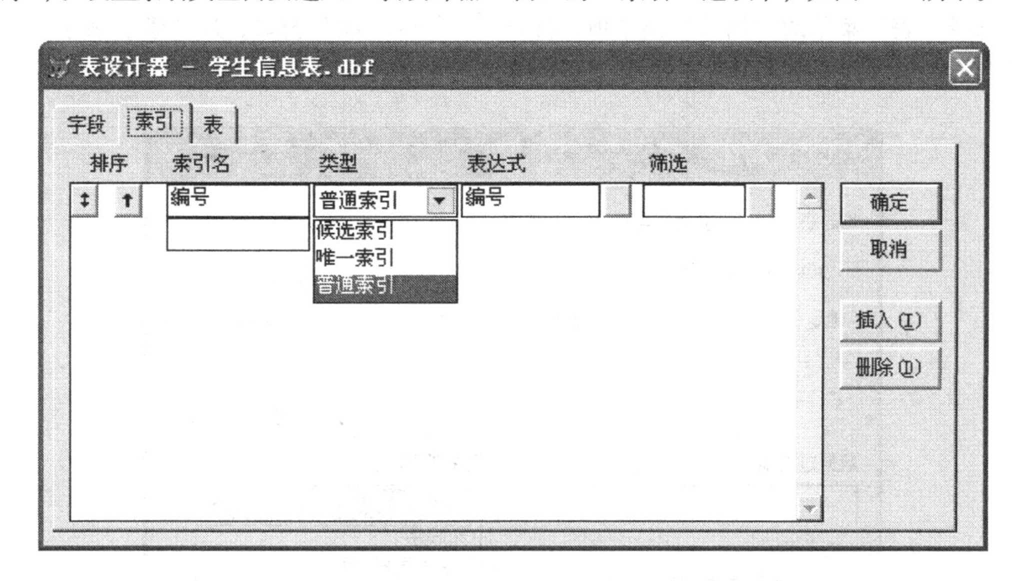

图 4.27　在表设计器建立索引

（2）命令方式

这里仅介绍建立结构复合索引的命令，其命令格式如下：

index on 索引表达式 tag〈索引标识名〉[for〈条件表达式〉]
　[ascending | descending] [unique | candidate]

其中：ascending 为升序排列；descending 为降序排列，默认为升序排列；unique 表示建立唯一索引；candidate 表示建立候选索引。

【例4.4】 给“学生信息表”建立如下索引：按“编号”升序排列，标识名bh；按主关键字“总分”和次关键字“性别”降序建立索引，标识名zfxb。

```
use 学生信息表
index on 编号 tag bh ascending
index on str（总分，5，1） +性别 tag zfxb descending
? cdx(1)      && 返回索引文件名
? tag(1)      && 返回第一个标识名
? tag(2)      && 返回第二个标识名
```

4.3.3 索引的使用

1. 设置索引顺序

创建索引后，就可以使用索引对表中数据排序了。在一个结构复合索引中可能存在多个索引标识，如何确定当前使用哪个标识呢？可以使用菜单方式来指定，也可以使用命令方式来指定。

（1）菜单方式

首先打开数据表，选择“显示”菜单中的“浏览”菜单项，打开“浏览”窗口。再选择“表”菜单的“属性”菜单项，打开“工作区属性”窗口，从“索引顺序”下拉列表框中选择使用哪个索引标识，如图4.28所示。

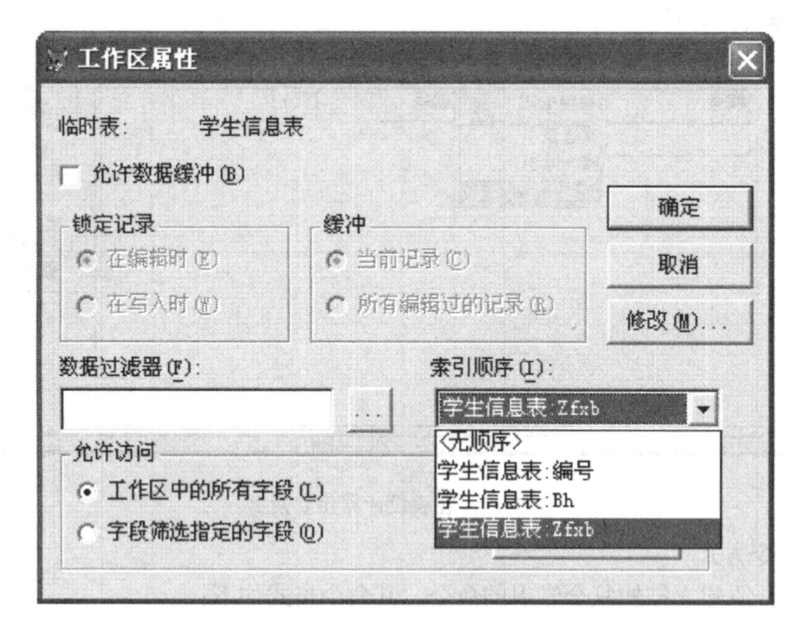

图4.28 选择索引标识

（2）命令方式

命令格式如下：

```
set order to [tag]〈索引标识名〉
```

指定使用哪个索引标识名之后，重新浏览才能看到索引的顺序效果。例如：

```
use 学生信息表
set order to zfxb
brow
```

重新浏览后的结果如图 4. 29 所示。

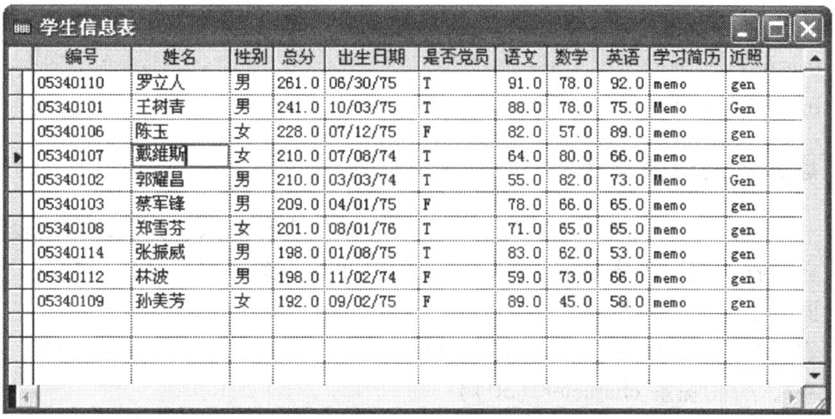

学生信息表

编号	姓名	性别	总分	出生日期	是否党员	语文	数学	英语	学习简历	近照
05340110	罗立人	男	261.0	06/30/75	T	91.0	78.0	92.0	memo	gen
05340101	王树吉	男	241.0	10/03/75	T	88.0	78.0	75.0	Memo	Gen
05340106	陈玉	女	228.0	07/12/75	F	82.0	57.0	89.0	memo	gen
05340107	戴維斯	女	210.0	07/08/74	T	64.0	80.0	66.0	memo	gen
05340102	郭耀昌	男	210.0	03/03/74	T	55.0	82.0	73.0	Memo	Gen
05340103	蔡军锋	男	209.0	04/01/75	F	78.0	66.0	65.0	memo	gen
05340108	郑雪芬	女	201.0	08/01/76	T	71.0	65.0	65.0	memo	gen
05340114	张振威	男	198.0	01/08/75	T	83.0	62.0	53.0	memo	gen
05340112	林波	男	198.0	11/02/74	F	59.0	73.0	66.0	memo	gen
05340109	孙美芳	女	192.0	09/02/75	F	89.0	45.0	58.0	memo	gen

图 4. 29　按总分和性别的降序显示

2. 索引查找

在记录定位操作中介绍了 locate…continue…命令，它可以实现顺序查找，即从前到后一条一条地匹配。显然，这种查找效率很低。索引查找只能在索引文件中查找关键字表达式的值，由于索引关键字表达式只能是数值型、字符型和日期型字段，所以索引查找只能查找这三种类型的值。VFP 提供了两条索引查找记录的命令：find 命令和 seek 命令，find 命令是为了与 VFP 以前版本兼容而提供的，与 seek 命令的使用方法基本相同。seek 命令格式如下：

```
seek 表达式 [order 索引序号 | [tag] 索引标记名 [of 复合索引文件名]
   [ascending] | [desending]] [in 工作区 | 表别名]
```

其中："表达式"表示索引关键字的值。order 子句指定索引关键字。in 子句指出进行操作的表所在工作区。例如：在"学生信息表"查找"林波"同学的记录，假设已经按姓名建立了索引，索引标记为 xm。

```
use 学生信息表
set order to tag xm      && 设置索引顺序为 tag xm
seek "林波"
? found()      &&. t. 表示找到了，. f. 表示未找到
? recno()      && 返回找到记录的记录号
```

如果 seek 命令找到了一条匹配的记录，则 recno()返回这条记录的记录号，而 found()返回逻辑真值。

3. 分类汇总

【例4.5】 假设有一个销售明细表（xsmx.dbf），并输入销售记录。其表结构为：销售明细（品种编号(C,4)、数量(N,8,2)、单价(C,8)、金额(N,10,2)），试并按品种编号建立索引，索引标识为pzbh。试按品种编号分类汇总，汇总字段：数量和金额。

```
use xsmx
set order to pzbh
total on 品种编号 to flhz fields 数量，金额
use flhz
brow fields 品种编号，数量，金额
```

4.3.4 建立表间的关联关系

现以一个涉及学生成绩管理系统的课程表、学生表和选课表为例，介绍表间的关联关系的建立过程。这三个表是假设的表，它们之间的关系可用E-R图来描述，如图1.7所示。下面列出三个表的结构：

学生表（学号 character（2）、姓名 character（8）、性别 character（2）、入学年份 numeric（4）、所在院系 character（30））

课程表（课程号 character（2）、课程名称 character（24）、学分 numeric（2））

选课表（学号 character（2）、课程号 character（2）、分数 numeric（5，1））

本章前面章节已经介绍了数据库与数据表的创建方法和索引的建立方法，这里仅介绍建立表间的关联关系的方法。其方法是：将表中的主索引（前面有一个钥匙符号）拖动到要建立关联的表的同名字段上，两个表就由一条连线关联起来。本例中学生表与选课表之间是一对多的关系，课程表与选课表之间也是一对多的关系。建立关联后的结果如图4.30所示。

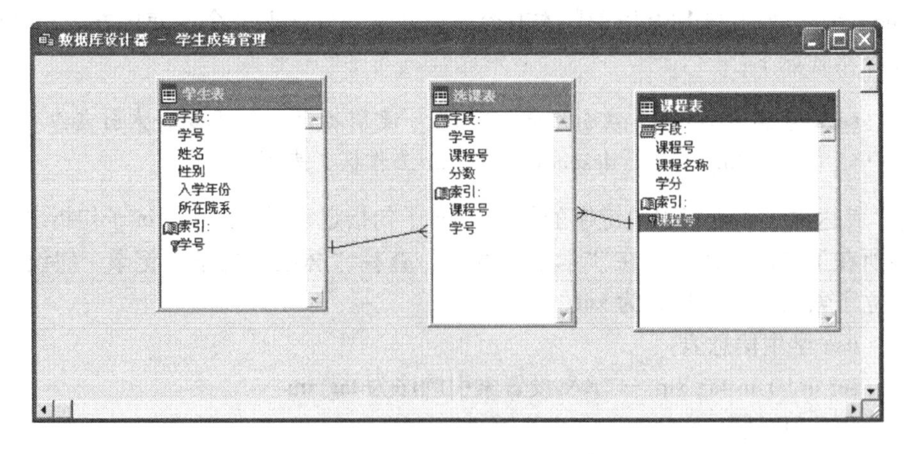

图4.30 三个表建立了关联关系

对表间连线的选中操作：单击表之间的连线，如果连线变粗，则表示连线被选中。连线选中后，可以按Delete键删除，也可以用鼠标右键单击选中的粗线，弹出快捷菜单，进行如下操作：删除关系、编辑关系或编辑参照完整性。选择“编辑参照完整性”

后，打开“参照完整性生成器”窗口，如图4.31所示。

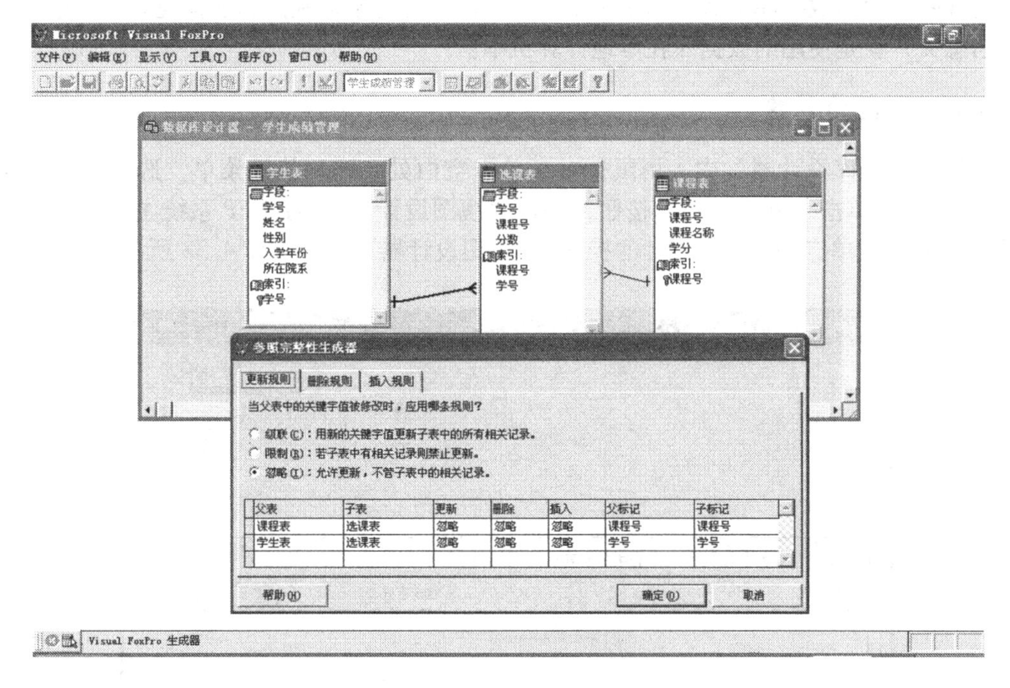

图4.31　编辑参照完整性

上述方法建立的表间关联关系是永久的，还可以使用set relation to命令建立表间的临时关联关系。其命令格式如下：

set relation to [[〈表达式1〉 into 〈工作区号1〉|〈别名1〉] [〈,表达式2〉 into 〈工作区号2〉|〈别名2〉,…]][additive]

该命令的功能是：使当前工作区的数据表与into短语指定的工作区上的数据表通过“表达式”建立关联。其中，into短语中的数据表必须以“表达式”为关键字建立索引，并设置为主索引。

说明：

（1）不带其他短语时，set relation to命令表示取消当前工作区中的所有关联。

（2）set relation off into〈工作区号〉｜〈别名〉命令表示取消指定关联。

（3）若命令中无additive短语，则在建立新关联的同时去掉原有的关联，而有该短语则在建立新关联的同时保持原有的关联。

4.4　视图

4.4.1　视图的概念

视图是从一个或多个数据表中导出的“表”，它是一种“虚表”，因为视图中的数据仍然存储在实际的数据表中。视图的实质就是一条SQL语句，它不能单独存在，必须依赖于某个数据库和数据表而存在，只有打开与视图有关的数据库才能创建、修改和使用视图。根据数据库中数据的来源不同，视图可分为本地视图和远程视图。本地视图顾名思义，就是使用的数据库在本地计算机中。

4.4.2　视图的创建

在“数据库设计器”中，用鼠标右键单击空白处，弹出快捷菜单，选择“新建本地视图”，再单击“新建视图”按钮，进入“视图设计器”。在 VFP 系统主菜单中出现的“查询”菜单有助于视图设计的操作。“视图设计器”窗口如图 4.32 所示。

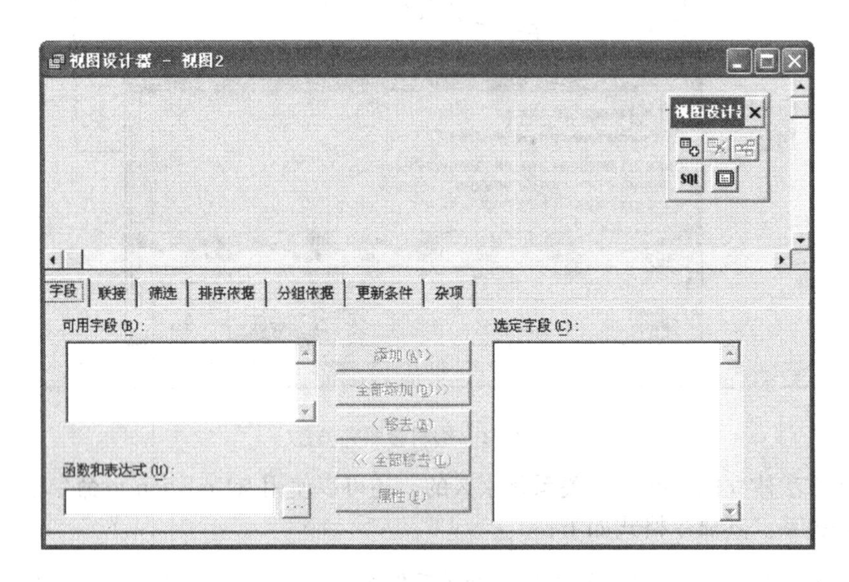

图 4.32　“视图设计器”窗口

设计视图首先需要添加表或视图，如图 4.33 所示。

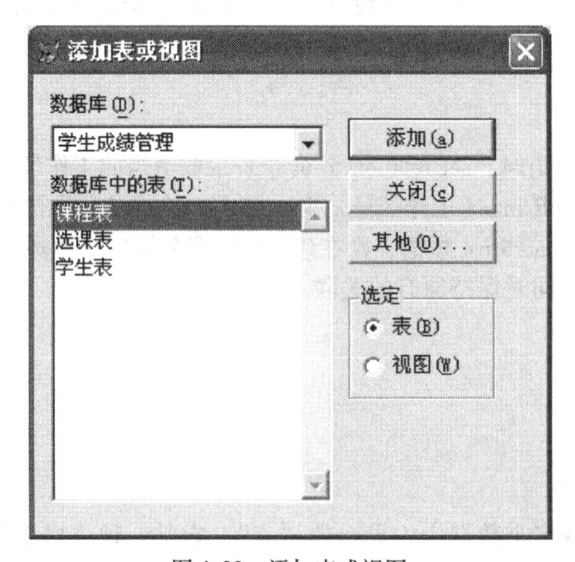

图 4.33　添加表或视图

添加表或视图后，就可以选择字段，并对联接、筛选、排序依据、分组依据、更新条件和杂项进行设置。本例视图中的字段分别来自三个表，其筛选条件是：课程表．课程号 ="01"，视图保存的名字为“成绩表”，如图 4.34 所示。

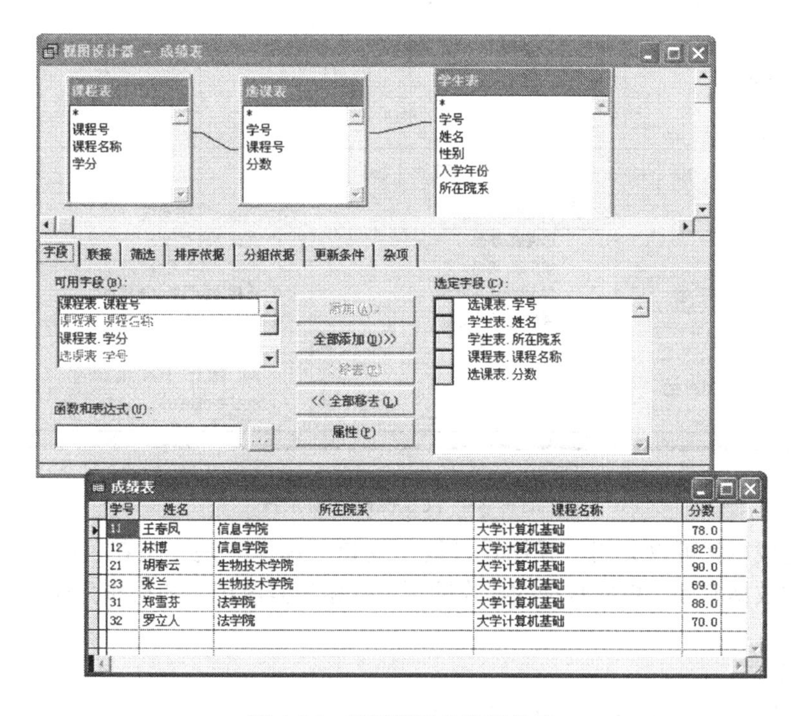

图 4.34　视图设计和视图显示

设计好的视图就可以像一般的数据表一样被浏览，生成成绩表视图实际上就是一条 SQL 命令，从“查询”菜单中选择“查看 SQL”菜单项，可以看到上述视图对应的 SQL 命令：

```
select 选课表．学号，学生表．姓名，学生表．所在院系，课程表．课程名称，;
  选课表．分数;
from 学生成绩管理！课程表 inner join 学生成绩管理！选课表;
  inner join 学生成绩管理！学生表;
  on 学生表．学号 = 选课表．学号;
  on 课程表．课程号 = 选课表．课程号;
where 课程表．课程号 = "01"
```

4.4.3　利用视图更新数据

虽然视图是一个“虚表”，但可以利用它更新实际存放数据的表中的数据。由于视图可以限制数据表中数据的使用范围，所以利用视图更新数据能够提高数据维护的安全性。修改图 4.34 所示的视图可利用视图更新功能。单击“更新条件”选项卡后，再单击“重置关键字”按钮，钩选待更新的字段，可以选择多个字段。如果选择“发送 SQL 更新”复选框，则可把视图的更新结果返回表中，如图 4.35 所示。

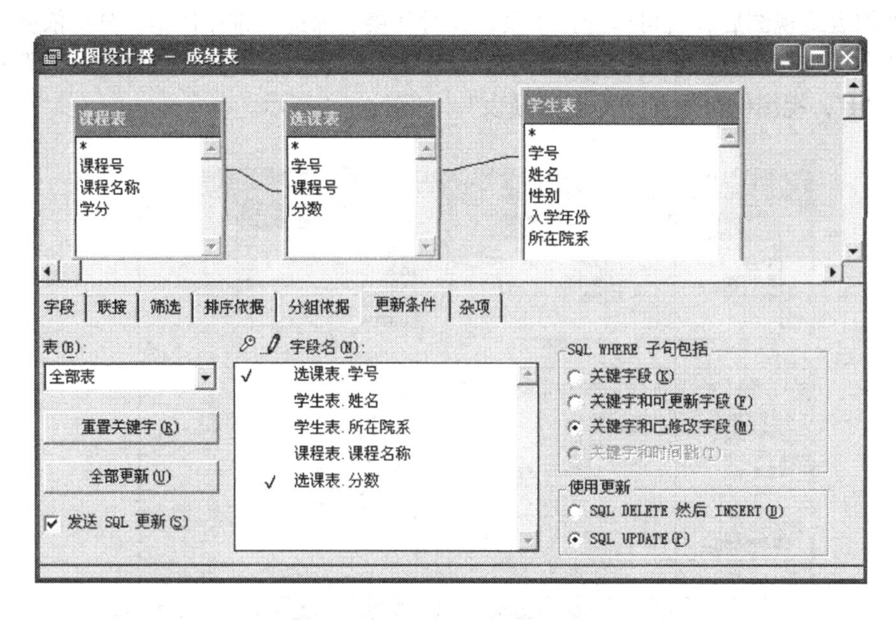

图 4.35　设置视图更新条件

设置完成后就可以关闭“视图设计器”窗口，选择“是”按钮，保存更改。打开包含视图的数据库后，更新数据的操作同浏览数据表修改记录的操作一样。

【学习指导】

✦ 数据库是相关数据表、视图的集合。
✦ 数据库文件本身也是一个数据表。
✦ 数据表分为自由表和数据库表，前者不属于任何数据库，而后者只能属于某一个数据库。
✦ 数据库的表可以被移去，移去的表并没有被删除，但与数据库有关的设置会丢失。
✦ 数据表包括表的结构和记录两部分。
✦ 操作数据表之前需要先打开数据表。
✦ 记录删除分为逻辑删除和物理删除，前者只是作删除标记，删除了还可以恢复，而后者删除了不能再恢复。
✦ 使用统计命令可以方便、快捷地利用数据表中的数据。
✦ 数据库的表对字段、记录有更多的设置，如字段显示、有效规则性、触发器等。
✦ 索引分为主索引、候选索引、普通索引和唯一索引四种。
✦ 索引文件分为单入口和复合两类，复合索引文件又分为结构复合索引文件和独立复合索引文件，常用结构复合索引文件。
✦ 数据库中的表可以建立永久的表间关联关系，而使用命令可以建立表间的临时关联关系。
✦ 查找记录可以顺序查找，也可以索引查找，后者查找效率更高。
✦ 视图是一个“虚表”，它的数据可以来源于多个表。利用视图更新数据可以更好地保护数据。

【习题 4】

一、单选题

4.1 在当前目录下创建一个新的数据库 cjgl. dbc，用命令（　　）。

A. create cjgl　　B. create data cjgl

C. create table cjgl　　D. open database cjgl

4.2 可在数据库中存放的是（　　）。

A. 数据库文件　　B. 数据库表文件或视图

C. 自由表文件　　D. 查询文件

4.3 在数据库表设计器的“字段”选项卡中，可设置字段（　　），输入的新数据必须符合这个要求才能被接受，否则要求用户重新输入数据。

A. 有效性规则　　B. 有效性信息

C. 有效性默认值　　D. 注释

4.4 数据库表间创建的永久关系保存在（　　）中。

A. 数据库表　　B. 数据库

C. 表设计器　　D. 数据环境

4.5 如果需要打开多个数据表文件，应该在多个（　　）操作。

A. 数据库中　　B. 工作区中

C. 数据环境中　　D. 项目中

4.6 执行 select 0 选择工作区的结果是（　　）。

A. 选择了一个空闲的工作区　　B. 0 号工作区

C. 选择了空闲的最小工作区号　　D. 无 0 号工作区错误

4.7 下面命令不能定位到第 1 号记录的是（　　）。

A. go 1　　B. go top

C. locate for recno( )=1　　D. skip 1

4.8 已知数据表已经打开，不能够显示前 3 条记录的命令是（　　）。

A. list for recno( )>=1 . and . recno( )<=3

B. go top

　list next 3

C. disp for recno( )=1 . or . recno( )=2 . or . recno( )=3

D. go 1

　disp for recno( )=1 . or . recno( )=2 . and . recno( )=3

4.9 已知人事数据表已经打开，下面命令中能正确显示出所有姓“张”的记录的是（　　）。

A. list for 姓名 ="张 * * * * * * "

B. list for left（alltrim（姓名），1）="张"

C. list for substr（ltrim（姓名），1，2）="张"

D. list for substr（ltrim（姓名），2，1）="张"

4.10 显示学生信息表中1975年以前出生的男性且是党员的学生，应该使用的命令是（　　）。

A. list for 性别 ="男". and. 出生日期 < =1975. and. 是否党员 ="是"

B. list for 性别 ="男". and. 是否党员 . and. year（出生日期） <1975

C. list for 性别 ="男". and. 是否党员 =. t. . and. year（date（）） <1975

D. list for 性别 ="男". and. . not. 是否党员 . and. year（出生日期） <1975

4.11 逻辑删除与物理删除的区别是（　　）。

A. 没有区别，功能一样

B. 前者不能恢复，后者可以恢复

C. 前者可以恢复，后者不能恢复

D. pack 命令是逻辑删除，zap 命令是物理删除

4.12 当前数据表中有四个字段：姓名、语文、数学、平均分，其中前三个字段已经输入了数据，只有平均分为空。要求计算所有学生平均分并填入平均分字段，使用命令（　　）。

A. replace rest 平均分 with（语文 + 数学）/2

B. replace all 平均分 with（语文 + 数学）/2

C. replace all 平均分 with（语文 + 数学）/2 to 平均分

D. replace all 平均分 with avg（语文 + 数学）

4.13 在当前打开的表中有一个字段"英语"，并且已经输入了成绩，计算该课程的平均分命令是（　　）。

A. ? avg（英语）　　B. average 英语

C. count 英语　　D. sum 英语

4.14 生成数据表视图的命令实质是（　）。

A. Create　　B. Select

C. Update　　D. View

4.15 假设表已经打开，下面命令能显示 . T . 的是（　　）。

A. go top
? bof()

B. go bottom
? eof()

C. go bottom
skip -1
? eof()

D. go 1
skip -1
? bof()

4.16 打开一个已经创建了结构复合索引的数据表，表记录的顺序将按（　　）。

A. 第一索引标识　　B. 最后一个索引标识

C. 物理顺序　　D. 主索引标识

4.17 有一个工资表，其中包含编号（C，4）和工资（N，8.2）两个字段。要求按工资升序排列，工资相同者按编号升序排列，建立该索引的命令是（　　）。

A. index on 工资/A，编号/D to gzbh

B. index on 工资，编号 to gzbh ascending

C. index on str（工资，8，2）+编号 tag gzbh

D. set index on 工资，编号 to gzbh ascending

4.18 下列关于视图说法错误的是（　　）。

A. 视图是在数据库表基础上创建的一种虚拟表

B. 视图兼有表和查询的特点

C. 视图分为本地视图和远程视图

D. 视图可以脱离数据库单独存在

4.19 下列选项中（　　）是视图不能完成的。

A. 指定可更新表　　B. 删除与视图项关联的表

C. 指定可更新的字段　　D. 检查更新合法性

4.20 关于视图操作，下列说法错误的是（　　）。

A. 视图可以作为查询数据源　　B. 视图可以产生磁盘文件

C. 利用视图可以实现多表查询　D. 利用视图可以更新表数据

二、简答题

4.21 写出完成下面题目的操作命令。

（1）创建数据表 test。

（2）修改数据表 test 的表结构。

（3）向 test 数据表末尾添加一条空记录。

（4）假设 test 数据表中已经有了 10 条记录，显示第 5 条至第 8 条记录。

4.22 写出完成下面题目的操作命令。设成绩表已经打开，其中包括字段学号（C，4）、姓名（C，8）、性别（C，2）、出生日期（D，8）、是否党员（L，1）（是党员 .t.，否则 .f.）、语文（N，3）、数学（N，3）、英语（N，3），总分（N，4）。除总分字段外，其他字段都输入了数据。

（1）计算所有学生的总分。

（2）按总分降序排列。

（3）显示总分最高的学生记录。

（4）显示英语单科成绩最低的学生。

（5）显示所有男生党员的记录。

（6）计算男生与女生的比例。

（7）计算语文、数学、英语的平均分。

（8）显示年龄小于 20 岁的学生记录。

（9）显示所有姓“黄”的学生记录。

（10）将需要补考学生的记录复制到 bk. dbf 中。

（11）统计补考的人次。

（12）计算总分的平均分。

三、上机操作题

4.23 自由表的操作：

（1）创建一个学生表（student. dbf），表结构包括：学号（C，4）、姓名（C，8）、性别(C,2)、出生日期(D,8)、是否保送(L,1)、语文(N,5,1)、数学(N,5,1)、英语(N,5,1)、综合(N,5,1)、总分(N,5,1)、简历(M,4)、照片(G,4)。

(2) 输入10条记录，成绩按百分制，总分不用输入。

(3) 练习记录的定位。

(4) 练习修改、删除记录的操作。

(5) 按设定的条件显示学生记录，条件自定。

(6) 计算所有学生的总分。

(7) 按总分降序显示数据。

(8) 统计各门课程的平均分。

(9) 统计所有课程的补考人次。

4.24 完成例4.5所要求的操作。

4.25 数据库表的操作：

(1) 创建一个图书借阅管理数据库（tsjygl.dbc），向其中新建如下三个表：图书表、读者表和借阅表。

图书表包括：图书编号（C，4）、书名（C，40）、作者（C，8）、出版日期（D，8）、单价（N，6，2）、入库日期（D，8）。借阅否（L，1）（是为.t.，否为.f.）。

读者表包括：借书证号（C，4）、姓名（C，8）、性别（C，2）、单位（C，40）、可借书数（N，2，0）、借书天数（N，3，0）、办证日期（D，8）。

借阅表包括：借书证号（C，4）、图书编号（C，4）、借书日期（D，8）。

(2) 图书表按“图书编号”建立“主索引”，读者表按“借书证号”建立“主索引”，借书表按“借书证号”和“图书编号”建立“普通索引”。实现这三个表之间的关联关系。

(3) 分别在三个表中添加记录，注意关键字段值的一致性。

(4) 创建图书借阅视图，包括：借书证号、姓名、书名、单价、借书日期、“是否超期”。提示：“是否超期”是表达式字段：iif（date（） >借书日期+借书天数，“超期”，“”）。

(5) 利用视图更新“借书日期”字段的值。

(6) 编辑插入、更新和删除参照完整性。

4.26 假设“成绩管理系统”的三个表已经建立，并输入了数据，建立了索引。执行下面的程序，看能否建立三个表间的关联关系。

```
sele 1
use 学生表
set order to tag 学号
sele 2
use 课程表
set order to tag 课程号
sele 3
use 选课表
```

set relation to 学号 into 学生表，课程号 into 课程表

brow fields 学号，学生表→姓名，课程表→课程名称，分数

4.27 有一个学生成绩自由表（CJ.dbf)，表结构如下：学号（c，4)、姓名（c，8)、性别（c，2)、语文（N，5.1)、数学（N，5.1)、英语（N，5.1)。假设已经输入了若干个学生的学号、姓名、性别、语文、数学和英语的数据，请编写一个程序显示补考学生名单，显示样式如下：

补考学生名单

学号	姓名	需补考门数及课程名称
-------	----------	-----------------------------------
10012		2 门，英语 数学
10003		

人数：2 人

第 5 章　数据库的高级操作*

【学习目标】

✧ 了解 SQL 语言，熟悉 SQL 的查询命令；
✧ 掌握查询的创建和使用查询多样化输出；
✧ 掌握报表设计步骤和运行方法；
✧ 了解标签的设计与使用。

【重点与难点】

重点在于 SQL 的查询命令、查询输出和报表设计；难点在于报表的设计。

5.1　SQL 概述

SQL 是一种介于关系代数与关系演算之间的结构化查询语言（Structured Qurey Language，SQL），由 Boyce 和 Chamberlin 于 1974 年提出。由于其功能强大，在 1987 年成为关系数据库语言的国际化标准。SQL 关键动词仅有 9 个，如表 5.1 所示。

表 5.1　SQL 语言关键动词

序号	关键动词	功　能
1	Create	创建表、视图和索引等操作
2	Drop	删除表、视图和索引等操作
3	Alter	修改表操作
4	Select	查询操作
5	Insert	插入一条或多条记录
6	Update	修改一条或多条记录
7	Delete	删除一条或多条记录
8	Grant	授权
9	Revoke	收回权限

SQL 功能并不仅是查询，还具备数据定义等功能，支持关系数据库的三级模式结构，其中外模式对应于视图和部分基本表，模式对应于基本表，而内模式对应于存储文件。SQL 语言具有如下特点：

（1）类似于英语自然语言，容易学；

（2）是一种非过程语言；

（3）是一种面向集合的语言；

（4）既可以独立使用，又可以嵌入到宿主语言中使用；

（5）具有查询、操纵、定义和控制等一体化功能。

注意：VFP 所支持的 SQL 并不是全部的 SQL。

5.1.1　SQL 数据定义功能

1. 定义基本表

定义基本表结构的 SQL 语句如下：

create table〈表名〉（字段名 1，类型（［宽度［，小数点位数］］）［null | not null］［check〈逻辑表达式〉［error〈出错提示信息〉］］［primary key | unique］［，字段名 2…］）［foreign key 字段名 tag 索引标识名 references 表名 1］

其中，null 子句表示该字段中是否允许空值；check 子句给出字段有效性规则，以及违背规则的出错信息；primary 子句指定是主索引还是候选索引，用于数据库表的定义；foreign key 子句指出关联表的外码。

【例 5.1】　定义一个学生表，并显示表的结构。其中，c 为字符型，d 为日期型，n 为数值型。xh：学号，xm：姓名，xb：性别，csrq：出生日期，sg：身高。

```
create table student (xh c (4), xm c (8), xb c (2), csrq d, sg n (3))
use student
list structure
```

2. 定义视图

定义视图，要求数据库已经被打开，SQL 语句基本格式如下：

create sql view［视图名］as select 语句

其中，“视图名”指出定义的视图名；“select 语句”是一个定义视图的 select 查询语句，用于编程方式。

【例 5.2】　定义视图 testview。

```
open database 学生成绩管理
create sql view testview   && 执行该命令进入“视图设计器”
```

3. 修改表结构

表结构的字段的增加、删除或更改就是修改表结构的操作。SQL 语句基本格式如下：

（1）修改字段属性

alter table 表名 alter 字段名 1 类型（［宽度［，小数点位数］］）［null | not null］［alter 字段名 2 类型（［宽度［，小数点位数］］）［null | not null］…］

（2）删除字段

alter table 表名 drop 字段名 1［drop 字段名 2…］

（3）增加字段

alter table 表名 add 字段名1 类型（[宽度[，小数点位数]]）[null | not null]
[add 字段名2 类型（[宽度[，小数点位数]]）[null | not null] …]

（4）更改字段名

alter table 表名 rename 原字段名1 to 新字段名1 [rename 原字段名2 to 新字段名2…]

【例5.3】　在例5.1定义表的基础上，增加一个逻辑型sfdy（是否党员）字段和一个字符型tmp字段，再修改tmp字段为数值型字段，将tmp字段名改为temp。最后删除temp字段。

```
alter table student add sfdy L add tmp c（10）          && 增加字段
list structure
alter table student alter tmp n（6，2）          && 修改字段
list structure
alter table student rename tmp to temp          && 字段更名
list structure
alter table student drop temp          && 删除字段
list structure
use
```

5.1.2　SQL数据查询功能

VFP系统提供了select查询语句，提供了简便、快捷和灵活多样的各种查询功能。select语句的功能是创建一个指定范围内、满足条件、按某字段分组、按某字段排序的指定字段组组成的记录集。其语句格式如下：

select [all | distinct]〈字段名1〉|〈函数〉[,〈字段名2〉…] from〈表或查询〉[[left] | [right] | [inner] join〈表或查询〉on〈条件表达式1〉]
[where〈条件表达式2〉] [group by〈分组字段名〉having〈条件表达式3〉] [order by〈关键字表达式〉[[ascending] |
[dscending]]]

其中，all：全部记录，distinct：查询结果不包含重复的行；函数：查询计算函数；from指定查询数据源；[left] | [right] | [inner] join〈表或查询〉on〈条件表达式1〉：查询结果来自多个表；where：查询结果是数据源表中满足条件表达式2的记录集；group by：查询结果按分组字段名分组；having：是将指定表满足条件表达式3，并按分组字段名分组得到的记录集；order by：查询结果按关键字表达式的值排序，asc表示升序，des表示降序。

select命令功能复杂，常要用到条件表达式，在查询条件中常用的运算符如表5.2所示。另外，还常用到查询计算函数，如表5.3所示。

表 5.2　查询条件中常用的运算符

运算符	含义	举例
=	等于	成绩 = 60
〈〉、! =、#	不等于	年龄〈〉20
= =	精确等于	性别 = ="男"
>	大于	身高 > 172
< =	大于或等于	身高 > = 172
<	小于	身高 < 160
< =	小于或等于	身高 < = 160
between…and…	在两者之间	工资 between 1000 and 2000
in	在一组值的范围中	分数 in (60，70，80) 表示分数为 60，70 或 80
like	字符匹配。通配符“%”可与一个字符串匹配，而“_”可与一个未知字符匹配	性别 like"女"
is null	为空值	联系地址 is null

表 5.3　查询计算函数及其功能

函数名	功能	举例
count	计算记录个数	count (*)
sum	求指定字段值的总和	sum（金额）
avg	求指定字段值的平均值	avg（语文）
max	求指定字段值的最大值	max（总分）
min	求指定字段值的最小值	min（总分）

说明：表 5.2 和表 5.3 举例使用的是字段名。

select 查询语句功能特别复杂，有兴趣的读者可以查阅专门介绍 SQL 用法的书籍提高。由于篇幅所限，下面举一个例子简单说明其用法。

【例 5.4】　在 4.3.4 节创建了一个“学生成绩管理”数据库，其中有三个表：学生表、课程表和选课表。使用 select 命令完成下面的查询：从学生表中创建一个查询，结果包括学号、姓名和入学年份三个字段的所有女同学。再创建一个查询，结果包含学号、姓名、课程名和分数，并按分数降序排列。

```
select 学号，姓名，入学年份 from 学生表 where 性别 = “女”
select 选课表．学号，学生表．姓名，学生表．性别，课程表．课程名称，;
  选课表，分数;
  from 学生成绩管理! 课程表 inner join 学生成绩管理! 选课表;
    inner join 学生成绩管理! 学生表;
  on 选课表．学号 = 学生表．学号;
  on 选课表．课程号 = 课程表．课程号;
order by 分数 desc
```

从例 5.4 可以看出，创建查询不需要先行打开数据库和数据表。如果 select 命令太长，可以分多行来写，行尾的“;”号为续行符，表示下一行接在本行尾，当命令输入完毕时按回车键结束。

5.1.3 SQL 数据操纵功能

SQL 数据操纵是指对表中记录的插入、更新或删除等操作。

（1）插入命令

插入命令实现在一个表的末尾追加新记录，并给新记录的字段赋值。其命令格式如下：

insert into〈表名〉（〈字段名1〉[，〈字段名2〉…]）values（〈表达式1〉[，〈表达式2〉…]）

（2）更新命令

更新命令实现对所有记录或符合条件记录的字段值的更新。其命令格式如下：

update〈表名〉set〈字段名1〉=〈表达式1〉[，〈字段名2〉=〈表达式2〉…][where〈条件表达式〉]

（3）删除命令

删除命令实现对表中所有记录或满足条件的记录进行逻辑删除操作。其命令格式如下：

delete from〈表名〉[where〈条件表达式〉]

【例5.5】 在“学生信息表”中，添加一条编号为“88888888”的记录，更新添加记录的字段值，删除添加的这条记录。

```
insert into 学生信息表（编号，姓名，性别）values（"88888888","哈罗","男"）
brow
update 学生信息表 set 出生日期 = {^1980-10-3}，是否党员 =.t. ;
  where 编号 ="88888888"
brow
delete from 学生信息表 where 编号 ="88888888"
brow
```

5.2 查询

查询（query）是一种功能强大且相对独立，能够实现结果输出多样化的操作，它可以实现对数据库中数据的浏览、筛选、排序、检索、统计等功能。同视图相比，虽然视图能够实现数据更新而查询没有此功能，但查询结果输出形式的多样化是视图所不及的。

5.2.1 查询的创建

查询的创建可以直接使用 SQL 的 select 语句，也可以使用 VFP 提供的创建查询的功能实现，即使用“查询设计器”。本节利用 VFP 提供的“查询设计器”创建查询。查询的创建过程与视图的创建过程类似。

1. 菜单方式

进行查询创建采用菜单方式操作的具体步骤包括：

（1）首先在 VFP 系统主菜单中打开“文件”菜单，选择“新建”菜单项，进入“新建”窗口。

（2）在“新建”窗口，选择文件类型“查询”，单击“新建文件”按钮，进入“打开”窗口，如图 5.1 所示。

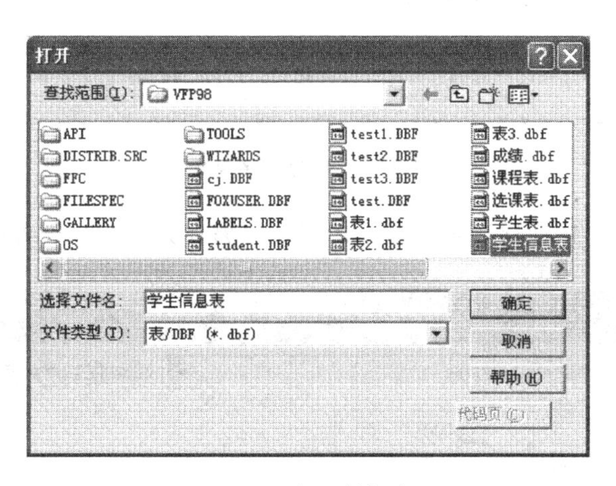

图 5.1　打开数据表

选择要打开的数据表，单击“确定”按钮，进入“查询设计器”窗口，在 VFP 系统主菜单出现“查询”菜单。接下来要做的是添加数据表或视图，只由一个表创建的查询是单表查询，由多个表创建的查询是多表查询。创建多表查询时，如果多个表事先没有建立关联关系，则需在添加表时设置表间的关联关系；如果已经建立了关联关系，则在添加表时也添加了相应的表间关联关系。接着选择字段，并对联接、筛选、排序依据、分组依据和杂项等进行设置。由此，建立了一个多表查询，并按表格形式输出查询结果，如图 5.2 所示。

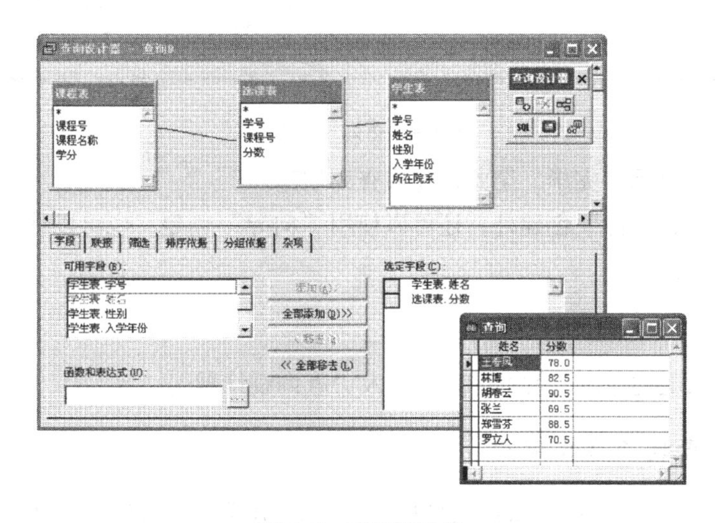

图 5.2　查询设计器

（3）单击“查询设计器”的“关闭”按钮，进入系统窗口，如图5.3所示。

图5.3　是否保存查询

（4）选择“是”按钮保存查询设计，进入“另存为”窗口，如图5.4所示。

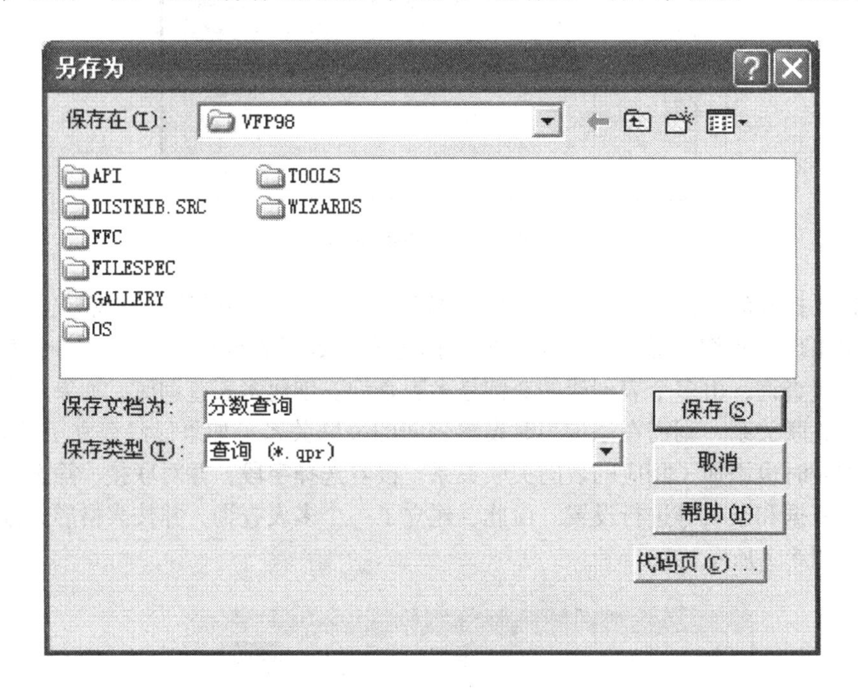

图5.4　查询设计保存

（5）查询设计保存完毕。至此，完成查询创建。

除了由“新建文件”创建外，还可以使用“向导”创建，也可以使用命令来创建，其命令格式如下：

create query〈查询文件名〉

在命令窗口输入上述命令，就可以直接进入“查询设计器”。

5.2.2　使用查询多样化输出

查询创建完毕，保存在.qpr文件中，如何使用呢？可以使用VFP系统中的“文件”菜单，选择打开查询文件，再单击工具栏中间的红色感叹（!）按钮就可以运行。

或在“查询”菜单中选择“运行查询”菜单项。除菜单方式外，还可以使用命令方式执行查询，其命令格式如下：

do 查询文件主名 . qpr

其中，文件的类型名 . qpr 不能缺省。譬如：执行分数查询，可以在命令窗口输入：do 分数查询 qpr↙，之后就可以看到查询结果了。

前面执行查询的输出是浏览方式。其实，查询可以多样化输出，根据需要选择合适的查询输出形式，如图 5. 5 所示。其中，报表和标签方式将在后面小节讲到，下面介绍图形方式的使用，其他方式比较简单，读者可以自己试一试。若设置输出方向为图形，只需单击“图形”按钮。执行查询步骤如下：

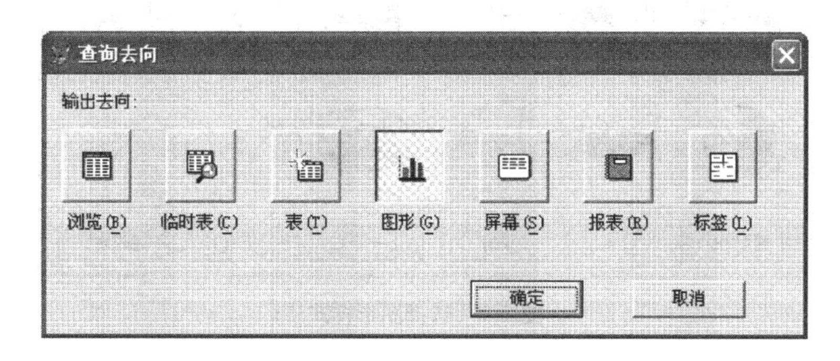

图 5. 5　查询去向

（1）执行查询时，进入“图形向导”窗口。

（2）将数值型字段拖到“数据系列”栏下的文本框，将字符型字段拖到“坐标轴”，如图 5. 6 所示。

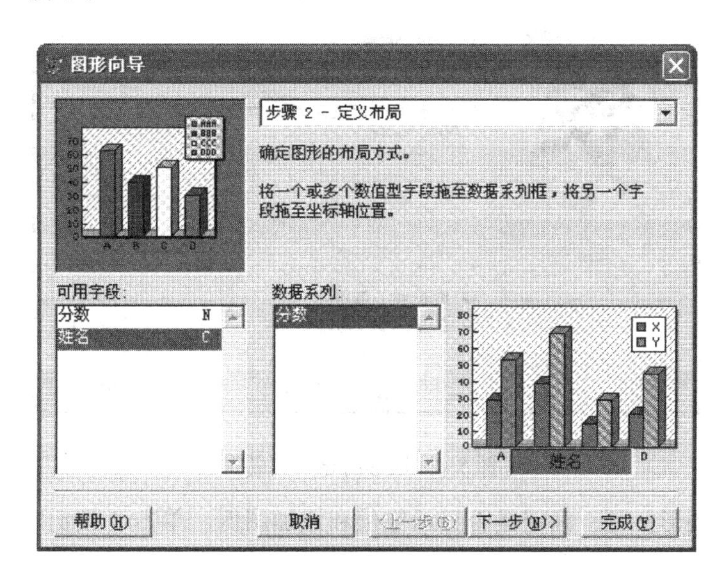

图 5. 6　定义图形的布局

（3）单击“下一步”按钮，进入图形向导的下一步“选择图形样式”，选择“柱状图”，如图5.7所示。

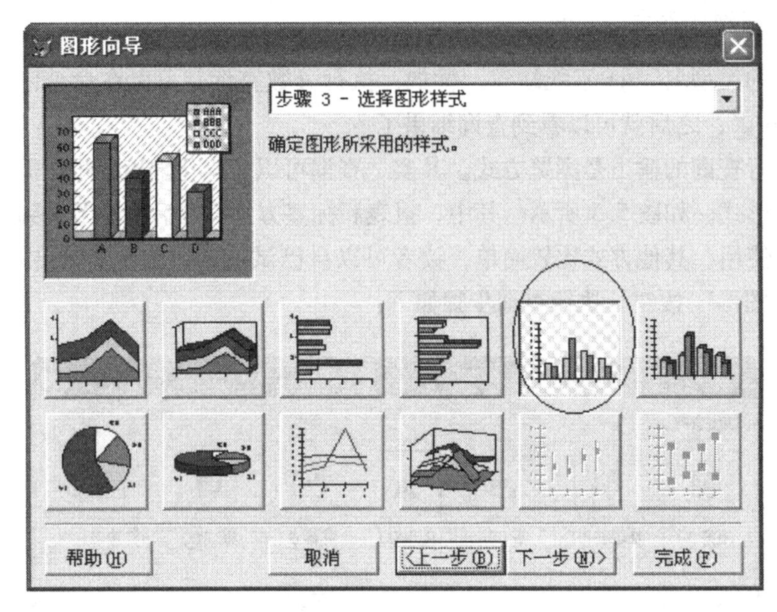

图5.7　选择图形样式

（4）再单击“下一步”按钮，进入图形向导的下一步“完成”，如图5.8所示。

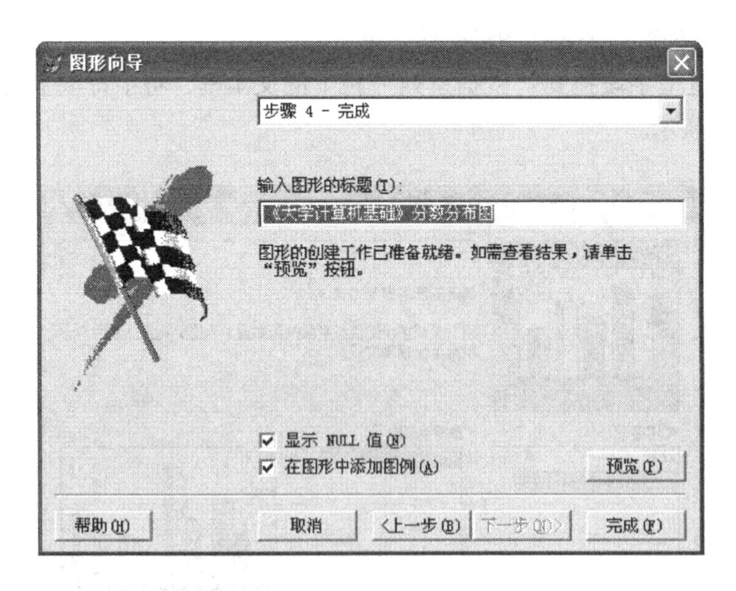

图5.8　图形向导“完成”

（5）输入图形标题，确定是否显示空值和添加图例。单击“预览”按钮可以看到图形显示效果，如图5.9所示。

（6）单击“完成”按钮，图形将以表单（.scx）的文件形式保存，通过执行表单

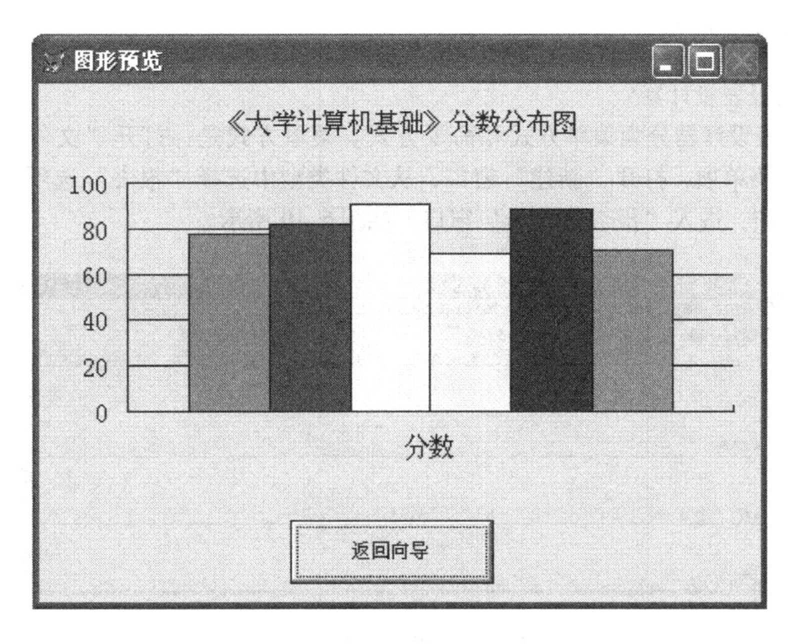

图 5.9　图形预览

可以看到图形结果，即执行表单命令：

```
do form 表单文件名
```

VFP 查询功能的实质也是 SQL 的查询语句，从“查询”菜单中选择“查看 SQL”菜单项或单击工具栏的“SQL”按钮可以查看到上述查询设计的 SQL 语句：

```
select 学生表 . 姓名, 选课表 . 分数;
  from 学生成绩管理!学生表 inner join 学生成绩管理!选课表;
    inner join 学生成绩管理!课程表;
  on 课程表 . 课程号 = 选课表 . 课程号;
  on 学生表 . 学号 = 选课表 . 学号;
where 选课表 . 课程号 ="01";
into cursor sys (2015)    && 存入系统临时表
do (_gengraph) with 'query'   && 图形输出形式
```

5.3　报表

使用数据库管理系统管理数据时，经常会遇到各种报表，报表汇集了用户所需的重要信息并按照特定的格式输出，因此常常作为一种信息输出手段。在 VFP 中，报表包括数据源和布局两个基本组成部分，数据源是指数据库中的表、视图、查询或临时表，而布局是定义报表的输出格式。报表的设计通常使用“报表设计器”。

5.3.1　报表设计器

1. 启动报表设计器

启动报表设计器分为菜单方式和命令方式。菜单方式是：打开“文件”菜单，选择“新建”菜单项，打开“新建”窗口，从文件类型中选择“报表”选项，单击“新建文件”按钮，进入“报表设计器”窗口，如图5.10所示。

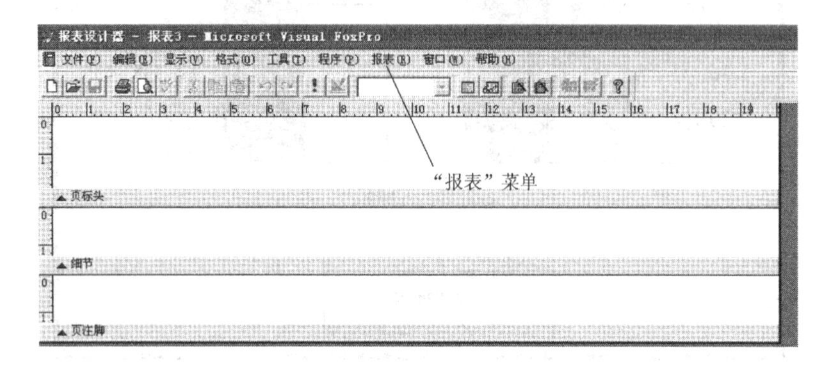

图5.10　“报表设计器”窗口

也可以通过命令方式进入图5.10所示的报表设计器，其命令格式如下：

```
create report 报表文件名
```

从图5.10可以看到，报表默认包括页标头带区、细节带区和页注脚带区3个带区。根据具体需要，还可以显示其他带区，譬如：从“报表”菜单中选择“标题/总结”菜单项，可以添加标题带区或总结带区。报表的设计就是对这些带区的设计，报表的典型带区如表5.4所示。

表5.4　报表的典型带区

带区类型	打印效果	设置方法	用途
标题	每表一次	从“报表”菜单中选择“标题/总结”菜单项	封面页、说明标题和介绍
页标头	每页一次	默认	报表的日期、时间、页数、信封头、列表题
列标头	每列一次	选择“文件”菜单的“页面设置”菜单项，设置列数大于1	列标题
组标头	每组一次	从“报表”菜单中选择“数据分组”菜单项	组的说明、组标识等
细节带区	每记录一次	默认	字段、文字、表达式的值
组注脚	每组一次	从“报表”菜单中选择“数据分组”菜单项	组的说明、组的标识符、组统计小结等
列注脚	每列一次	选择“文件”菜单的“页面设置”菜单项，设置列数大于1	列统计小结
页注脚	每页面一次	默认	报表的日期、时间、页数和打印人等
总结	每报表一次	从“报表”菜单中选择“标题/总结”菜单项	总的统计结果、结论等

在报表设计器的带区能够插入各种控件，如文本、字段、变量、表达式、图形、图片等，增加报表的视觉效果和可读性。可直接用鼠标拖动带区栏到适当的高度，即可调整带区的大小。

2. 工具栏

从“报表”菜单选择“快速报表”菜单项，选择相应的数据表就可快速生成报表，但这种报表常常难以满足要求，需要使用工具栏对它进行设计或修改。设计报表用到的工具栏包括报表设计工具栏、报表控件工具栏、报表布局工具栏和调色板工具栏等，要显示这些工具栏，可以从 VFP 系统“显示”主菜单选择“工具栏”菜单项进行设置。下面介绍常用的三种工具栏。

（1）报表设计工具栏

如图 5.11 所示，单击报表设计工具栏上的图形按钮，从左至右可依次启动数据分组对话框、数据环境设计器、报表控件工具栏、调色板工具栏和布局工具栏。

图 5.11　报表设计工具栏

图 5.12　报表控件

（2）报表控件工具栏

报表控件工具栏用于在报表中画出各种控件，如图 5.12 所示。各控件的功能说明如表 5.5 所示。

表 5.5　报表控件及其功能

控　件	功　　能
	选择对象。单击可以选定一个对象，按住 Shift 键的同时单击可以选定多个对象
	标签控件。显示文本信息，常用作域控件的提示信息
	域控件。与报表表达式关联，报表表达式可以就是数据表的字段名。用于显示表达式的值或字段值
	线条控件。用于画水平或垂直的线条
	矩形控件。用于画直角矩形
	圆角矩形控件。用于画圆角矩形
	OLE 绑定控件。用于在报表中嵌入或链接对象，譬如：公司 logo
	选中按钮锁定方式，方便添加同类型的多个控件，而不必反复单击工具栏中的按钮

（3）布局工具栏

布局工具栏提供的工具用于调整控件之间的位置布局，其各个图形按钮含义清晰，在此省略对它们的介绍，如图 5.13 所示。

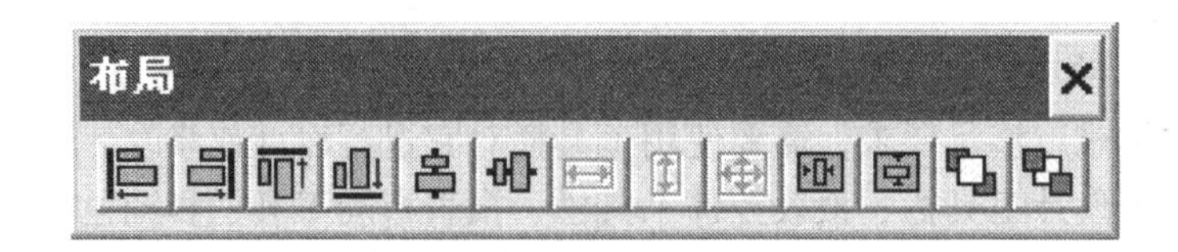

图 5.13　布局工具栏

5.3.2　报表的设计

报表的设计，首先需要考虑页面大小和页面的实际显示情况，即设置报表页面，然后设置数据环境，插入报表控件。进行了这些设置就完成了报表的基本设计。当然，还有其他一些设置，限于篇幅不再赘述。

1. 设置报表页面

从“文件”菜单中选择“页面设置”菜单项，打开“页面设置”窗口，如图 5.14 所示。

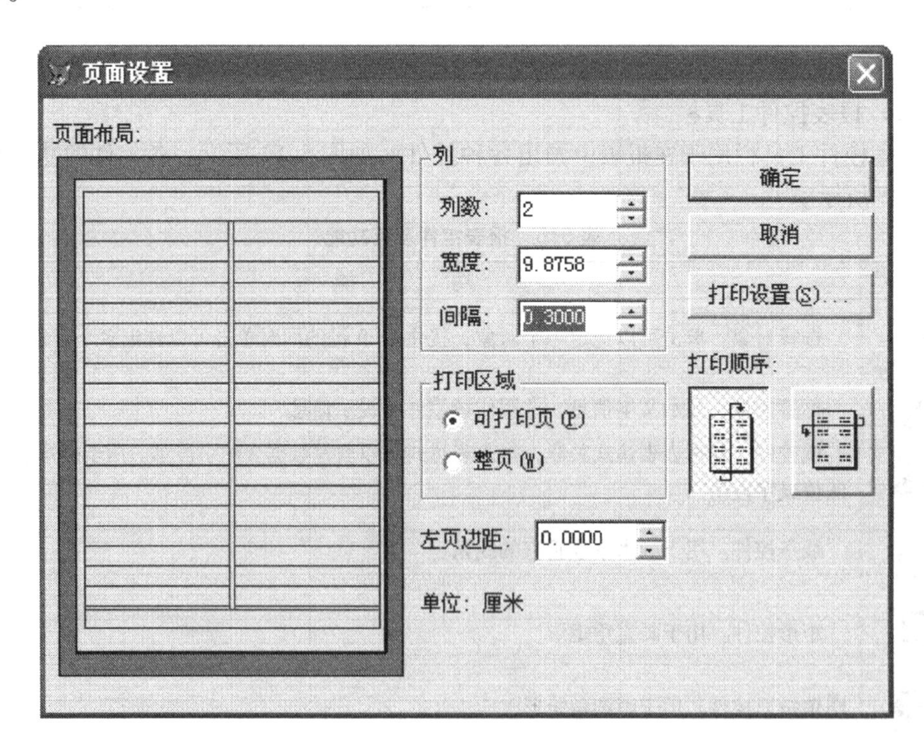

图 5.14　“页面设置”窗口

2. 设置数据环境

报表的数据环境确定了报表中数据的来源。在“数据环境设计器”空白处单击鼠标右键，从弹出的快捷菜单中选择“添加”选项，可以添加数据表或视图。可以将数据表或视图中的字段从“数据环境设计器”拖动到报表的带区，如图 5.15 所示。

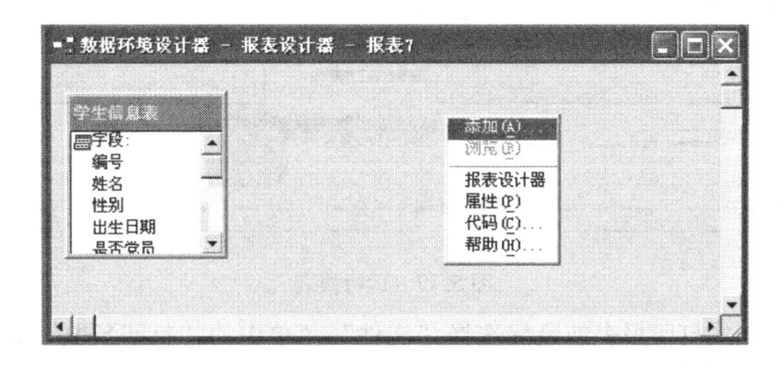

图 5.15　数据环境设计器

3. 插入报表控件

在报表中可以插入标签、域、图形或图片等控件，控件的插入操作较简单，这里仅介绍插入域控件的方法。单击报表控件工具栏中的“域控件”图标后，将鼠标移到报表设计所需位置单击，就会打开“报表表达式”窗口，如图 5.16 所示。

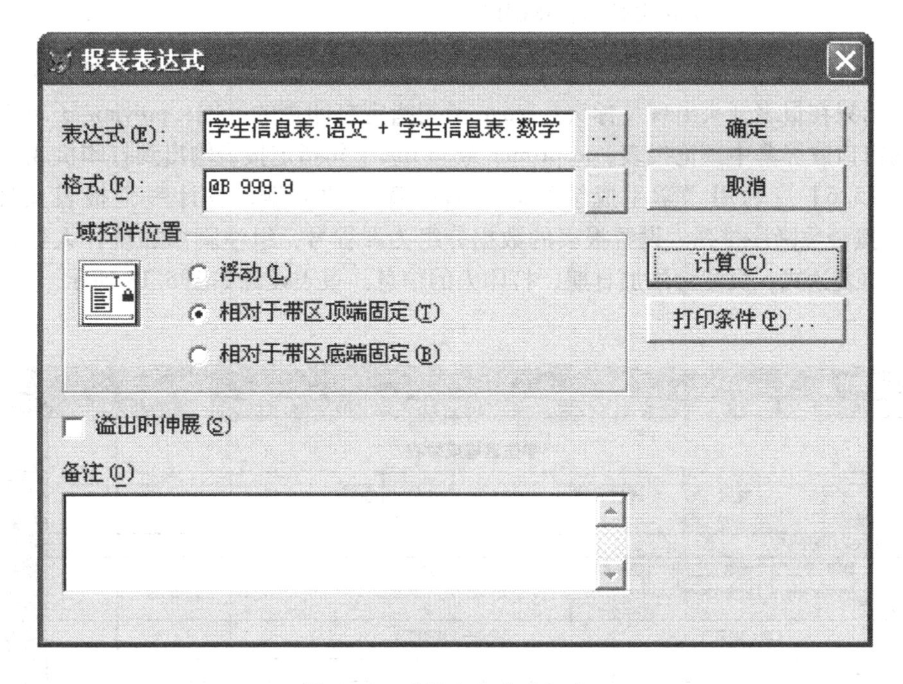

图 5.16　“报表表达式”窗口

5.3.3　报表的运行

设计好的报表可以通过“报表”菜单中的“运行报表”菜单项运行，也可以单击红色“!”按钮来运行，如图 5.17 所示。

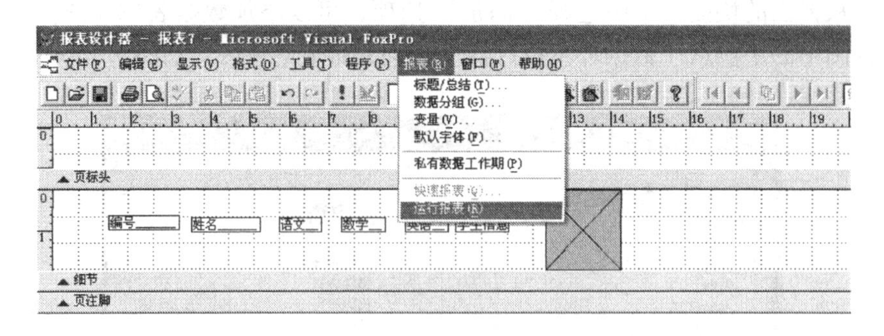

图 5.17　运行报表

当然，在正式打印报表前最好选择“文件”菜单中的“打印预览”菜单项或单击工具栏的预览按钮预览一下设计效果。

除以菜单方式运行报表外，还可以使用命令运行报表，其命令格式如下：

report form〈报表文件名〉|〈?〉[范围][for〈条件表达式〉]
　　[NoConsole][plain][range nStartPage [,nEndPage]][preview[[in]
　　　　window windowname|in screen][NoWait]][to printer [prompt]|to
　　　　　　file 文件名[ASCII]]

其中，NoConsole 子句表示报表打印或输出到一个文件时不显示在 VFP 主窗口中；plain 子句表示只在报表开头出现页标头；range 子句指定打印页的范围；preview 子句表示在指定的窗口或屏幕中预览报表；to printer 或 to file 子句指定报表输出到打印机或文件。

【例 5.6】　利用“学生成绩管理”数据库中的数据，设计一个报表文件 fs_report，按分数降序排列。设置报表的数据分组为课程号，组注脚添加统计人数和课程平均分的表达式，页注脚添加日期、打印人的信息。报表设计如图 5.18 所示。

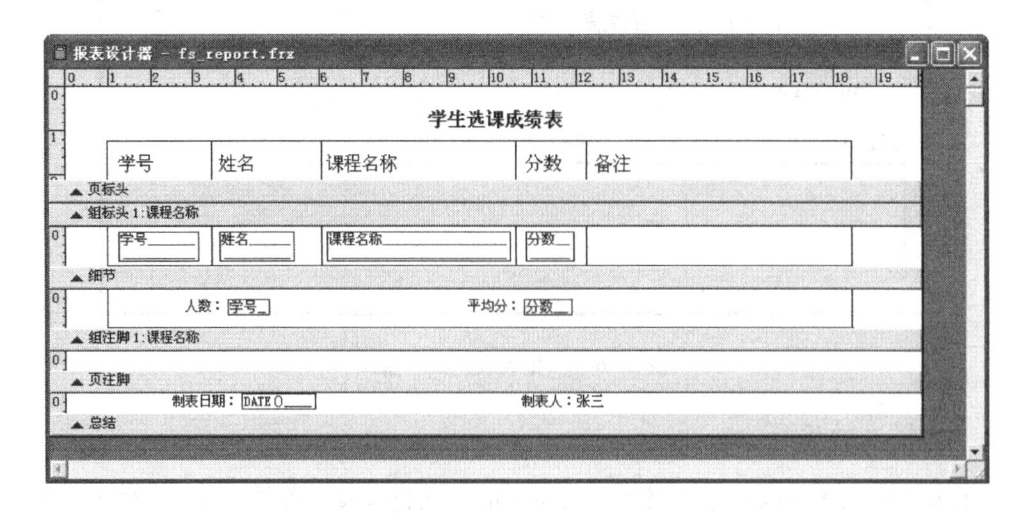

图 5.18　报表设计

注意：在添加人数和平均分的域时，对域属性的设置如图 5.19 所示。

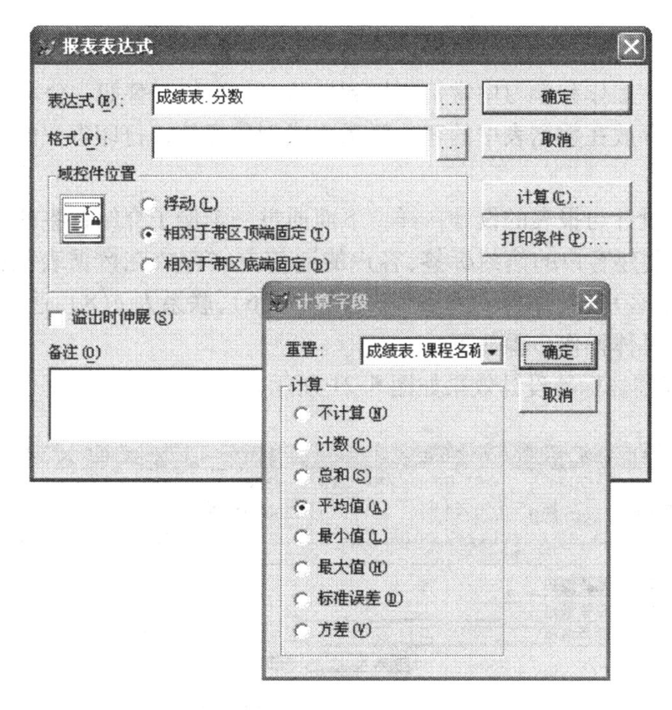

图 5.19　域属性的设置

报表设置完成后，其打印预览效果如图 5.20 所示。

学生选课成绩表

学　号	姓　名	课 程 名 称	分　数	备　　注
11	王春凤	大学计算机基础	78.0	
12	林博	大学计算机基础	82.5	
21	胡春云	大学计算机基础	90.5	
23	张兰	大学计算机基础	69.5	
31	郑雪芬	大学计算机基础	88.5	
32	罗立人	大学计算机基础	70.5	
		人数：6	平均分：79.917	
11	王春凤	数据库应用原理（VFP）	65.0	
12	林博	数据库应用原理（VFP）	72.0	
21	蔡军	数据库应用原理（VFP）	45.0	
23	张兰	数据库应用原理（VFP）	61.0	
		人数：4	平均分：60.750	
21	胡春云	英语	92.0	
22	蔡军	英语	73.0	
23	张兰	英语	58.0	
32	罗立人	英语	60.0	
		人数：4	平均分：70.750	

制表日期：05/06/07　　　　制表人：张三

图 5.20　报表打印预览效果

5.4 标签

在日常生活、工作和学习中常常要用到标签（Label）。譬如：公司年末需要向客户发送贺卡，利用存放在数据表中的客户联系方式创建标签，打印客户的通信标签贴到信封就比较简单了。

由于标签的设计与报表的设计一样，下面通过一个例子介绍标签的简单用法。

【例 5.7】 创建客户的信封标签，客户的通信方式存放在数据表（客户表 . dbf）中。客户表的结构是：客户表（编号 c(4)，客户单位 c(36)，联系人 c(8)，通信地址 c(48)，邮政编码 c(6)）。具体操作步骤如下：

(1) 设计标签。标签设计效果如图 5.21 所示。

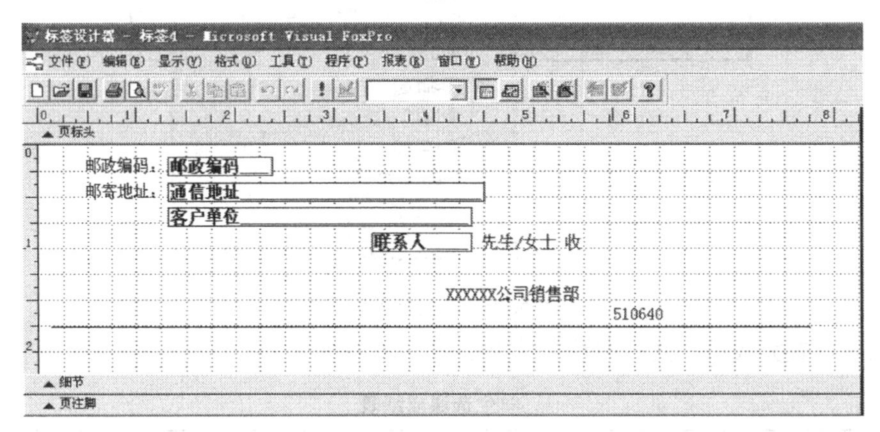

图 5.21 标签设计效果

(2) 打印预览。从 VFP 系统“文件”主菜单中选择“打印预览”菜单项，其打印效果如图 5.22 所示。

(3) 保存标签设计。将设计好的标签保存到文件（. lbx）中，以便今后运行它。

除菜单方式外，还可以使用命令方式创建标签和运行标签。

(1) 创建标签

在命令窗口输入创建标签的命令就，可以进入“标签设计器”，其命令格式如下：

```
create label 标签文件名
```

(2) 运行标签

运行标签的命令与运行报表的命令相同，只是标签文件扩展名为 . lbx，譬如：

```
report form 信封标签 . lbx
```

注意：标签的类型名不能缺省，否则就会被认为是报表。

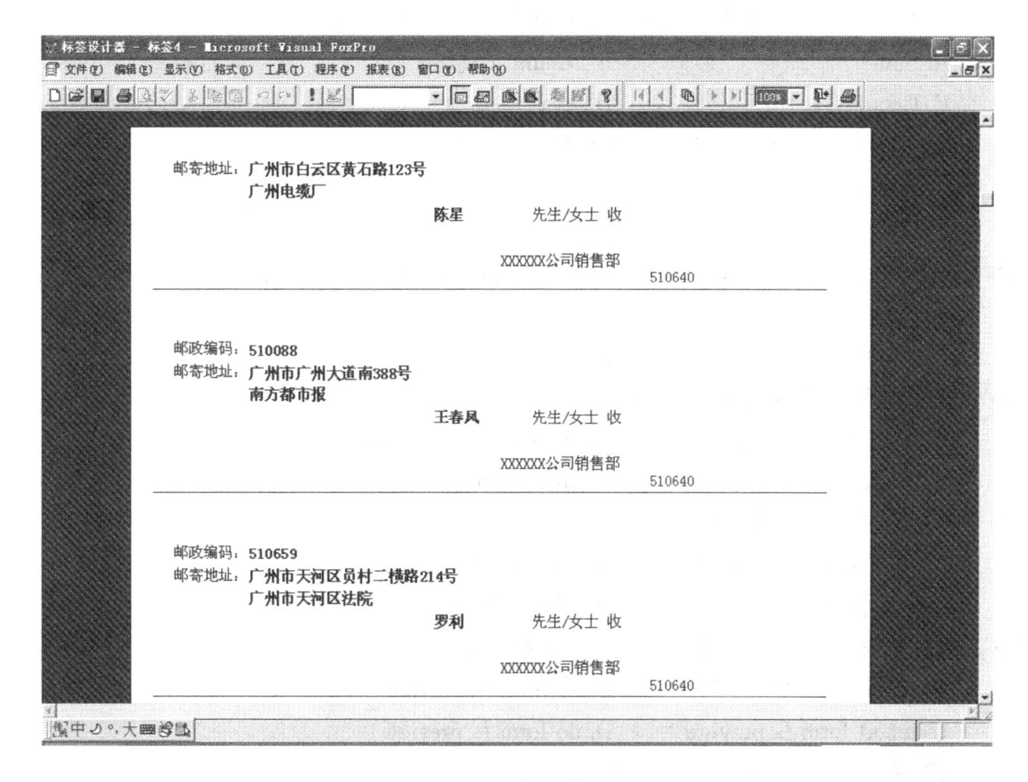

图5.22 打印效果

【学习指导】

- ✦ SQL是一种介于关系代数与关系演算之间的结构化查询语言；
- ✦ VFP所支持的SQL并不是全部的SQL；
- ✦ 除查询功能外，SQL还具有数据定义和操纵的功能；
- ✦ 查询可以使用SQL语句来设计，也可以使用“查询设计器”来设计；
- ✦ 查询设计的结果保存在查询文件中，结果的输出形式多样化；
- ✦ 报表是一种常用的数据输出方式；
- ✦ 报表具有多种带区，报表的设计就是对这些带区的设计；
- ✦ 标签是报表的一种特殊形式，其设计和运行与报表的操作类似。

【习题5】

一、填空题

5.1 SQL语言是（ ）语言。

A. 层次数据库　　B. 网络数据库

C. 关系数据库　　D. 非数据库

5.2 在SQL中，实现数据查询的语句是（ ）。

A. Update　　B. Select

C. Insert　　D. Seek

5.3　在 SQL 查询中，要统计记录个数应使用（　　）函数。

A. Sum　　　　B. Count（列名）

C. Count（*）　　　　D. Avg

5.4　在 VFP 中查询的数据来源可以来自（　　）。

A. 临时表　　　　B. 视图

C. 数据库表　　　　D. 以上均可

5.5　查询设计器的“筛选”选项卡对应于 SQL 语句中的（　　）短语。

A. Select　　　　B. Join on

C. Where　　　　D. Order by

5.6　能够运行查询 cx. qbr 的命令是（　　）。

A. open query cx. qbr　　　　B. Modify query cx. qbr

C. do query cx　　　　D. do cx. qbr

5.7　报表的标题打印方式是（　　）。

A. 每个报表打印一次　　　　B. 每页打印一次

C. 每列打印一次　　　　D. 每组打印一次

5.8　调用报表格式文件 fs. frx 预览报表的命令是（　　）。

A. report from fs preview　　　　B. do from fs preview

C. report form fs preview　　　　D. do form fs preview

5.9　VFP 的报表文件 . frx 中保存的是（　　）。

A. 打印报表的预览格式　　　　B. 打印报表本身

C. 报表的备注　　　　D. 报表设计格式的定义

5.10　在创建快速报表时，基本带区包括（　　）。

A. 标题、细节和总结　　　　B. 页标头、细节、页注脚

C. 组标头、细节、组注脚　　　　D. 报表标题、细节、页注脚

二、上机操作题

5.11　SQL 操作题

（1）创建一个学生表：学号（C，4）、姓名（C，8）、性别（C，2）、出生日期（D）。

（2）增加两个字段：语文（N，5，1）、数学（N，5，1）。

（3）向表中输入 10 条记录。

（4）在表的末尾插入一条记录（8888,"张三","男"）。

（5）修改学号为“8888”的记录，补齐缺少的数据。

（6）查询 1980 年以前出生的女同学。

（7）查询所有学生的总分。

5.12　运行例 5.4 中的 SQL 语句。

5.13　完成例 5.6 的设计，并打印预览设计结果。

第6章　项目与程序设计

【学习目标】

✧ 了解项目管理的基本概念，掌握VFP“项目管理器”的使用方法；
✧ 理解程序的概念，掌握程序的建立、编辑和运行的方法；
✧ 掌握Messagebox函数的用法；
✧ 理解并掌握算法的表示方法，尤其是流程图方法；
✧ 理解并掌握结构化程序的三种基本结构；
✧ 了解模块化程序设计的思想；
✧ 理解并掌握用户自定义函数的定义、调用、返回值和参数传递的概念；
✧ 掌握程序调试的基本方法。

【重点与难点】

重点在于结构化程序设计与调试、函数设计与使用；难点在于灵活掌握三种基本结构的嵌套，正确地传递函数的参数。

6.1　项目管理

在VFP中进行数据库应用系统的项目开发时，常常要与各种文件、数据和对象打交道，譬如：数据库、数据表、视图、查询、菜单、表单、程序文件和其他文件。项目就是有关文件、数据和对象的集合，项目管理是按照一定的顺序和逻辑关系，对数据库应用系统涉及的各种类型文件、数据和对象进行有效组织，并将它们编译成可独立运行的.app文件或.exe文件。

VFP提供了管理功能强大的项目管理器来创建和管理项目，下面介绍它的简单用法。从“文件”菜单中选择“新建”菜单项，打开“新建”窗口，从文件类型中选择“项目”，单击“新建文件”，进入“创建”窗口，输入项目文件名（.pjx）后单击“保存”按钮，打开“项目管理器”窗口，如图6.1所示。

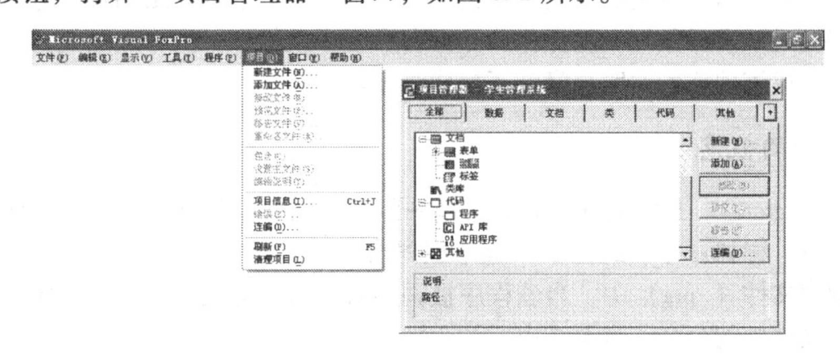

图6.1　项目管理器

项目管理器包括“全部”、“数据”、“文档”、“类”、“代码”和“其他”选项卡。在不同选项卡中有的类型前面有“+”号或“-”号，譬如：文档前的“-”号、表单前的“+”号。单击“+”号表示可以展开该类型所包含的文件或组件，单击“-”号可以将该类型下所包含的文件或组件折叠起来。“项目”菜单及功能如表6.1所示。

表6.1 “项目”菜单及功能一览表

选项内容	对应项目管理器按钮	功能
新建文件	新建	创建一个新文件
添加文件	添加	添加一个现成的文件
修改文件	修改	打开一个设计器或修改选定的文件
运行文件	运行	运行选定的查询、菜单、表单或程序
移去文件	移去	从项目中移去或从磁盘上删除选中的文件
重命名文件		给选中的文件重新命名
包含与排除		把项目文件未包含的文件标为包含或将已包含的文件排除
设置主文件		设置选中的文件为应用系统的主程序
编辑说明		编辑选中文件的注释
项目信息		编辑项目有关信息
错误		显示选中的程序文件的错误信息
连编	连编	建立、更新应用程序和项目文件
刷新		保持各项信息或显示为最新
清理项目		运行 pack 命令，移去带有删除标记的记录

在项目管理中除使用“项目”菜单的选项外，还可以在“项目管理器”中用鼠标右键单击对象来弹出快捷菜单。

6.2 程序初步知识

前面章节对 VFP 的操作是人机交互方式和菜单方式。但是，如果一项任务不是一两个命令就能完成，而需要一组命令来完成，且这组命令出现的先后顺序不能颠倒，这样的要求对一般数据库系统操作人员来说是十分困难的。本章介绍的程序方式，其系统设计人员将完成某项任务的一组操作命令保存在程序文件中，操作人员只需调用该程序文件就可以完成该项任务，明显降低了操作难度。

6.2.1 程序的概念

程序（Program），是指完成特定任务的一组命令的有序集合。程序这个词在日常生活中也常遇到，譬如：办事的程序和选举程序合法等。在 VFP 中，程序是以文本的形式保存在程序文件（.prg）中，当该程序被调用时，系统会从前往后按次序自动地执行包含在程序文件中的命令，直至结束。

程序方式与交互方式和菜单方式相比，具有非常明显的优点：

（1）程序以文本文件的形式保存，方便创建、修改；

（2）程序一旦编好，可被无限次调用，具有“一劳永逸”的特点；

（3）具有通用性的程序，还可以被其他程序调用，或调用其他程序，提高了编写程序的效率。

6.2.2　程序的建立与编辑

在 VFP 中，程序可以通过菜单方式和命令方式建立与编辑。

1. 菜单方式

前几章已经介绍了 VFP“文件”菜单中的“新建”菜单项，读者比较熟悉，唯一的区别是在“新建”窗口中选择文件类型“程序”。读者可以试着创建一个程序，或者使用“文件”菜单的“打开”菜单项打开一个已经存在的程序文件进行编辑。

2. 命令方式

在 VFP 命令窗口输入命令，可以进入创建和编辑程序文件的文本编辑窗口。其命令格式如下：

```
modify command [文件名 | ?]
```

其中，modify：修改；文件名中“?”（或）是可选项。文件名包括主文件名和类型名，主文件名由用户自定义，而类型名为“. prg”。用户不指定时，系统会自动添加上“. prg”。譬如：用户虽然只指定主文件名“test”，但程序文件的全名还是“test. prg”。如果没有指定文件名，则系统会采用默认文件名，譬如：程序 n. prg 中的 n 表示数字 1，2，…如果指定“?”，则会出现文件“打开”窗口，由用户指定或选定文件。

在建立和编辑程序文件时，需要注意以下几点：

（1）命令的书写要符合命令书写的规则。

（2）为了增加程序的可读性，可以在程序中加上注释。

（3）为了增加程序的可读性，常常在编写程序时采用缩进方式，本书采用缩进方式编写程序。

（4）在程序的编写过程中，合理使用“剪贴板”可以提高程序编写效率。

（5）程序编写过程中要注意及时保存。可以在“文件”菜单中选择“保存”或“另存为”命令，也可以使用 Ctrl + W 组合键。放弃本次修改可以直接按 Esc 键。

编写程序文件除了使用 VFP 自带的编辑器外，也可以使用任何其他的文本编辑系统，如记事本、EDIT，但不能使用具有格式编排功能的系统，如 Word。注意：可以从 Word 中复制程序到记事本，需要在“选择性粘贴”中选择“无格式文本”。另外，记事本默认的文件类型为 . txt 文件，所以，在“保存”窗口中，需用双引号界定，譬如："test. prg"，否则会自动添加 . txt，即为 test. prg. txt。

6.2.3　程序的执行

程序的执行与程序的建立和编辑一样也有两种方式：菜单方式和命令方式。

1. 菜单方式

在“程序”菜单中选择“运行”命令后，在弹出的“运行”窗口中，选择“程序列表”（. prg）中想要运行的程序，再单击“运行”按钮。

2. 命令方式

在 VFP 命令窗口输入命令就可以运行该程序，其命令格式如下：

do 程序文件名 [with 参数表]

其中，程序文件名无须加类型名，譬如：程序文件 test. prg，只需输入 do test 后按回车键即可。“with 参数表”是可选项，通过参数表向程序传递数据，参数表如果有多个参数，则需用逗号隔开，譬如：参数 1，参数 2，…在编写带参数的程序时，必须把如下命令：

parameters 参数表

放在程序的开头。

6.2.4 程序的注释

为了增加程序的可读性，通常需要在程序中添加注释，有两种形式的注释：

（1）整行为注释：以 * 或 note 开头；

（2）在命令尾部注释：以 && 引出注释文本。

注释的命令格式如下：

* 注释文本

或 note 注释文本

注意：程序的注释不影响程序的执行效率，因为在编译时，系统并不会将注释编译到编译后的文件（. fxp）中去。

6.2.5 简单的程序举例

【例 6.1】 编写一个简单的程序，通过参数传递两个数，在屏幕上显示两个数的和、两个数的积（eg6 _ 1. prg）。

```
*第一个简单的程序
note 在实际的程序中，并不需要每行都注释的
    parameters m，n       &&m，n 是形式参数
    set talk off          && 状态的设置，关闭交互模式
    clear                 && 清除显示屏幕
    ?"m + n =", m + n     &&"m + n ="是提示，m + n 是表达式
    ?"m * n =", m * n     &&"m * n ="是提示，m * n 是表达式
    return                && 结束本程序，返回 VFP 系统
```

程序执行命令格式如下：

do eg6 _ 1 with 6，9↙

程序运行结果：

m + n = 15

m * n = 54

6.2.6　输入/输出命令

程序的运行不能离开输入/输出命令，输入命令完成从键盘上接收数据，输出命令完成将运行的结果显示在屏幕上。本节先介绍命令格式，具体的应用在后面章节用到时再作说明。

1．输入命令

输入命令分为非格式化交互式命令和格式化输入命令，非格式化交互式命令包括单字符输入命令、字符型数据输入命令和任意类型数据输入命令。

（1）单字符输入命令

wait[提示信息][to 内存变量][window[nowait]][timeout 数值表达式]

功能:暂停程序的执行,等待用户按键,按键值存入内存变量中。

说明："提示信息"指定提示内容，缺省该项时，系统默认为"按任意键继续…"；to 子句表示将按键的字符存入指定的内存变量；window 子句表示在窗口显示提示信息；nowait 子句表示只显示提示信息，不暂停程序的执行；timeout 子句必须放在命令的最后，指定程序暂停的时间（秒）。

举例：wait ″按 Y 键退出系统″ to ch

（2）字符型数据输入命令

accept ［提示信息］［to 内存变量］

功能：暂停程序执行，在屏幕上显示提示信息，等待用户从键盘上输入，按回车键结束输入。

说明：用户的按键都作为字符型数据保存，输入时无须输入字符常量的界定符。

举例：accept ″你的姓名:″ to xm

（3）任意类型数据输入命令

input ［提示信息］［to 内存变量］

功能：暂停程序执行，等待用户从键盘上输入一个表达式，按回车键结束输入，表达式的结果存入内存变量。

说明：该命令能接受字符型、数值型、日期型和逻辑型字符常量，需要输入常量的界定符。

举例：input ″姓名″ to xm　　　　&& 字符型
　　　input ″出生日期″ to csrq　　&& 日期型
　　　input ″身高″ to sg　　　　&& 数值型
　　　input ″是否党员″ to sfdy　　&& 逻辑型

（4）格式化输入命令

@行，列［say 表达式］［get 变量］read［save］［cycle］［timeout 等待时间］

功能：在屏幕的指定位置上输出 say 子句中表达式的值以及 get 子句中变量的值。get 子句必须与 read 命令配合工作，即用 read 命令激活当前所有的 get 变量。

说明：@行，列：在屏幕上指定位置，屏幕的大小依据模式不同而不同，一般是25行80列。get子句的变量必须有确定的初始值，且初值一旦给定，该变量的类型在编辑期间不能再改变；另外，字符型变量的宽度和数值型变量的小数位数也不能再变。可以多个get子句与一个read命令配合。其他子句输入格式定义比较复杂，也不常用，如果需要，读者可查看系统帮助信息。

举例：在第5行第10列的位置显示姓名，接着输入值到变量name中。

```
name = space（8）
@5，10 say "姓名" get name
read
```

2. 输出命令

前面已经介绍了输出命令"?"和"??"的用法，这里介绍文本输出命令、格式输出命令和用户自定义对话框。

（1）文本输出命令

命令格式1：

```
\ | \\ 文本行
```

功能：将文本行的信息按书写形式的原样显示出来。

说明："\"和"\\"的区别在于前者在下一行的第一列开始输出，而后者则不换行，在当前光标位置显示。

举例：\ 程序测试行1

\\ 程序测试行2

命令格式2：

```
text
    文本内容
endtext
```

功能：将text和endtext之间的文本内容原样显示出来。

说明：文本内容可以包括多个文本行，但text和endtext必须成对出现。

举例：

```
text
        = = = = = = = = =Menu = = = = = = = = = = =
            1. 输入
            2. 修改
            3. 删除
            4. 打印
            0. 退出
        = = = = = = = = = = = = = = = = = = = = = = =
endtext
```

（2）格式输出命令

```
@行，列 say 表达式 picture 格式控制字符
```

功能：在屏幕的指定位置按格式控制字符要求显示表达式的值。

说明：@ 行，列：在屏幕上指定位置；picture 子句指定输出格式，因为格式内容较多，读者用到时可以查看系统帮助信息。

举例:@3,6　say　姓名

　　@4,6　say 工资 picture ="99999.99"　　　&& 有两位小数

（3）用户自定义对话框

VFP 6.0 提供的 Messagebox 函数可以显示一个用户自定义对话框，用于显示一些信息并允许用户进行选择，根据函数的返回值进行处理。其函数语法格式如下：

Messagebox（cMessageText [, nDialogBoxType [, cTitleBarText]]）

其中，Messagebox 函数各项参数的含义如下：

cMessageText：不可缺省，是一个字符串，用于指定在对话框中显示的文本。

nDialogBoxType：可以缺省，缺省时默认为 0，用于指定对话框的属性，包括三部分：按钮属性 + 图标属性 + 默认按钮，对话框属性三部分的取值如表 6.2 所示。

表 6.2　对话框的属性

按钮属性	图标属性	默认按钮
0：确定	16：“停止”图标	0：第一个按钮
1：确定、取消	32：“问号”图标	256：第二个按钮
2：终止、重试、忽略	48：“惊叹号”图标	512：第三个按钮
3：是、否、取消	64：“信息”图标	
4：是、否		
5：重试、取消		

cTitleBarText：可以缺省，是一个字符串，缺省时默认为“Microsoft Visual Foxpro”。

例如：messagebox（“是否真的要退出系统?”，3 +32 +256，“退出”），其中 3 +32 +256 也可以直接使用三个数值相加的和 291，3 表示显示“是、否、取消”三个按钮，32 表示显示“问号”图标，256 表示默认按钮是第二个“否”按钮，函数执行效果如图 6.2 所示。

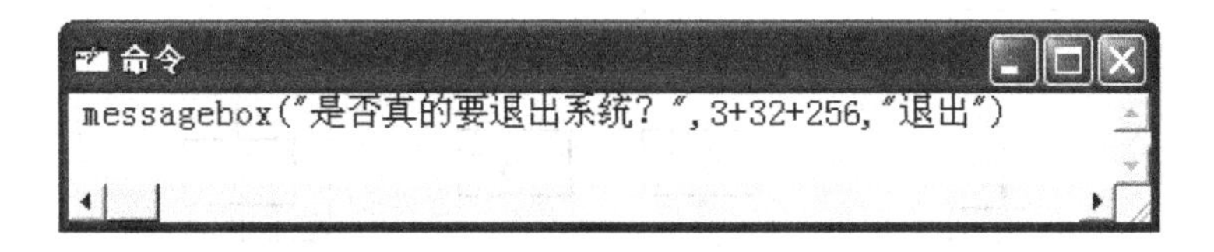

图 6.2　Messagebox 函数执行效果

Messagebox 函数有 7 种返回值：①返回值为 1，表示确定；②返回值为 2，表示取消；③返回值为 3，表示终止；④返回值为 4，表示重试；⑤返回值为 5，表示忽略；⑥返回值为 6，表示是；⑦返回值为 7，表示否。

6.3 结构化程序设计

6.3.1 算法的表示

一个好的程序离不开好的算法，设计程序的实质就是设计算法。为了表示一个算法，可以用不同的方法，常用的有自然语言、传统流程图、N-S 流程图、伪代码、PAD 图等。本节介绍传统流程图的有关知识，对其他方法感兴趣的读者可参考相关书籍。

1. 传统的流程图符号

传统的流程图符号如图 6.3 所示。

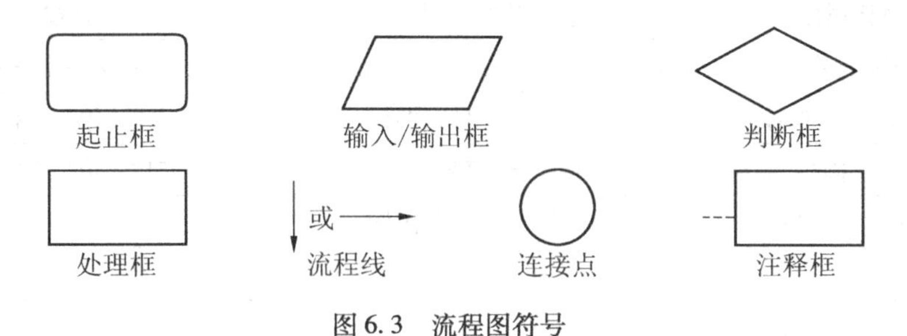

图 6.3 流程图符号

2. 三种基本结构及其流程图表示

1966 年，Bohra 和 Jacopini 提出了以下三种基本结构，如图 6.4 所示。这三种基本结构常作为表示一个良好算法的基本单元。

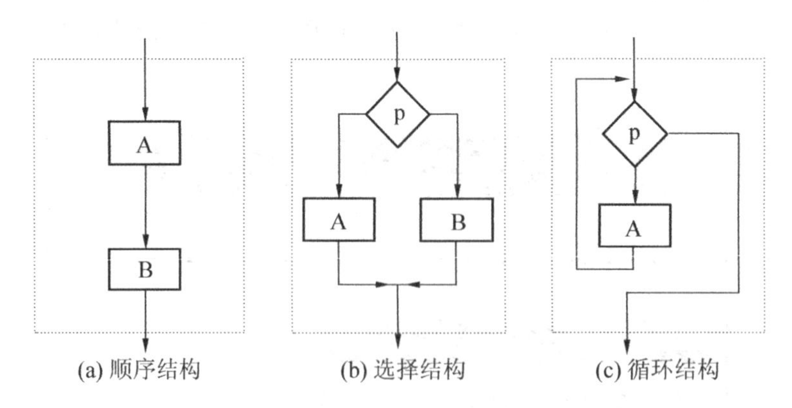

图 6.4 三种基本结构的流程图

（1）顺序结构

如图 6.4a 所示，虚线框内是一个顺序结构，其中 A 和 B 两个框是顺序执行的。即在执行完 A 框所指定的操作后，必然接着执行 B 框所指定的操作。顺序结构是一种简单的基本结构。

(2) 选择结构

选择结构或称选取结构，或称分支结构，如图 6.4b 所示，虚线框内是一个选择结构。此结构中必定包含一个判断框，根据给定的条件 p 是否成立，然后选择执行 A 框或 B 框，其中 A 框、B 框中有一个可以是空的，不含任何操作。

(3) 循环结构

循环结构或称重复结构，即反复执行某一部分的操作。如图 6.4c 所示，它的功能是当给定的条件 p 成立时，执行 A 框操作，执行完 A 框后，再判断条件 p 是否成立，如果仍然成立，继续执行 A 框。如此反复执行 A 框，直到某一次条件不成立为止，此时不执行 A 框，并且跳出循环结构。

3. “结构化”算法

从图 6.4 的流程图可以看出，三种基本结构有以下共同特点：①只有一个入口；②只有一个出口；③结构内的每一部分都有机会被执行到；④结构内不存在“死循环”(无终止的循环)。

已经证明，以上三种结构及其嵌套而顺序组成的算法结构，可以解决任何复杂的问题。由基本结构所构成的算法属于“结构化”算法，它不存在无规律的转向，只在基本结构内才允许存在分支和向前或向后的跳转。其他结构可由三种基本结构及其嵌套派生出来。

6.3.2 顺序结构

在单个处理器的计算机中，程序是按顺序串行方式执行的，即上一条命令执行完毕才能执行下一条命令，自上而下一条一条地执行命令，直至程序执行完毕。这里的命令可以是单条命令，也可以是包括多条命令且具有内部结构的复合命令、函数或过程。

【例 6.2】　编写一个程序，输入 a 和 b 的值，计算 a 除以 b 并显示结果 (eg6_2.prg)。

```
clear
*input
input "a =" to a
input "b =" to b
*process
c = a/b
*output
?c
return
```

6.3.3 选择结构

选择结构也叫分支结构，它能够根据指定关系表达式或逻辑表达式（或称条件表达式）的值在两条或多条程序执行路径中选择其中一条执行。在 VFP 中，选择结构分为 if ~ else ~ endif、if ~ endif 和 do case ~ endcase 结构。

1. if ~ else ~ endif 结构

该结构的程序形式和流程图如图 6.5 所示。

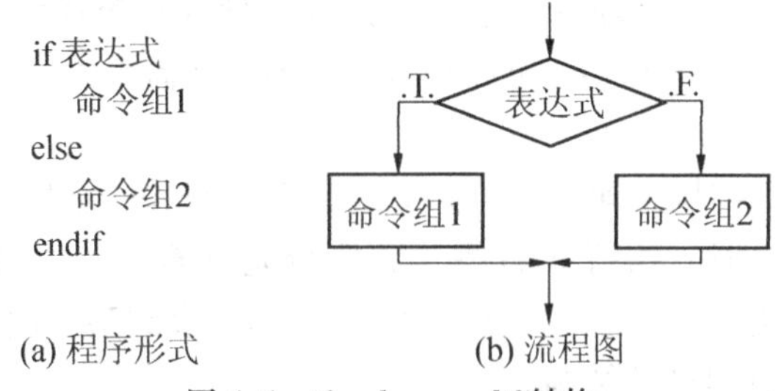

图 6.5 if ~ else ~ endif 结构

其中，如果表达式（或称条件表达式）的值为 .T.（真），执行命令组 1，否则，即表达式的值为 .F.（假），执行命令组 2。

【例 6.3】 编写一个程序，判断输入的一个年份是否为闰年，如果是闰年，显示“闰年”，否则显示“不是闰年”。判断闰年的条件：年份能被 4 整除但不能被 100 整除；或者能被 400 整除（eg6 _ 3. prg）。

```
clear
input "year =" to y
if(mod(y,4) =0. and. mod(y,100) < >0. or. mod(y,400) =0)
  ?"闰年"
else
  ?"不是闰年"
endif
```

说明：整除是通过判断余数是否为 0 来确定的。若为 0，表示整除，否则不能被整除。整除可以用函数 mod( )或求余运算符“%”来表达。

2. if ~ endif 结构

该结构是 if ~ else ~ endif 结构的特殊情况，没有 else 分支，当表达式的值为 .T. 时执行命令组 1，否则直接结束。该结构的程序形式和流程图如图 6.6 所示。

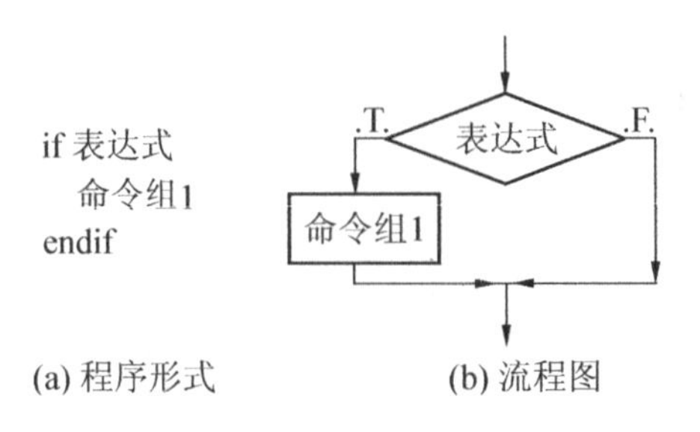

图 6.6 if ~ endif 结构

【例 6.4】 编程实现：输入一个口令，如果口令符合，显示“口令验证通过!”，否则直接结束程序（eg6 _ 4. prg）。

```
clear
accept "口令:" to psd
if upper(psd) ="HELLO"
  ?"口令验证通过!"
endif
return
```

说明：upper 函数是为了统一各种输入的情况。

3. do case ~ endcase 结构

虽然可以通过 if ~ else ~ endif 结构实现多分支情况，但是如果分支较多，则嵌套的 if 语句层数较多，程序冗长，容易出错，且可读性较差。在 VFP 中提供了 do case ~ endcase 结构直接处理多分支选择。它是根据给定条件的结果值进行判断，然后执行多分支程序段中的一个分支。该结构的程序形式和流程图如图 6.7 所示。

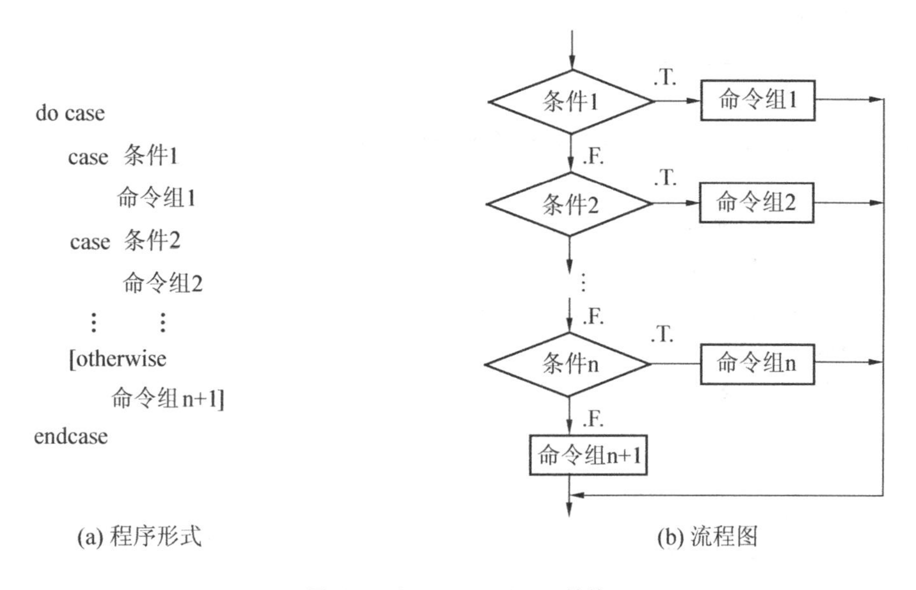

图 6.7　do case ~ endcase 结构

其中，条件是条件表达式，命令组可以包括 0 或多条命令。其执行过程是：先逐个检查每个 case 项中的条件，只要遇到某个条件的值为 .T. 时，就执行该 case 项下的命令组，然后结束整个 do case ~ endcase 结构，即执行 endcase 下面的语句；如果所有 case 项下的条件值都是 .F. 时，则执行 otherwise（否则，另外的意思）项下的命令组，然后结束整个结构，即执行 endcase 下面的语句。

【例 6.5】　编程实现：输入一个百分制成绩，输出它对应的等级，优秀：90 ~ 100，良好:80 ~ 89,中等:70 ~ 79,及格:60 ~ 69,不及格:60分以下(eg6_5. prg)。

```
*变量 cj 存放百分制成绩;dj 存放对应的等级描述
  clear
  input "百分制成绩:" to cj
  do case
```

```
    case cj > =90. and. cj < =100
        dj ="优秀"
    case cj > =80. and. cj <90
        dj ="良好"
    case cj > =70. and. cj <80
        dj ="中等"
    case cj > =60. and. cj <70
        dj ="及格"
    case cj > =0. and. cj <60
        dj ="不及格"
    otherwise
        dj ="输入的成绩不在[0,100]"
endcase
?"对应的等级:",dj
return
```

该程序也可以由 if ~ else ~ endif 来实现(eg6 _ 5a. prg)

```
clear
input "百分制成绩:" to cj
if(cj > =90. and. cj < =100)
  dj ="优秀"
else
  if(cj > =80)
      dj ="良好"
  else
    if(cj > =70)
       dj ="中等"
    else
       if(cj > =60)
          dj ="及格"
       else
         if(cj > =0)
            dj ="不及格"
         else
            dj ="输入的成绩不在[0,100]"
         endif
       endif
    endif
  endif
```

```
endif
?"对应的等级:",dj
return
```

6.3.4　循环结构

循环结构是结构化程序设计的三种基本结构之一，它是在给定条件成立（即表达式的值为 .T. ）时，反复执行语句组（称为循环体）。VFP 中的循环结构包括 do while ~ enddo、for ~ endfor 和 scan ~ endscan 结构。

1. do while ~ enddo 结构

该结构的功能是重复判断“表达式”的值，为 .T . 时执行 do while 和 enddo 之间的语句组，直到该表达式的值为 .F . 或执行过程中遇到 exit 命令为止。相应的程序段和流程图如图 6. 8 所示。

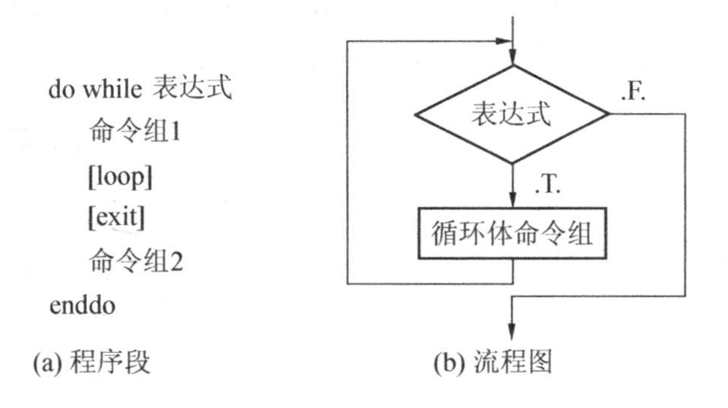

图 6. 8　do while ~ enddo 结构

【例 6. 6】　编程实现：计算 $\sum_{n=1}^{100} n$ ，并显示结果（eg6 _ 6. prg）。

```
clear
n =1
s =0
do while (n< =100)
   s =s +n
   n =n +1
enddo
?"1 +2 +... +100 =", s
return
```

说明：n 是控制变量；n < =100 是循环条件；s 变量用于存放累加的结果，初值为 0；n =n +1 用于循环变量增 1，如果 n 保持不变，则循环进入“死循环”。程序的分析就是跟踪变量的值变化，在本程序就是跟踪 n 和 s 变量的状态值，如表 6. 3 所示。

表6.3　变量n和s的值变化情况

n现值（初始：1）	s（初始：0）	n增值后（n=n+1）
1	0+1=1	1+1=2
2	1+2=3	2+1=3
3	3+3=6	3+1=4
⋮	⋮	⋮
100	4 950+100=5 050	100+1=101
101	结束循环	

2. for ~ endfor 结构

该结构用于已知循环次数的计数循环结构，它的功能是：控制变量用于计数循环执行的次数，每执行一次，控制变量就加上步长得到下一个值，再判断控制变量是否超过终止值（如果步长为负数，控制变量小于终止值就超过了；如果步长为正数，控制变量大于终止值就超过了），如果超过了，终止循环，否则继续执行循环。步长为1时，可省略step子句。该结构的程序段和流程图如图6.9所示。

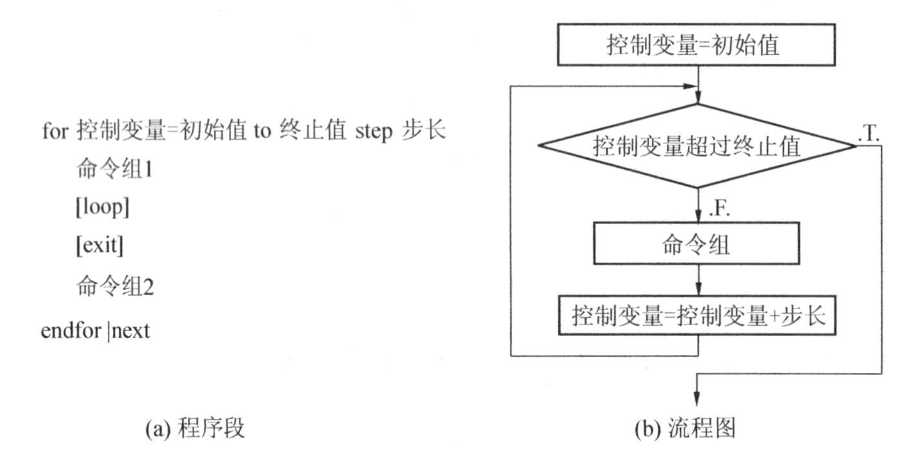

(a) 程序段　　(b) 流程图

图6.9　for ~ endfor 结构

【例6.7】　编程实现：计算 $100! = 1 \times 2 \times \cdots \times 100 = \prod_{n=1}^{100} n$，并显示结果（eg6_7.prg）。

```
clear
n=1
t=1
for n=1 to 100 step 1
    t=t*n
endfor
?"100!=1*2*…*100=",t
return
```

说明：n 是控制变量，初始值为 1 而终止值为 100，若步长为 1，可以省略 "step1"；s 变量用于存放连乘的结果，初始值为 1，这一点与累加不同。因为 100 的阶乘值特别大，系统默认用指数形式显示。

3. scan ~ endscan 结构

该结构用于数据表循环扫描。其功能是：如果条件表达式的值为 .T.，scan 命令自动将记录指针移动到下一条满足条件的记录上，然后执行命令组。当遇到文件末尾或遇到 exit 命令，则结束该循环。它的命令格式如下：

```
scan for 条件表达式 1|while 条件表达式 2
   命令组 1
   [loop]
   [exit]
   命令组 2
endscan
```

其中，for 子句与 while 子句用法不同。如果是 for 子句，所有满足"条件表达式 1"为 .T. 的记录都会执行命令组；如果是 while 子句，只有"条件表达式 2"为 .T. 才执行命令组，直至遇到使该表达式为 .F. 的记录为止，即不一定能够找出所有满足条件的记录。因此，常用 for 子句。

【例 6.8】　编程实现：循环扫描成绩表（cj.dbf），显示需要补考学生的记录。比较 for 子句和 while 子句的不同，假设成绩表已经存在并输入了记录，表结构：学号（C，4）、姓名（C，8）、语文（N，5，1）、数学（N，5，1）和英语（N，5，1）。(eg6_8.prg)。

```
clear
use cj
?"for 子句:"
scan for 语文<60.or. 数学<60.or. 英语<60
     disp
endscan
?"while 子句:"
scan while 语文<60.or. 数学<60.or. 英语<60
     disp
endscan
```

6.3.5　exit 和 loop 命令

exit 和 loop 命令在循环结构中，都用于控制程序的流程。但是，exit 命令用于结束本层循环，执行本层循环后面的命令；而 loop 命令用于结束本层循环，进入下一层循环条件的判断。

【例 6.9】　输入若干个学生的百分制成绩，输入负数表示结束程序并不计算在总分内，如果输入成绩大于100，则需要重新输入。计算平均分并输出（eg6 _ 9. prg）。

本例的流程图如图6. 10所示。

```
clear
s =0
n =0
do while . T .
   input  "x = "  to x
   if (x <0)
     exit
   endif
   if (x >100)
      loop
   endif
   n = n +1
   s = s + x
enddo
if (n =0)
   ?  "没有输入有效数据!"
else
   ?  "平均成绩:", s/n
endif
return
```

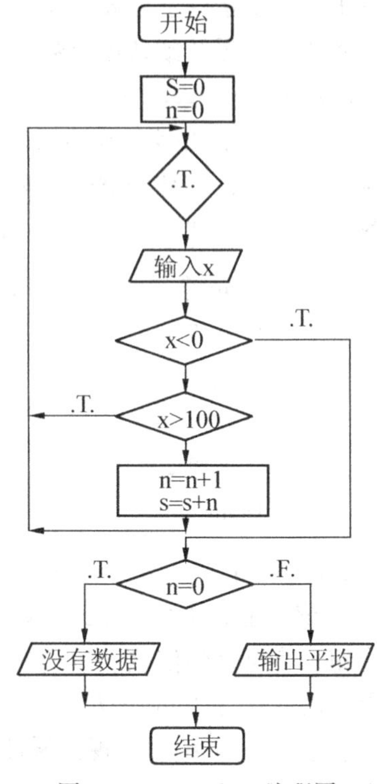

图6. 10　exit - loop流程图

6. 3. 6　结构化程序设计举例

结构化程序的逻辑结构清晰，层次分明，提高了程序的可靠性和可维护性，从而保证了程序的质量，提高了程序开发的效率。

【例6. 10】　编程实现：在屏幕上显示乘法口诀表（eg6 _ 10. prg）。

分析：乘法口诀表有9行，第1行有一个算式，第2行有两个算式，…，第9行有九个算式。所以，第1层循环控制从第1行到第9行，内部嵌套的第2层循环控制第i行从第1到第i个算式的显示。

```
clear
for i =1  to 9
     ?
     for j =1  to i
         ??str(i,1,0) +" *" + str(j,1,0) +" =" + str(i *i,2,0) + spac(2)
     endfor
endfor
```

【例6.11】　用公式 $\pi/4 \approx 1-\frac{1}{3}+\frac{1}{5}-\frac{1}{7}+...$，求π的近似值，直到最后一项的绝对值小于 10^{-6} 为止（eg6_11.prg）。

分析：上述公式可以变形为 $\frac{1}{1}+(-\frac{1}{3})+\frac{1}{5}+(-\frac{1}{7})+\cdots$，从变形后的式子可以看出：

①这是一个累加的式子。

②每项的分子保持为1，分母为奇数，且后一项是前一项的值加2。

③每项的符号是正号与负号交替出现，即正，负，正，…

④循环终止条件是最后一项的值小于 10^{-6}，即循环继续的条件是每项的值大于或等于 10^{-6}。

下面的程序中以t表示某项，s表示分子和正负符号，n表示分母，则t=s/n；pi表示累加结果；正负符号交替s=-s；分母的后一项是前一项加2，可以表示为n=n+2。

```
clear
pi=0
store 1 to s, n
t=s/n
do while(abs(t)>=1e-6)
    pi=pi+t
    n=n+2
    s=-s
    t=s/n
enddo
?"PI=", pi*4
return
```

【例6.12】　编程实现一个文本菜单程序（eg6_12.prg）。

分析：菜单程序包括菜单显示、菜单选取和分支执行三个部分。当然，这三个部分必须放在一个循环内，并且循环的终止必须通过选取的条件判断来实现。

```
do while .T.
   ch=0
   clear
   @5, 10 say "==========main menu=========="
   @6, 10 say "1. 输入功能                  "
   @7, 10 say "2. 修改功能                  "
   @8, 10 say "3. 删除功能                  "
   @9, 10 say "4. 列表功能                  "
   @10, 10 say "0. 退出                     "
   @11, 10 say "============================"
```

```
    @12，10 say "你的选择（0-4）:" get ch pict "9"    && "9"是数字模板
    read
    clear
    do case
      case ch =0
          ?"你选了退出"
          wait "任按一键退出。"
          exit
      case ch =1
          ?"你选输入功能"
          wait "任按一键返回菜单选择。"
      case ch =2
          ?"你选修改功能"
          wait "任按一键返回菜单选择。"
      case ch =3
          ?"你选删除功能"
          wait "任按一键返回菜单选择。"
      case ch =4
          ?"你选列表功能"
          wait "任按一键返回菜单选择。"
      otherwise
          ?"你的选择不在0到4之间"
          wait "任按一键返回菜单选择。"
   endcase
enddo
return
```

说明：本菜单程序可以选择，但选择后只是显示相应的提示。在实际应用中，需要将选择后的显示命令替换成相应过程或函数的调用。另外，为了保持屏幕清晰，需要适当地清除屏幕；为了看到选择结果，可增加 wait 命令暂停。

6.4 模块化思想与实现

6.4.1 模块化

结构化程序设计方法是把一个复杂问题的求解过程分阶段进行，每个阶段处理的问题都控制在人们容易理解和处理的范围内。根据问题的规模和对问题的熟悉程度，决定问题处理的具体方法。如果问题规模较大，对问题的有些地方不太清楚，可以采用“自下而上，逐步积累”的方法。但是，一般采用“自顶向下，逐步细化”的方法，因

为使用该方法便于验证算法的正确性，在将下一层展开之前必须检查本层的设计是否正确，只有在本层设计正确的条件下才能向下细化，这样可以保证算法的正确性。具体步骤是：首先进行系统整体规划，然后进行模块化规划与设计，最后进行结构化编码与调试。

所谓模块化，就是独立地完成某项功能的函数或过程。在 VFP 中，系统提供了不少可以独立完成功能的函数，并且允许自定义函数或过程，所以，用户自定义函数或过程是 VFP 实现模块化的手段。

模块化思想使得编写、修改、调试、维护和扩充程序变得更加容易，并且使多人之间合作完成一个大的项目更为方便。

6.4.2 自定义函数与过程

为了实现结构化程序设计，VFP 提供了函数和过程设计。VFP 的函数分为两种类型：标准函数和自定义函数（User Defining Function，UDF），前者是 VFP 系统提供的，用户可以直接调用，后者则需要用户自行定义。自定义过程和自定义函数很相似，下面具体分析。

1. 自定义函数与过程的创建

自定义函数使用 function 命令创建，而自定义过程使用 procedure 命令创建，它们的语法格式如下：

```
function 函数名
  [lparaneters 参数1[,参数2],…]
  命令段
  return 表达式
endfunc
或
funciton 函数名([参数1[,参数2],…])
  命令段
  return 表达式
endfunc
```

```
procedure 过程名
  [lparaneters 参数1[,参数2],…]
  命令段
  [return 表达式]
endproc
或
procedure 过程名([参数1[,参数2],…])
  命令段
  [return 表达式]
endproc
```

说明：函数名和过程名都是用户定义的标识符。lparameters 引出需要的相关形式参数，参数名也是用户定义的标识符。命令段可以是简单的命令，也可以是复杂的命令，包含选择、循环结构甚至函数或过程。return 语句用来控制返回到调用程序或其他程序，并定义函数的返回值。如果函数中不包括 return 命令，在函数退出时隐式自动执行 return 命令；如果 return 命令中不包含返回值（或隐式执行 return 语句），VFP 将返回 .T.。函数或过程定义的结束命令：函数以 endfunc 结束，而过程以 endproc 结束。如果不指定结束命令，则函数将在遇到 function 命令、procedure 命令或程序文件结尾时结束。

从语法格式可以看出，自定义函数和过程很相似，其主要差异在于，自定义函数使用 function 关键字，而自定义过程使用 procedure 关键字。在自定义过程中 return 命令是可选的。

2. 自定义函数与过程的调用

由于自定义函数与过程可以存放在一个程序文件中，也可以集中存放在一个过程文件中，类似库文件，可以减少打开文件的个数且便于维护，所以其调用方法有两种方式。

（1）调用程序文件中的自定义函数或过程

```
    函数名([参量1[,参量2,…]])
    do 过程名[with [参量1[,参量2,…]]]
或  过程名([参量1[,参量2,…]])
```

（2）调用过程文件中的自定义函数或过程

与上述方式的不同之处在于，调用之前需打开过程文件，调用完毕需关闭过程文件。具体步骤如下：

首先，打开过程文件，使用如下命令：

```
set procedure to 过程文件名
```

然后，采用方式（1）中的调用命令调用自定义函数与过程。

最后，关闭过程文件，其命令格式如下：

```
  set procedure to
或close procedure
```

3. 自定义函数与过程的举例

【例 6.13】 编程计算 $\sum_{n=1}^{100} n!$，并显示计算结果。要求计算阶乘用自定义函数实现（eg6 _ 13. prg）。

```
clear
s =0
for n =1 to 100
    s = s + jc(n)         &&jc(n)是函数调用,出现在表达式中
endfor
?"1! +2! +... +100! =",s
return
function jc
  lparameters m
  t =1
  for j =1 to m
     t =t * j
  endfor
```

```
    return t
  endfunc
```

【例6.14】　编程实现：在屏幕上以矩阵形式显示二维数组，要求显示部分使用自定义过程（eg6_14.prg）。

```
clear
dime a(3,4)
for i = 1 to 3
   for j = 1 to 4
       a(i,j) = int(rand() *100)%100
   endfor
endfor
do print_a with 3,4
return
procedure print_a(m,n)
  for i = 1 to m
     ?
     for j = 1 to n
     ?? str(a(i,j),3) + spac(2)
     endfor
  endfor
return
```

说明：rand()随机值函数,返回值 < 1,int()函数取整数,int(rand() *100)%100将数值限制在100以内。

【例6.15】　编程实现，菜单选择如下功能：显示乘法口诀表、求累加、计算阶乘。要求使用过程文件存储各个功能（eg6_15.prg，过程文件：proc6_15.prg）。

```
* eg6_15.prg
  clear
  set procedure to proc6_15
  do while. T.
     clear
     text
         1. 乘法口诀   2. 累加   3. 阶乘   0. 退出
     endtext
     input "你的选择（0-3）:" to ch
     do case
        case ch = 1
             do cfkj
        case ch = 2
```

```
            do qh
        case ch =3
            do jc
        case ch =0
            exit
        otherwise
            wait "你的选择不在[0,3],任按一键重新选择!"
    endcase
enddo
set procedure to
return
```

下面是过程文件中的内容，注意要另存为另一个文件。

```
*proc6_15. prg
*过程文件开始
procedure cfkj
   clear
   ?"功能 1：显示乘法口诀"
   for i =1 to 9
      ?
      for j =1 to i
         ??str(i,1) +"*" +str(j,1) +"=" +str(i*j,2) +spac(2)
      endfor
   endfor
   wait "任按一键返回菜单选择。"
endproc

procedure qh
   clear
   ?"功能 2：计算 1 +2 +… +n 的和"
   input "n =" to n
   s =0
   for i =1 to n
      s =s +i
   endfor
   ?"1 +2 +. . . +n =", s
   wait "任按一键返回菜单选择。"
endproc
```

```
procedure jc
    clear
    ?"功能3：计算1 * 2 * … * n的积"
    input  "n =" to n
    s = 1
    for i = 1 to n
        s = s * i
    endfor
    ?"1 * 2 * … * n =", s
    wait "任按一键返回菜单选择。"
  endproc
* 过程文件结束
```

6.4.3 参数的传递

参数分为形式参数和实际参数。在自定义函数与过程的创建中定义的参数是形式参数，简称形参；而在函数与过程调用中使用的参数是实际参数，简称实参。注意：形参必须为变量名，而实参可以是变量名也可以是表达式。下面举例说明形参和实参的不同。

【例 6.16】　编程实现：按从大到小的顺序显示三个数。要求使用函数求两个中较大的数、两个中较小的数（eg6_16.prg）。

```
clear
input  "a =" to a
input  "b =" to b
input  "c =" to c
d = nmax(a,b)    &&a,b 是实参
d = nmax(d,c)    &&d,c 是实参
x = nmin(a,nmin(b,c))    && 变量 a 和 nmin(b,c)表达式是外层 nmin 的实参
z = a + b + c - d - x
?"从大到小:",d,z,x
return

function nmax
   lparameter x,y    &&x,y 是形参
   if x > y
     return x
   else
     return y
   endif
endfunc
```

```
function nmin
   lparameter a,b   &&a,b 是形参
   if a < b
     return a
  else
     return b
  endif
endfunc
```

参数的传递是单向传递，即由实参传递给形参。如果实参是表达式，则计算表达式的值，将该值传递给形参。如果实参是变量，可以有两种情形：将实参变量的值复制到形参变量，或者是形参共用实参变量的地址，也就是说，可以分为值传递和引用传递。

1. 值传递

值传递是将实参表达式或变量的值复制到形参变量，之后实参与形参没有联系，即形参改变后的值不能影响实参。在 VFP 中，默认情况下就是采用这种传递方式。

【例 6. 17】 编程实现两个数的交换，要求交换用过程实现（eg6 _ 17. prg）。

```
clear
input "a =" to a
input "b =" to b
swap(a,b)
?"交换后:", a, b
return
proc swap
   lparameter a, b
   t = a
   a = b
   b = t
endproc
```

程序执行后发现交换后的值没有变。其实，在过程 swap 中确实完成了交换操作，只是结果不能通过形参返回给实参，所以在主程序中显示实参 a，b 的值没有变。交换和传递的情况如图 6. 11 所示。

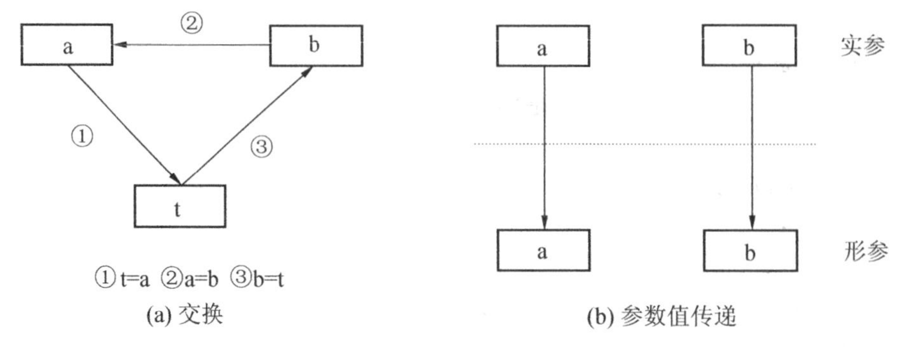

图 6. 11 例 6. 17 中数的交换和参数值传递

2. 引用传递

引用传递，也叫地址传递，它可以实现形参改变实参的值，即将改变后的值返回给主程序，要求实参为变量名。在 VFP 中，默认情况下对象通常以引用的方式传递参数。引用传递可以通过以下两种形式实现：

（1）使用 set udfparms 命令的 to reference 子句

在调用用户自定义函数或过程前，使用 set udfparms 命令指定 VFP 以引用方式传递参数，其命令格式如下：

```
set udfparms to value | reference
```

其中，to value 表示值传递方式；to reference 表示引用方式。

【例 6.18】　分析下面程序的运行结果（eg6_18.prg）。

```
clear
x=100
set udfparms to value
procx(x)
?"value：x=", x
set udfparms to reference
procx(x)
?"reference：x=", x
procedure procx
   lpara y
   y=y*2
endproc
```

（2）使用@标记参数

如果在实参变量前添加@标记，则将强制变量以引用的方式传递参数。

【例 6.19】　分析下面程序的运行结果（eg6_19.prg）。

```
clear
a=10
proc_a(@a)
?"a=", a
procedure proc_a
   lpara x
   x=1
endproc
```

6.4.4　内存变量的作用域

内存变量的作用域是按变量在程序中的作用范围来区分的，可以分为全局型、局部型和本地型作用域的三种内存变量。

1. 全局型内存变量

使用 public 命令定义的内存变量视为全局型内存变量。其命令格式如下：

public〈内存变量表〉

例如：public a，b，c（3，5）

全局型内存变量在整个程序、过程或自定义函数以及调用它的程序、过程和函数中都有效。即使整个程序结束，全局型内存变量也不被释放，需要使用 release 或 clear 命令来释放。

全局型内存变量必须先定义后赋值。已经定义为全局型内存变量的，还可以在下一级程序中重新定义为局部型内存变量，但反过来是不行的。

2. 局部型内存变量

使用 private 命令定义的内存变量视为局部型内存变量。其命令格式如下：

private〈内存变量表〉

例如：private x，y，z（3，5）

局部型内存变量在定义它的程序以及被该程序调用的程序、过程或函数中有效。一旦程序运行或调用结束，局部型内存变量将从内存中释放，不再有效。局部型内存变量可以向下延伸作用域，即如果定义它的程序再调用其他子程序，则该变量在子程序中继续有效。如果所在子程序改变了它的值，则返回调用程序时也带回新值，并在程序中继续使用。

如果全局型内存变量与局部型内存变量同名，则在局部型变量的作用域，全局型变量被屏蔽，即不可见、不可用，但仍然存在于内存中。只要离开该局部型变量的作用域，所屏蔽的全局型内存变量便恢复其可见、可用状态。

3. 本地型内存变量

使用 local 命令定义的内存变量视为本地型内存变量。其命令格式如下：

local〈内存变量表〉

例如：local ab，bc（3，4）

本地型内存变量只在定义它的程序中有效。一旦定义它的程序执行完毕，它将被释放。该类型的内存变量不能延伸其作用域。

【例 6.20】 分析下面程序的运行结果（eg6_20.prg）。

```
clear
public x
x = 100
private y
y = 50
z = 10
?"before:", x, y, z
do xyz
?"after:", x, y, z
return
```

```
procedure xyz
    private x
    local y
    x = 3
    y = 4
    z = z + 5
    ?  "procedure:", x, y, z
endproc
```

6.5 程序调试

程序编写好以后还需要进行调试，以排除程序中的错误。程序中的错误分为语法错误和逻辑错误，前者容易排除，而后者不容易被发现和排除。常见的语法错误包括：遗漏关键字或保留了字和变量之间的空格；遗漏常量的界定符；拼写错误；内存变量没有初始化；表达式或函数中的数据类型不匹配；丢失“)”，造成左右括号不匹配；控制语句丢失结束语句，譬如：endif，enddo 或 endcase，造成控制语句嵌套错误。初学编程者容易犯各种各样的错误，但这并不可怕，关键需要扎实程序设计的基本功，并不断积累和丰富上机实践与调试程序的经验。

程序调试是通过输入数据、跟踪变量变化、显示中间结果或最终结果、输出正确与否来判断程序运行是否正确。简单的调试方式就是在程序中添加适当的输出语句。譬如：

```
n = 1
s = 0
do while (n <= 100)
    s = s + n
    ? n,s        && 调试语句
enddo
? s
```

通过添加调试语句跟踪程序运行，可以发现 n 的值不变，即缺少了 n = n + 1 语句。

为了更好地帮助程序设计者在最短时间内找到程序出错位置，VFP 系统提供了程序调试器。从 VFP 系统的“工具”菜单中选择“调试器”菜单项，打开“调试器”窗口，如图 6.12 所示。

调用“调试器”也可以使用命令，其命令格式如下：

```
debug
```

【例 6.21】　使用“调试器”调试例 6.13 的程序，熟悉“调试器”的基本用法。

具体步骤如下：

(1) 打开“调试器”。从 VFP 系统主菜单的“工具”菜单中选择“调试器”菜单项，打开“调试器”窗口，如图 6.12 所示。

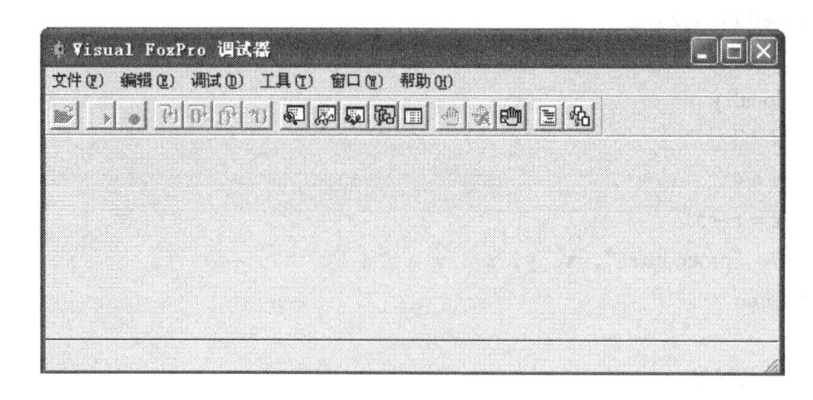

图 6.12 “调试器”窗口

（2）打开“跟踪”窗口，添加待跟踪的程序文件。在“调试器”窗口的工具栏单击“跟踪窗口”按钮，打开“跟踪”窗口，再单击工具栏的“打开”按钮，添加待调试的程序，单击“确定”按钮后就可在“跟踪”窗口打开程序文件，如图 6.13 所示。

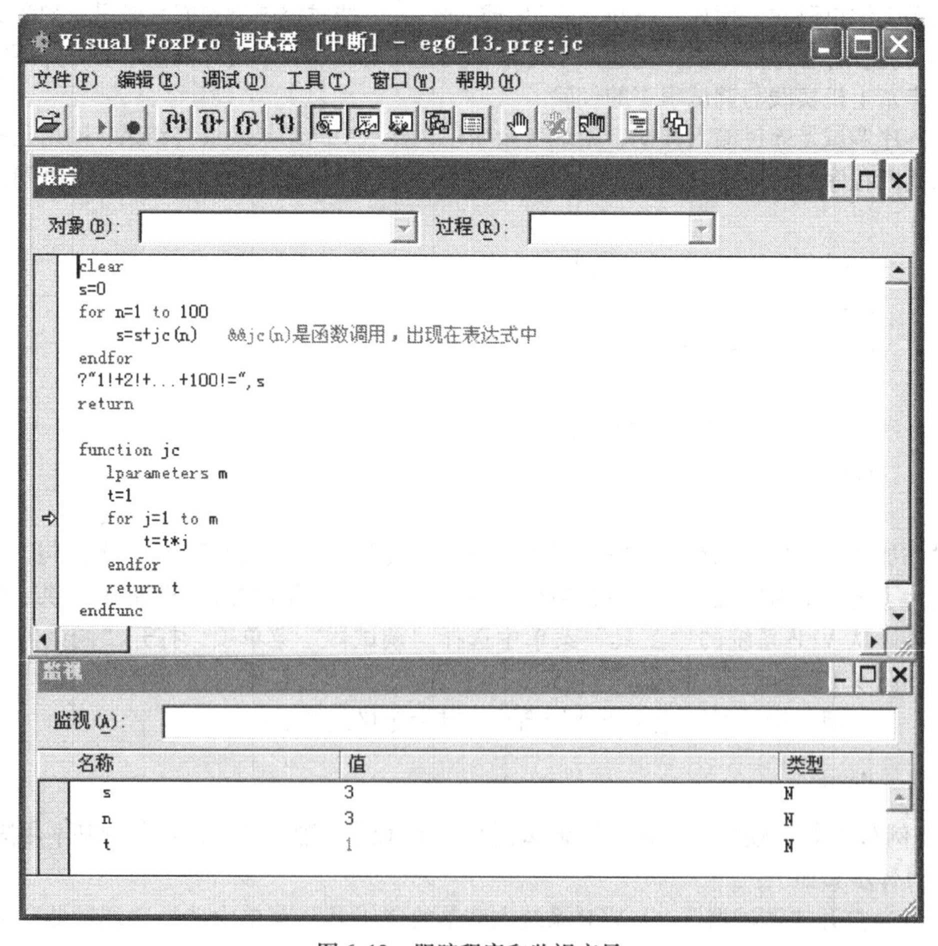

图 6.13 跟踪程序和监视变量

(3) 打开“监视”窗口。在“调试器”窗口的工具栏单击“监视窗口”按钮，打开“监视”窗口，在“监视”栏的文本框中输入需要监视的变量名并按回车键，则该变量的信息会在下面显示出来，如图 6.13 所示。

(4) 单步跟踪程序。单击工具栏的“跟踪”或“单步”按钮，可一步一步地执行程序，前者可以跟踪到函数内部，而后者不会跟踪到函数内部。根据“监视”窗口中变量的变化，如图 6.13 所示，可以判断程序的运行是否正确。

VFP 系统提供的“调试器”功能强大，可以实现程序运行的全方位跟踪，本书仅给出它的简单用法，有兴趣的读者可以查看相关帮助信息。

6.6　程序的连编

数据库应用系统的程序编写和调试完毕后，还需要对程序进行连编。打开项目管理器，要求包含所有需要的文件，并设置好主文件，再单击“连编”按钮，弹出“连编选项”窗口，如图 6.14 所示。

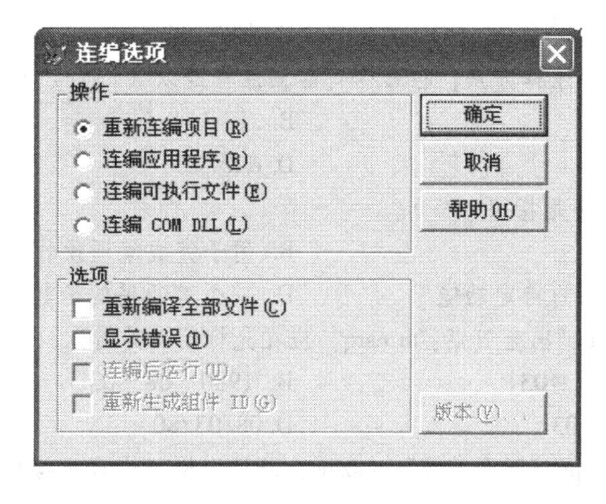

图 6.14　“连编选项”窗口

在图 6.14“操作”栏中选择“连编可执行文件”选项，则连编生成 .exe 文件，可以在没有安装 VFP 系统的计算机上运行，之后可以应用发行打包工具将开发的应用系统打包，生成安装程序。

【学习指导】

- VFP 系统使用“项目管理器”管理项目的各种类型的文件；
- 程序是完成某一特定操作的一组命令的有序集合；
- 创建和编辑程序文件可以使用 VFP 提供的工具 modify command，也可以使用其他文本编写软件；
- 程序文件（.prg）编译后生成编译的程序文件（.fxp）；
- Messagebox 函数的用法；

- ✦ 画流程图对程序的编写和调试特别有帮助；
- ✦ 结构化程序设计包括三种基本结构：顺序结构、选择结构和循环结构；
- ✦ exit 和 loop 命令都是结束循环，前者结束本层循环，后者结束本次循环；
- ✦ VFP 通过自定义函数或过程实现程序的模块化；
- ✦ 参数传递是实参传递给形参，分为值传递和引用传递方式；
- ✦ 变量的作用域分为全局、局部和本地作用域；
- ✦ 程序错误分为语法错误和逻辑错误，程序调试就是查找程序的错误。

【习题 6】

一、填空题

6.1 结构化程序设计的三种基本结构是（　　）。

A. 顺序、选择和模块结构　　B. 顺序、选择和循环结构

C. 选择、循环和模块结构　　D. 顺序、循环和模块结构

6.2 以下语句中，（　　）不是循环结构语句。

A. scan…endscan　　B. if…endif

C. for…endfor　　D. do…enddo

6.3 VFP 提供了多种注释方法，在命令行后面注释是以（　　）符号为开头。

A. //　　B. {}

C. *　　D. &&

6.4 在 VFP 中，程序是指（　　）。

A. 一个子程序　　B. 用于完成某项操作的一组命令

C. 能独立运行的特定功能　　D. 一个可调用的函数

6.5 执行命令：input "出生日期:"to csrq，应在光标闪动处键入（　　）。

A. {^1980 - 08 - 03}　　B. "1980 - 08 - 03"

C. 1980 - 08 - 03　　D. 08/03/80

6.6 执行命令：accept "所在单位" to szdw，若没有输入内容直接按回车键，则结果是（　　）。

A. 系统把空串赋给 szdw　　B. 系统把 0 赋给 szdw

C. 系统把字符串 0 赋给 szdw　　D. 系统出错

6.7 执行命令：wait to ch，若直接按回车键，则结果是（　　）。

A. ch 中存放回车键的 ASCII 码　　B. ch 中存放一个空字符，即 ASCII 码为 0

C. ch 中存放字符 0　　D. ch 中存放 "enter"

6.8 下面叙述正确的是（　　）。

A. input 语句只能接受字符串

B. accept 命令只能接受字符串

C. accept 语句可以接受任意类型的 VFP 表达式

D. wait 只能接受一个字符，必须按回车键

6.9 在用 do 命令执行程序时，下列必须使用扩展名的是（　　）。

A. . app　　B. . qpr　　C. . exe　　D. . prg

6.10 关于过程文件的优点，下列说法正确的是（　　）。

A. 减少磁盘操作次数　　B. 减少磁盘占用空间和磁盘文件数目

C. 较少打开文件的数据，方便管理　　D. 以上三种说法都对

6.11 local 命令建立的内存变量，系统给出的默认值是（　　）。

A. 0　　B. . f .　　C. . t .　　D. 1

6.12 有一个程序文件 prox. prg，可以运行该程序的命令是（　　）。

A. ! prox　　B. run prox

C. do prox　　D. prox

6.13 下列说法中正确的是（　　）。

A. 若函数不带参数，调用时就可以省略()

B. 函数如有多个参数，则参数间应用空格分隔

C. 调用函数时，参数的类型、个数和顺序不一定一致

D. 调用函数时，函数名后的圆括号不论有无参数都不能省

6.14 exit 命令的作用是（　　）。

A. 控制转移到 do while…enddo 外的第一条命令　　B. 退出该过程

C. 退出 VFP　　D. 中止程序执行

6.15 loop 命令的作用是（　　）。

A. 标志循环开始　　B. 标志循环结束

C. 转移到程序开始　　D. 转移到 do while 语句

6.16 自定义函数或过程需要接受参数，应使用（　　）命令定义。

A. procedure　　B. function

C. with　　D. lparameter

6.17 当用户定义的函数与标准函数重名时，（　　）。

A. 标准函数优先　　B. 用户定义函数优先

C. 不能定义　　D. 不确定

6.18 下面（　　）命令能够调用“调试器”。

A. debug　　B. debugout　　C. open　　D. run

6.19 在调试器中，可以显示当前正在执行的程序、过程和方法程序的窗口是（　　）。

A. 跟踪　　B. 监视　　C. 局部　　D. 断点

6.20 在（　　）窗口中可以控制列表框内显示的变量种类。

A. 跟踪　　B. 监视

C. 局部　　D. 调用堆栈

二、阅读程序，写出程序的输出结果

6.21
```
clear
s =0
for i =1 to 20
   if(i%3. or. i%5)
```

```
        ? i
      endif
    endfor
6.22  clear
      for j = 1 to 3
        ?str(j,2) +")"
        for k = 1 to j
            ?? str(j * k,6)
        endfor
        ?
      endfor
6.23  clear
    for i = 10 to 4 step -3
      if(i%3 = 0)
        i = i - 1
      endif
      i = i - 2
      ?? i
    endfor
6.24  clear
    ? f(5)
    return
    proc f
      lpara n
      t = 1
      for i = 1 to n
        t = t * i
      endfor
      return t
      endproc
6.25  clear
    m = 17
    for i = 2 to m - 1
      if(m%i = 0)
        exit
      endif
    endfor
      if(i = m)
```

```
      ?"1"
    else
      ?"0"
    endif
```

6.26 do A

```
return
proc A
    private num
    num = 2
    do B
    ?num
    return
proc B
    num = num + 5
return
```

三、程序填空题

6.27　下面程序实现功能：显示需要补考两门课以上的学生名单。假设成绩表中包含姓名（C，8）、语文（N，3）、数学（N，3）、英语（N，3），成绩低于60分需要补考。在有下画线的地方添加语句，将程序补充完整。

```
clear
use 成绩表
do while. not. eof ( )
    n = 0
    if (语文 <60)
        n = n + 1
    endif
    if (英语 <60)
        n = n + 1
    endif
    if (数学 <60)
        n = n + 1
    endif
    if (__________)
        ? 姓名

    endif

    __________
enddo
```

6.28　下面程序实现功能：对职工表中重复职工号的记录进行物理删除。在有下画线的地方添加语句，将程序补充完整。

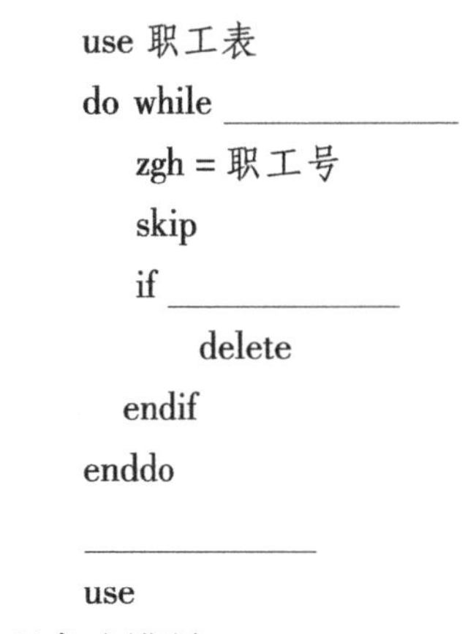

```
use 职工表
do while ____________
   zgh = 职工号
   skip
   if ____________
      delete
   endif
enddo
____________
use
```

四、程序改错题

6.29 下面的程序用于显示100以内的素数，每行显示5个素数。判断素数的算法：判断m是否为素数，用2到m-1中的每个数去除m，如果每个数都不能整除m，则m为素数。程序中有多处错误，请改正以实现要求的功能。

```
clear
n = 0
for m = 1 to 99 step 2
   for i = 1 to m - 1
      if(m% i = 0)
         exit
      endif
   endfor
   ?? m
   if(n% 10 = 0)
      ?
   endif
endfor
```

6.30 下面程序是完成计算二维数组代表的矩阵逆对角线元素之和。程序中有多处错误，请改正以实现要求的功能。

```
clear
dime ab(3,3)
s = 1
for i = 1 to 3
   for j = 1 to 3
      ab(3,3) = int(rand() * 100)%37
     if(i = j)
        s = s + ab(i,j)
```

```
      endfor
    endif
  endfor
  ? s
```

五、上机操作题

6.31　编程实现，计算如下序列的前20项之和：

$$\frac{2}{1},\ \frac{3}{2},\ \frac{5}{3},\ \frac{8}{5},\ \frac{13}{8},\ \frac{21}{13},\ \cdots$$

6.32　编程实现：输入人民币小写金额，显示对应的人民币大写金额。

6.33　编程实现：查找二维数组中的最大元素，显示该元素的下标和它的值。

6.34　有一场比赛，有20名选手，选手的总评得分由5个评委给出的分，去掉一个最高分和一个最低分后求和再除以3得到，评委给的分是百分制分数。创建一个表存放每个选手的得分，不用索引或排序。编程实现：计算每个选手的总评得分，按总评得分从高到低显示选手姓名和总评得分。

6.35　有如下4个表：客户表、品种表、销售表和销售明细表，表结构如下：

客户表：khbh（c，4）、khmc（c，48）。其中：khbh——客户编号，khmc——客户名称。按khbh建立主索引或候选索引。

品种表：pzbh（c，4）、pzmc（c，48）、jjdw（c，4）。其中：pzbh——品种编号，pzmc——品种名称，jjdw——计价单位。按pzbh建立主索引或候选索引。

销售表：sxh（n，2）、xsrq（d）、khbh（c，4）、je（N，10，2）、xsdh（c，10）。其中：sxh——顺序号，xsrq——销售日期，khbh——客户编号，je——金额，xsdh——销售单号，表达式由dtos(xsrq)+str(sxh,2)得到。按xsdh建立主索引或候选索引，按khbh建立普通索引。

销售明细表：xsdh（c，10）、xh（N，3）、pzbh（c，4）、sl（c，8）、dj（c，8）。其中，xsdh——销售单号，xh——序号，pzbh——品种编号，sl——销售数量，dj——单价。按xsdh建立普通索引，按pzbh建立普通索引。

编程实现销售单据的数据录入的程序，统计每个客户的销售金额、每个品种的销售量和指定客户的销售量，按品种汇总。

提示：建立包含4个表的一个数据库并设置关联关系，或在程序中用命令设置临时关联关系。

第 7 章　可视化程序设计

【学习目标】

✧ 理解对象的概念；
✧ 理解类的概念，掌握类的创建方法和对象的创建方法；
✧ 理解并掌握新建属性和方法程序的方法；
✧ 理解并掌握 VFP 提供的各种基类；
✧ 熟练掌握表单的设计与运行的方法；
✧ 熟练掌握常用控件的使用方法。

【重点与难点】

重点在于对面向对象概念的理解、控件的设计和表单设计方法的掌握；难点在于对面向对象事件驱动程序的设计方法的掌握。

VFP 不仅支持面向过程的结构化编程技术，而且支持面向对象的编程和可视化编程技术，所以它是一种较好的程序设计教学环境。结构化编程与面向对象编程的思想有很大的不同，前者考虑的是程序代码的全部流程，后者考虑的则是如何定义类、如何创建对象以及创建什么样的对象。面向对象的编程思想使得开发应用程序变得更容易，效率也更高；可视化编程是基于面向对象思想的编程技术，界面设计更方便，效果也更专业。

7.1　面向对象的程序设计

面向对象的程序设计，不是单纯地从代码的第一行一直编到最后一行，而是考虑如何创建对象，用对象的概念来思考，简化了程序设计，提供代码的可重用性。所以，对象的概念是面向对象的程序设计的核心。

7.1.1　对象

对象是反映客观事物属性及其行为特征的描述。一个对象既包含有数据（也称属性），又包含有处理该数据代码（也称方法）的一个逻辑实体。在一个对象中，有些代码或数据为该对象私有，不能被对象之外的任何部分直接存取，防止了程序中其他不相关成分修改或不正确使用该对象的私有部分。这种将数据和代码联合在一起的方式称为对象的封装性。

对象还支持多态性与继承性。所谓多态性，就是一个名字可被几个相关但多少有些不同的目的所使用。所谓继承性，是一个对象获取另一个对象某些属性或方法的过程。继承的重要特性是支持类的概念，类是对象的抽象，而对象是类的实例。

在日常生活中，人们使用的生活用品，譬如手机可以看成一个对象，它的制式、品牌、功能等一组名词描述其基本特征或属性；打出与接听电话、收发短信、通信录和记事本等各项功能可以看作手机的可执行动作或行为特征。

在 VFP 中，各种对象拥有 70 多个属性，对象的属性可以在设计对象时定义，也可以在对象运行时进行设置。

7.1.2 类

在客观世界中常常会遇到具有相同属性和行为的一类事物，譬如人类、汽车等。类是一组对象的属性和行为特征的抽象描述，是具有共同属性和行为特征的对象集合。类具有如下特征：封装性、可派生子类、继承性和隐藏不必要的复杂性等。

在 VFP 系统中，类就像一个模板（Template），对象是由类生成的，是类的实例。类定义了对象的公共属性、事件和方法，从而决定了对象的一般性的属性和行为。VFP 系统提供了 29 个基类，如表 7.1 所示，它们可以分为容器类和控件类。

（1）控件类（Control Object Class）：封装严密，没有方法程序，不能容纳其他对象。譬如：文本控件。

（2）容器类（Container Class）：可以包含其他对象，并且允许访问所包含的对象。譬如：表单类可以允许添加其他控件到它里面。

另外，由控件类创建的对象是不能单独使用和修改的，它只能作为容器类中的一个元素，通过由容器类创造的对象修改或使用。

表 7.1　VFP 提供的基类

序号	类别	名称	含义	说明
1	控件	Check Box	复选框	
2	控件	Combo Box	组合框	
3	控件	Command Button	命令按钮	
4	控件	Edit Box	编辑框	
5	控件	Header	网格标题	
6	控件	Image	图像显示框	
7	控件	Label	标签	
8	控件	Line	线条	
9	控件	Line Box	线框	
10	控件	OLE Bound Control	绑定型 OLE	
11	控件	OLE Container Control	OLE 容器	
12	控件	Option Button	单选钮	
13	控件	Separator	分隔	
14	控件	Shape	图形框控件	
15	控件	Spinner	微调控件	
16	控件	Text Box	文本框	
17	控件	Timer	定时器	不可见
18	容器	Column	网格列	
19	容器	Command Group	命令钮组	

续表7.1

序号	类别	名称	含义	说明
20	容器	Container	容器	
21	容器	Control	控件容器	
22	容器	Custom	定制对象	不可见
23	容器	Form	表单	
24	容器	Form Set	表单集	不可见
25	容器	Grid	网格	
26	容器	Option Button Group	单选钮组	
27	容器	Page	页	
28	容器	Page Frame	页框	不可见
29	容器	Tool Bar	工具栏	

7.1.3 事件与方法

事件（Event），是每个对象可能用以识别和响应的某些行为和动作，它是一种预先定义好的特定动作，由用户或系统激活，在多数情况下，它是通过用户的交互操作产生的。譬如：单击鼠标、移动鼠标或按键等都可以激发事件。在VFP中，对象可以响应50多种事件。

方法（Method），是附属于对象的行为和动作。方法程序是与对象相关联的过程，但又不同于一般的VFP过程。方法程序紧密地和对象连接在一起，且与一般VFP过程的调用方式有所不同。

事件可以具有与之相关联的方法程序。譬如：单击鼠标的Click事件和与之关联的方法程序可以独立于事件而存在，此类方法程序必须在代码中显式地被调用。另外，事件集合虽然范围很广，却是固定的，用户不能创建新的事件，而方法程序集合却可以无限扩展。在VFP中，有些事件适用于大多数的控件，它们称为核心事件，如表7.2所示。

表7.2 核心事件

事件	事件被激发后的动作
Init	创建对象
Destroy	从内存中释放对象
Click	鼠标单击对象
DblClick	鼠标双击对象
RightClick	鼠标右击对象
GotFocus	对象接收焦点。由用户动作引起，如Tab键或单击，或在代码中使用SetFocus方法程序
LostFocus	对象失去焦点。由用户动作引起，如Tab键或单击，或在代码中使用SetFocus方法程序使焦点移到新的对象上
KeyPress	按下或释放键
MouseDown	当鼠标指针停在一个对象上时，用户按下鼠标按钮
MouseMove	用户在对象上移动鼠标
MouseUp	当鼠标指针停在一个对象上，用户释放鼠标按钮

7.2 类的创建

可视化程序设计开发数据库应用系统，通常是把常用的对象定义成一个类，再根据需要，在这个类的基础上派生出一个或多个具体对象，最后利用这些对象来设计数据库应用系统程序。这样做的好处是可以提高编程效率，方便维护。

1. 创建类

创建一个新类，有如下三种方法：

（1）使用类设计器

首先打开“新建类”窗口，如图7.1所示，打开的方法有三种：①在“项目管理器”中选择“类”选项卡并选择“新建”项。②从“文件”菜单中选择“新建”菜单项，再选择“类”，然后选择“新建文件”或“向导”。③使用create class命令，其命令格式如下：

create class〈类名〉或 create class〈类名〉of〈类库名〉

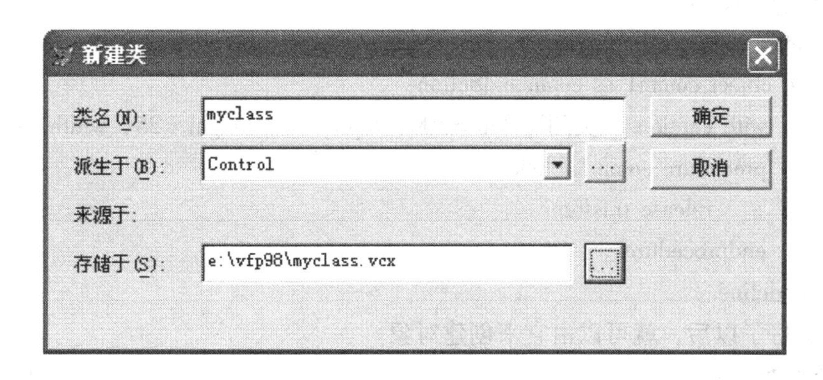

图7.1 “新建类”窗口

在图7.1中输入类名、选择父类和指定存放类的类库文件（.vcx）后，单击“确定”按钮，打开“类设计器”窗口，如图7.2所示。

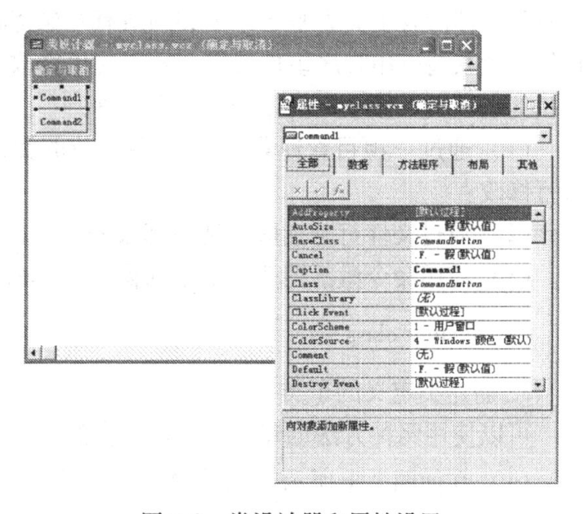

图7.2 类设计器和属性设置

（2）使用表单设计器

在“表单设计器”中，通过添加控件和交互式、可视地设置类的属性来定义，在7.4节会详细讲述。

（3）使用define class命令

通过define class命令以编程方式来定义，其命令格式如下：

```
define class 〈类名〉 as 〈父类名〉
   [object.] property = expression
     [add object 〈对象名〉 as 〈类名〉
      with property list]
   [procedure name
      〈命令序列〉
  endprocedure]
enddefine
```

【例7.1】　定义一个带有命令按钮（“关闭”）的容器类“exitform”。

```
define class exitform as form
visible =.t.
caption ="退出"
left =20
top =10
height =223
width =443
add object comm1 as commandbutton;
    with caption ="关闭", left =300, top =150, height =25, width =60
    procedure comm1.click
        release thisform
    endprocedure
enddefine
```

类定义好了以后，就可以由它来创建对象。

2. 修改类定义

类定义后，还可以对它进行修改。对类的修改将影响所有的子类和基于这个类的所有对象，即所有子类和基于这个类的所有对象都将继承修改。注意：如果定义的类已被任何一个其他应用程序组件使用，就不应该修改类的Name属性，否则在需要时VFP不能找到这个类。修改类的方法有以下三种：

（1）通过“项目管理器”，选择待修改的类，单击“修改”按钮打开“类设计器”进行修改。

（2）通过文件打开类库，选择修改的类，如图7.3所示。

（3）使用命令激活图7.3所示的窗口，其命令格式如下：

```
modify class
```

3. 创建类定义的子类

可以使用两种方法创建用户自定义类的子类：

（1）在如图7.1所示“新建类”窗口中，单击“派生于”栏右边的对话框钮[...]，在“打开”对话框中选择派生新类的父类。

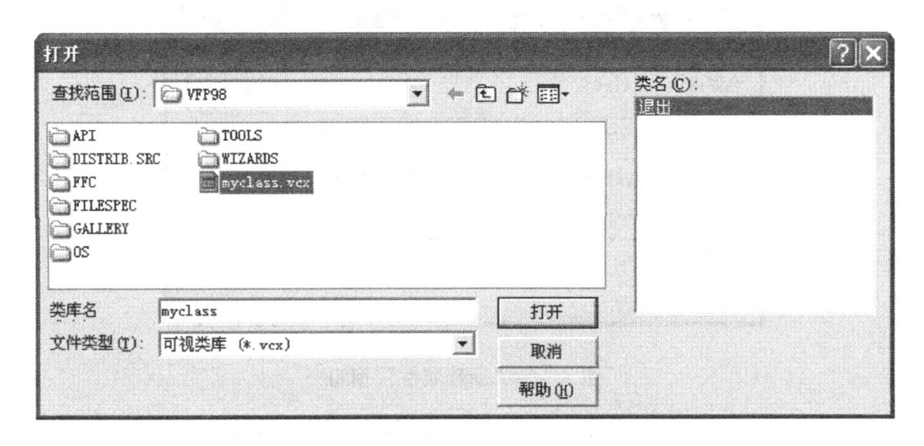

图 7.3　通过类库选择需要修改的类

（2）使用 create class 命令

其命令格式如下：

create class 子类名 of 类库名 as 父类名 from 存放类库的文件名

例如：基于父类 myform 创建子类 x，假设该类所属的类库为 myclass，存放类库的文件名为 myclass. vcx，其命令格式如下：

create class x of myclass as myform from myclass

4. “类”菜单

打开类设计器，在 VFP 系统主菜单上出现了“类”菜单，该菜单包括新建属性、新建方法程序等菜单项，如图 7.4 所示。可以向定义的新类添加任意多的新属性、方法程序和属性保存值，而方法程序则是保存调用时可以运行的过程代码。

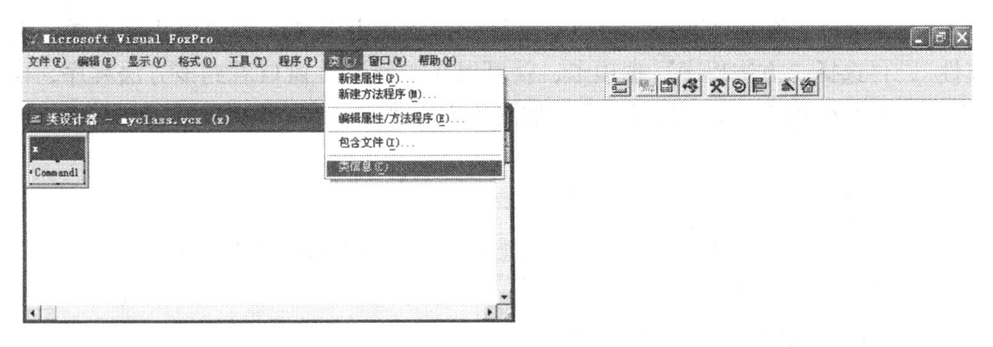

图 7.4　“类”菜单

（1）新建属性

选择“新建属性”菜单项，打开“新建属性”窗口，如图 7.5 所示。

“可视性”分为公共、保护和隐藏三种。公共表示可以在其他类或过程中引用；保护表示只可以在本类中的其他方法或者其子类中引用；隐藏表示只可以在本类中的其他方法中引用。

Access 和 Assign 方法程序的区别是：当使用对象引用中的属性，将属性值存储到

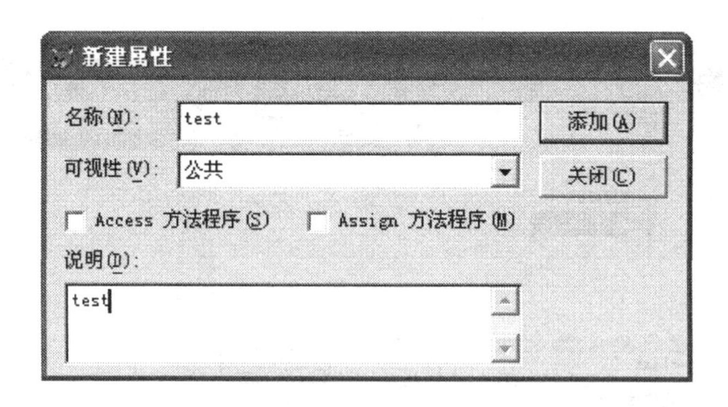

图 7.5　“新建属性”窗口

变量中，或用“?”命令显示属性值，即在查询属性值时，执行 Access 方法程序中的代码；而当试图改变属性值时，执行 Assign 方法程序中的代码。

（2）新建方法程序

选择“新建方法程序”菜单项，打开“新建方法程序”窗口，如图 7.6 所示。

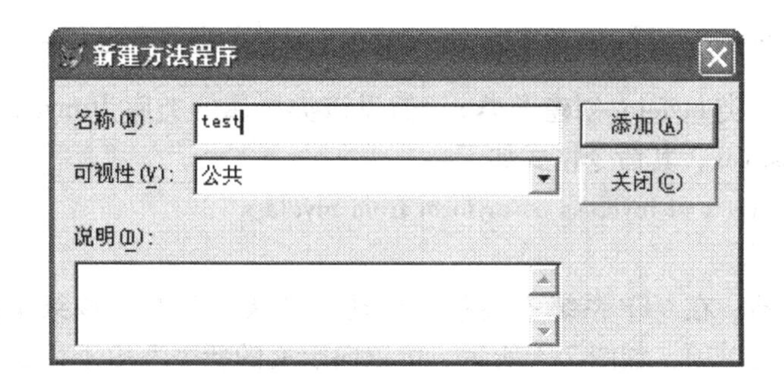

图 7.6　“新建方法程序”窗口

输入名称后，单击“添加”按钮，用鼠标右键单击定义的类弹出快捷菜单，选择“属性”，再选择“方法程序”选项卡，就可以在“属性”窗口看到该方法程序，再双击该方法程序就可以打开代码编写框，如图 7.7 所示。

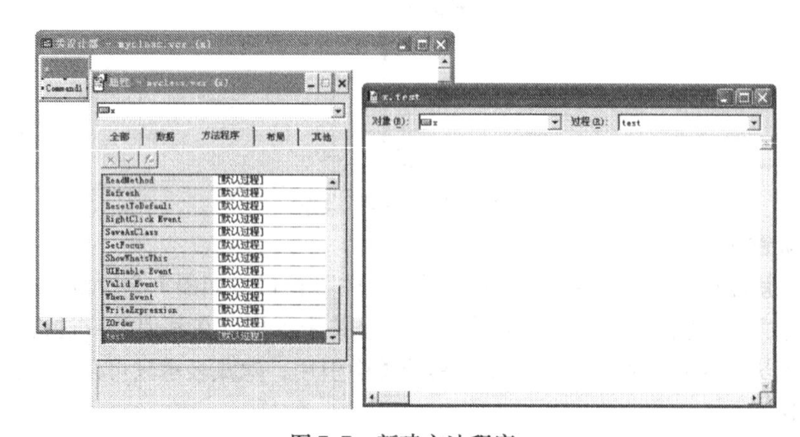

图 7.7　新建方法程序

7.3 对象的操作

类是对象的抽象，对象是类的实例。类不能直接被引用，由类创建的对象才能被引用。所以，对象的过程代码设计特别重要。下面给出一些对象的基本操作命令。

1. 由类创建对象

命令格式：

```
〈对象名〉=createobject(〈类名〉)
```

例如：由例 7.1 所定义的类 exitform 定义对象 form1。

```
form1 =createobject("exitform")
```

2. 设置对象的属性

命令格式：

```
parent. object. property = value
```

其中，parent 为对象的父类名；object 为对象名；property 为属性名；value 为对象设置的属性值。如果需要给同一对象的多个属性赋值，按上述全路径方法比较麻烦，可以采用下面的简化方法：

```
with〈路径〉
〈属性值表〉
endwith
```

例如：
```
with form1
   .caption ="我的表单"
   .backcolor =rgb(128,128,0)
   ⋮
endwith
```

3. 调用对象的方法

命令格式：

```
parent. object. method
```

其中，parent 为对象的父类名；object 为对象名；method 为调用的方法名。例如：调用表单对象 myform 的显示方法如下：

myform. show(1)。

7.4 表单设计

在 VFP 中，表单（Form）是数据库应用系统的主要工作界面，也称为屏幕（Screen），其保存的文件类型名为 . scx 就有这个意思。表单的设计是可视化程序设计的基础，也是学习可视化程序设计的最重要环节。表单是一个容器基类，具有多种属性，可以在其中添加控件，可以响应多种事件，实现多种操作。

7.4.1　创建表单

创建表单的过程就是添加控件、定义控件的属性、确定事件或方法程序代码的过程。在 VFP 中，可以使用以下任意一种菜单方式创建表单：

（1）使用表单向导创建表单。

（2）在“表单”菜单中选择“快速表单”命令，建立一个用户可以通过添加自己的控件来定制的简单表单。

（3）使用“表单设计器”修改已有的表单或创建自己的表单。

由于使用“表单设计器”创建表单的方法最常用，下面介绍它的使用方法。具体操作如下：从 VFP 系统的“文件”菜单中选择“新建”菜单项，在打开的“新建”窗口中选择文件类型为“表单”，再单击“新建文件”，就可以打开“表单设计器”窗口，如图 7.8 所示。打开“表单设计器”后，在 VFP 的主菜单出现了“表单”菜单。如果“属性”和“表单控件工具栏”两个窗口没有出现，可以从 VFP 系统的“显示”菜单中钩选“属性”和“表单控件工具栏”菜单项，也可以单击表单工具栏中的相应按钮来打开它们。

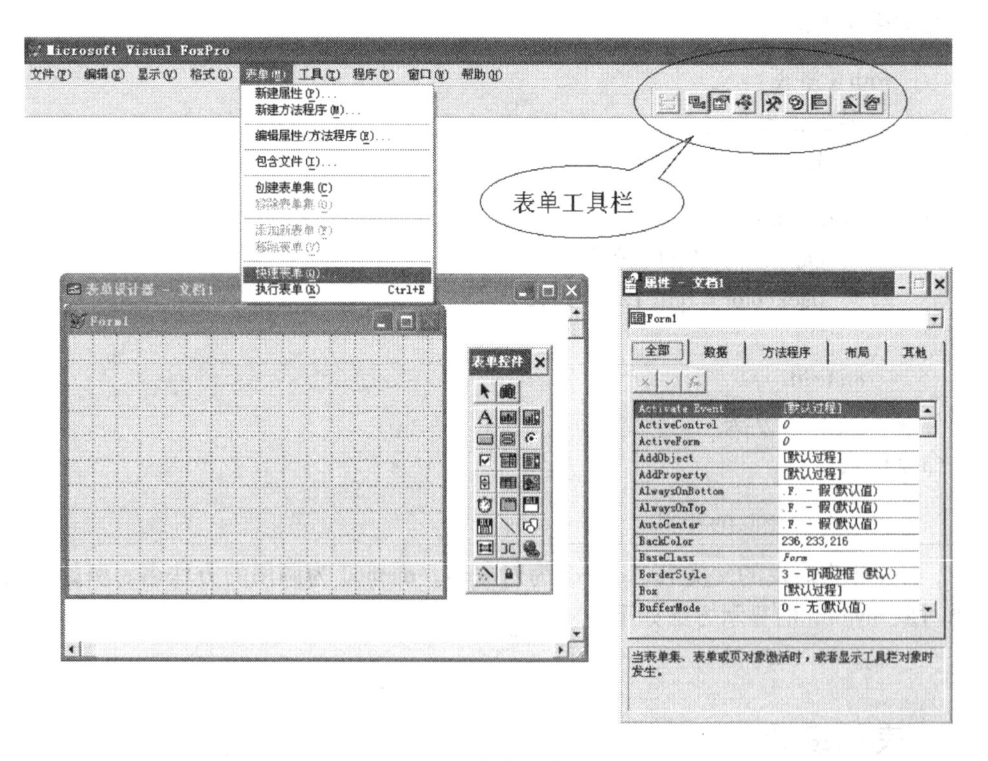

图 7.8　表单设计器

打开“表单设计器”还可以使用命令，其格式如下：

```
create form 表单名
```

7.4.2 定制表单

图7.8显示的表单是一个空表单，还需对表单进行控件的添加和其属性与代码的设置，这一过程就是定制表单。

1. 设置数据环境

设置数据环境就是指定与表单关联的表或视图。控件的属性ControlSource（数据源）把添加到表单中的控件与表或视图中的字段关联起来。在“表单设计器”中用鼠标左键单击，弹出一个快捷菜单，从中选择“数据环境”就可打开“数据环境设计器”窗口，如图7.9所示。

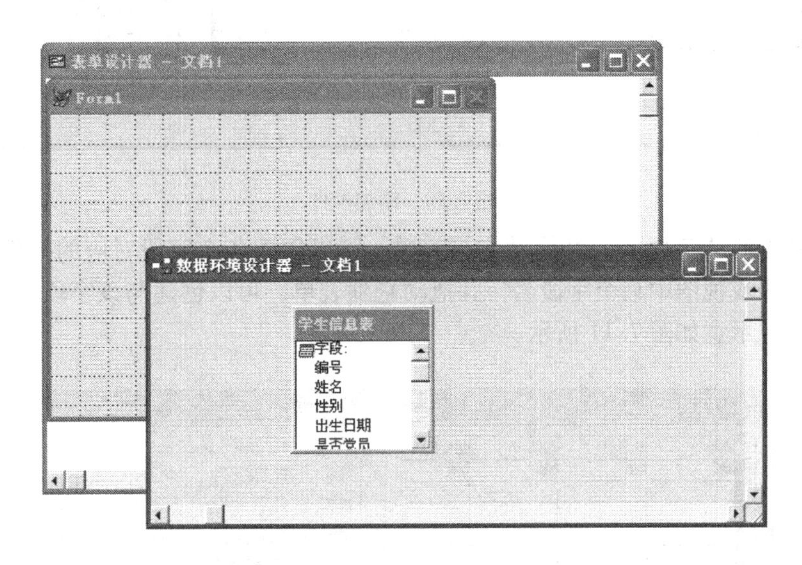

图7.9 “数据环境设计器”窗口

在“数据环境设计器”的空白处用鼠标右键单击，弹出快捷菜单，可以向“数据环境设计器”添加表、视图。如果需要移去表或视图，只需在“数据环境设计器”中的表或视图上用鼠标右键单击后选择“移去”，或选中后按Delete键。一个表单的数据环境可以包含多个表或视图。

2. 向表单中添加控件

向表单中添加控件可以使用表单控件工具栏、数据环境和表单生成器。

（1）使用表单控件工具栏

例如：在表单控件工具栏上单击文本框，在“表单设计器”中要放置控件的地方单击，并拖动鼠标指针就可以画出控件的大小，如图7.10所示。

（2）利用数据环境

在数据环境中通过鼠标可以容易地向表单中添加控件，分三种情况：单击鼠标左键指向表或视图的窗口“标题”，并拖动它到表单，可以创建网格控件；单击鼠标左键指

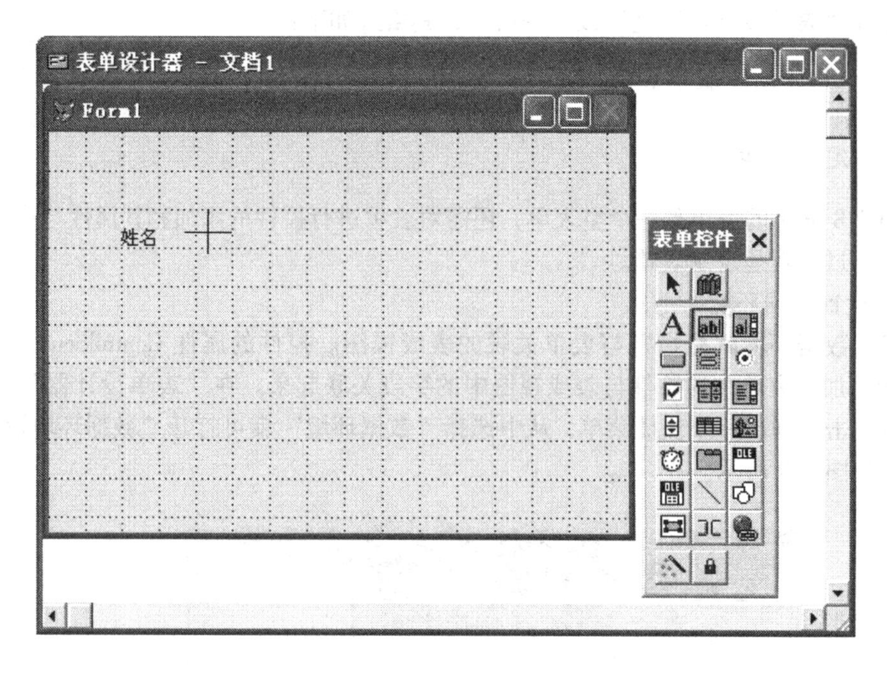

图 7.10　添加控件

向表或视图中的“字段:”，并拖动它到表单，可以创建各个字段对应的控件；单击鼠标左键指向表或视图中某个字段名，并拖动它到表单，可以创建与该字段对应的控件。上述三种情况示意如图 7.11 所示。

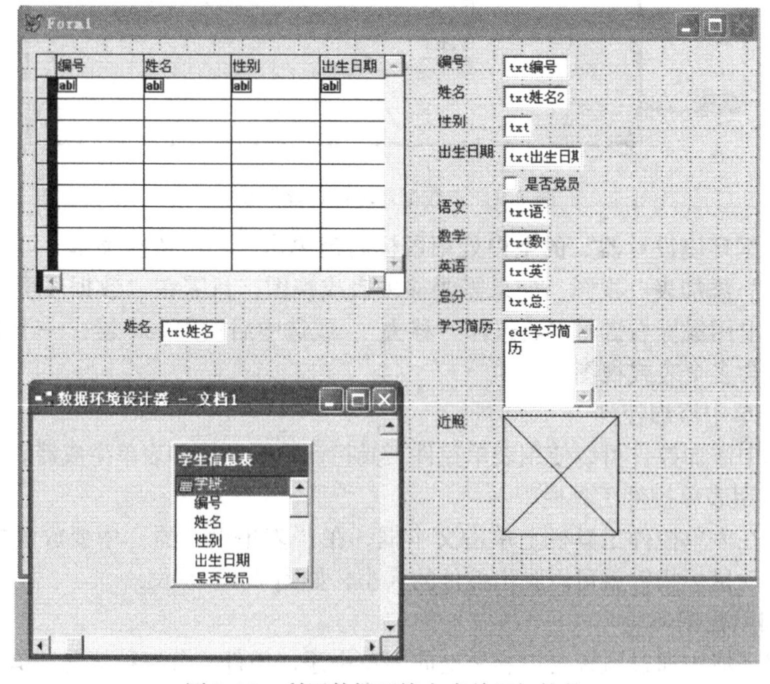

图 7.11　利用数据环境向表单添加控件

在数据环境中拖动表或字段到“表单设计器”时，系统会自动建立对应的控件，即采用字段类型默认的控件，各种类型字段对应的默认控件如表 7.3 所示。

表 7.3　各种类型字段对应的默认控件

拖动项	自动建立的控件
表	网格
逻辑型字段	复选框
备注型字段	编辑框
通用型字段	OLE 绑定型控件
其他类型的字段	文本框

(3) 使用表单生成器

在“表单设计器”中单击鼠标右键，从弹出的快捷菜单中选择“生成器”菜单项，打开“表单生成器”窗口，如图 7.12 所示。

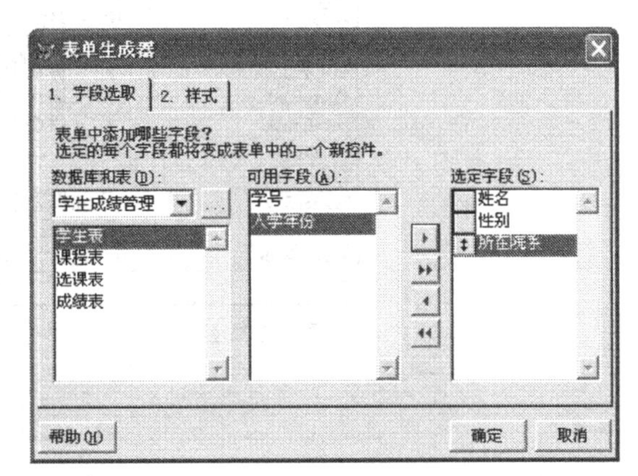

图 7.12　“表单生成器”窗口

一般地，使用表单生成器选择字段、样式创建一个表单初稿，再在这一基础上进行设计可以提高表单设计的效率。

3. 向表单中添加新的属性与方法

进行表单设计时，可以往表单中添加新的属性和方法。新属性可以保存与表单有关的值，而在新的方法程序中存放调用它时执行的一段代码。当“表单设计器”窗口打开，系统的“表单”菜单就会出现，添加方法是使用“表单”菜单，从中选择“新建属性”或“新建方法程序”菜单项，可以添加新的属性与方法，如图 7.13 所示。

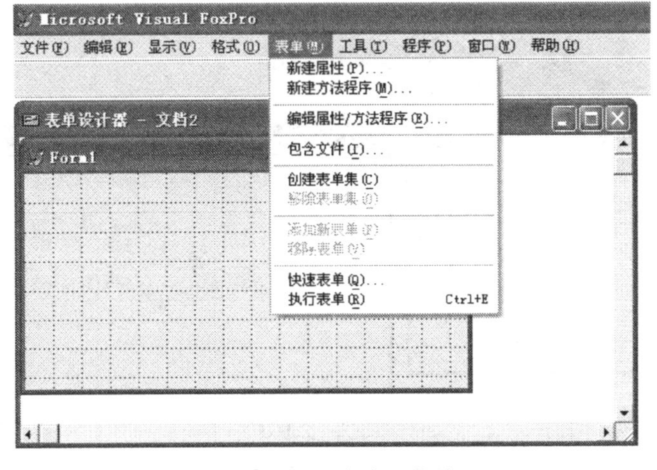

图 7.13　“表单”菜单

4. 定义表单的操作行为

在“表单设计器”中设计表单时，表单处于活动状态，即对表单所做的任何修改都可以立即在表单中反映出来。定义表单的操作行为是通过“属性”窗口设置的，不同的控件可以有不同的属性、方法等，如图 7. 14 所示。

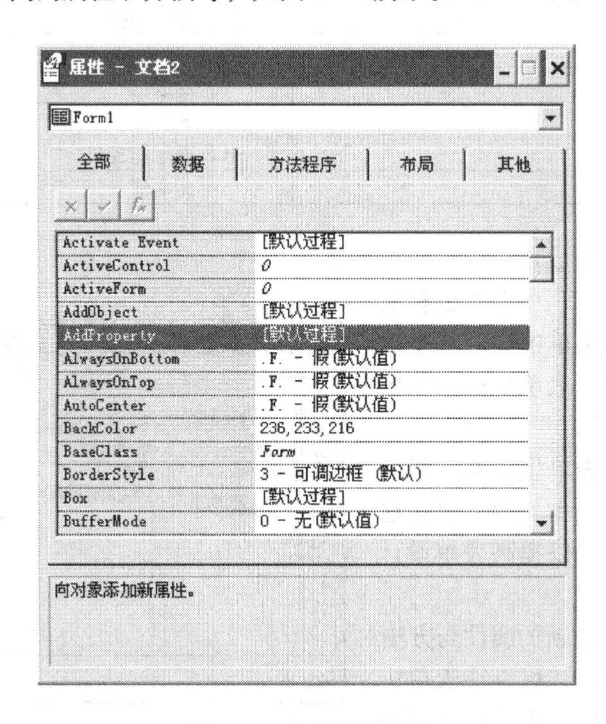

图 7. 14　控件属性设置

5. 编辑事件代码或方法代码

创建表单或向表单中添加控件后，如果要让它们“动起来”，必须编写事件代码或方法代码。进入代码编辑状态有多种方法，其中用鼠标双击相应控件的方法最简便。譬如：在表单上用鼠标双击弹出代码编辑窗口，如图 7. 15 所示。

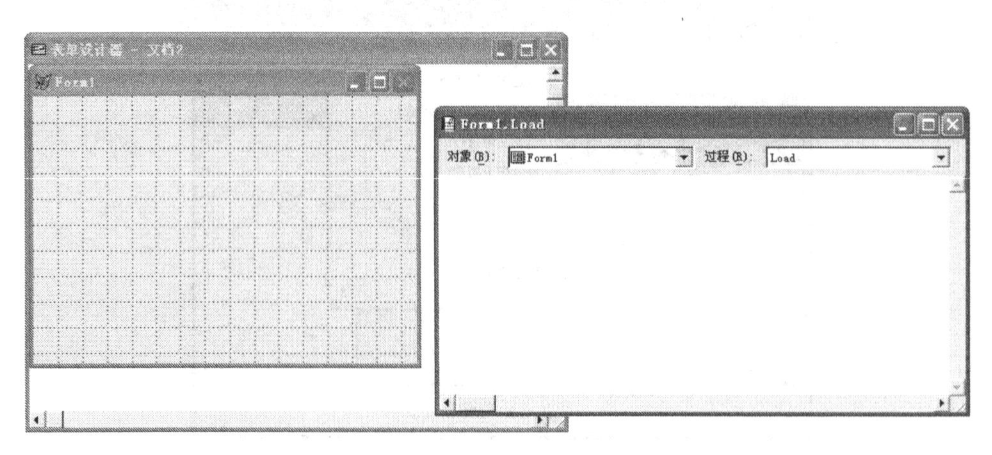

图 7. 15　代码编辑

在代码编辑窗口，有一个“对象”下拉框和一个“过程”下拉框。前者可以选择不同对象（控件），后者可以选择不同的过程。对象中的方法可以在应用程序的任意位置调用，但是，事件代码必须在事件触发时启动执行，如果强行调用事件代码来运行，则不会导致事件的发生。

6. 预定义常量

除了可以向表单添加属性变量外，还可以预定义常量。预定义常量是通过“表单”菜单中的“包含文件”菜单项来实现的。包含的文件是指头文件，其内容是用宏命令定义常量，譬如：#define E 2.718。

7.4.3 修改表单

如果使用向导或生成器创建的表单没有达到要求，还可以使用“表单设计器”进行修改：移动和调整控件的大小、复制或删除控件、对齐控件以及修改 Tab 键次序，等等。注意：对控件进行操作前，需首先选中控件。

（1）选中控件：用鼠标单击需要选定的控件就可以选中该控件。如果需要同时选中多个控件，只需在单击时按住 Shift 键不放。

（2）移动控件：可以通过鼠标拖动选中的控件或用光标键上、下、左、右移动控件。

（3）缩放控件：选中的控件四周有“尺寸柄”，往外拖动可以放大控件，往里拖动可以缩小控件，如图 7.16 所示。

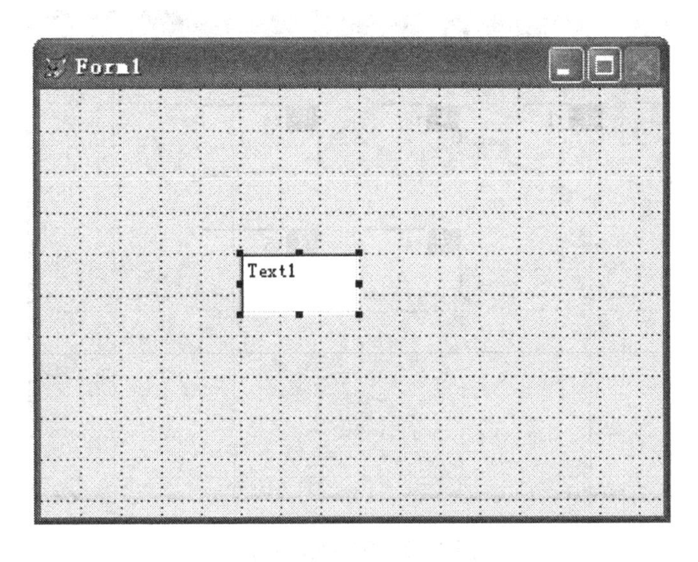

图 7.16　“尺寸柄”

（4）复制或删除控件：通过“剪贴板”可以复制或删除控件；对选定的控件，按 Delete 键也可快速删除控件。

（5）对齐控件：选定需要对齐的控件，使用布局工具按钮就可以对齐控件，如图 7.17 所示。

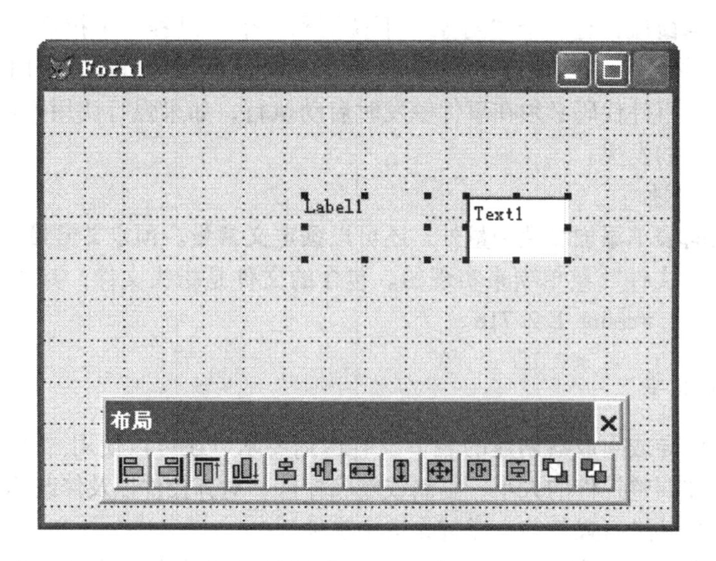

图 7.17　布局工具栏

（6）设置控件的 Tab 次序：Tab 次序确定输入数据按 Tab 键后下跳到哪一个控件，而按 Shift + Tab 组合键后回跳到哪一个控件。其设置方法包括交互方式或列表方式。下面介绍常用的交互方式。从“显示”菜单选择“Tab 键次序”命令，切换到 Tab 键次序方式，如图 7.18 所示。

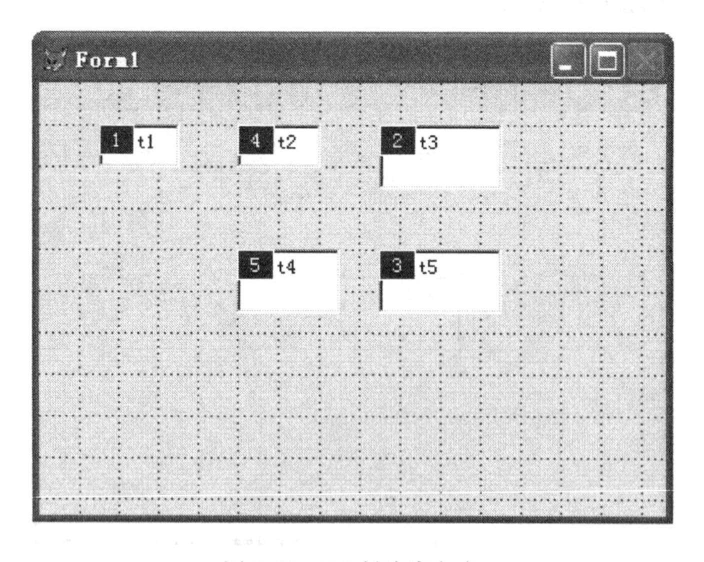

图 7.18　Tab 键次序方式

通过单击图 7.18 中的 Tab 键次序框（蓝色底且带有数字的框，数字表示次序）或控件就可以改变次序了。

7.4.4　表单管理

表单的管理包括隐藏、释放、传递参数和返回值等，如表 7.4 所示。

表 7.4　表单管理

管理项	命令	说明
隐藏表单	ThisForm. Hide	
显示表单	ThisForm. Show	
传递参数	Do Form FindNo with "张三", 20	在表单的 init 事件代码中包含如下语句： Parameters Cstring ，nNumber ThisForm. cName = Cstring ThisForm. nAge = nNumber 其中：cName 、nAge 是添加的属性
返回值	Do Form FindNo with "张三", 20 To StudentNo	将命令表单 FindNo 查找到的学号存入内存变量 StudentNo 中。要求在 FindNo 的 Unload 事件代码中包含 Return 语句，且要求表单属性 WindowType 设置为 1（模式）
关闭表单	Release FindNo 或 FindNo. release	关闭表单 FindNo
属性设置	ThisForm. Caption = "查询" ThisFormSet. Form1. Visible = . F.	设置标题属性 设置表单集中的 form1 不可见

7.4.5　保存和运行表单

保存表单就是将设计好的表单保存到表单文件（. scx）中，即从“文件”菜单中选择“保存”菜单项或按 Ctrl + W 键。首次保存还需要输入文件主名。

设计好表单并且保存，接下来就可以运行表单了，运行效果如图 7. 19 所示。运行的方法有多种：

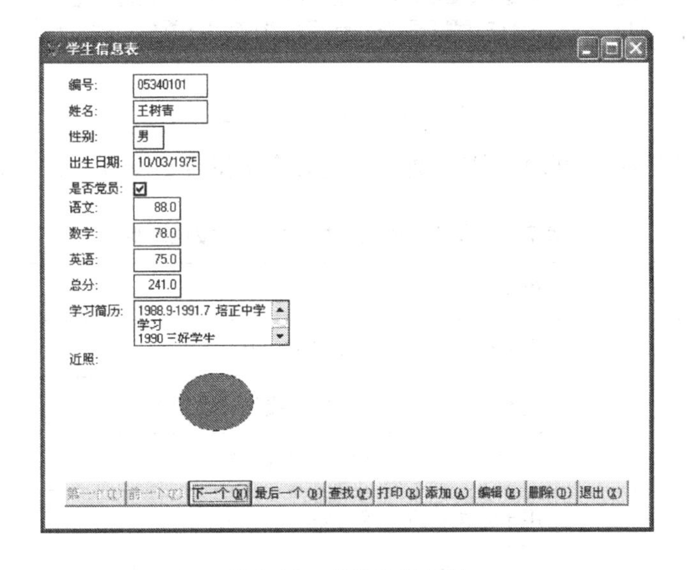

图 7. 19　表单运行效果

（1）从“项目管理器”中运行。

（2）从“表单”菜单中选择“运行表单”菜单项。

(3) 在“表单设计器”中用鼠标右键单击，从弹出的快捷菜单中选择“运行表单”菜单项。

(4) 单击工具栏上的运行命令按钮（红色“!”按钮）。

(5) 使用命令运行表单，其命令格式如下：

```
do form 表单名
```

7.4.6 创建表单集

在VFP中可以将多个表单包含在一个表单集中，这样可以对表单集中的所有表单进行统一操作。譬如：一起显示或隐藏表单集中的表单，统一控制和安排这些表单的相对位置，在表单集上设置数据环境等。启动运行表单集时，表单集中的所有表单将一起装入内存。

创建表单集的方法是：从“表单”菜单中选择“创建表单集”菜单项就可以创建。创建了表单集后，使用“表单”菜单中的“添加新表单”菜单项就可以将表单添加到表单集中，使用“移去”菜单项可以从表单集中移去表单。

7.5 常用控件及其应用

常用控件出现在表单控件工具栏，当鼠标指针移至相应的控件并稍作停留时，该控件的名称就会显示出来。表单控件工具栏如图7.20所示。

图7.20　表单控件工具栏

在表单控件工具栏中除常用控件外，还有几个按钮需要说明一下，如表7.5所示。

表7.5　表单控件工具栏中的几个按钮说明

按钮	作用
选择对象	在表单中选定一个或多个对象
查看类	允许用户显示注册的类库或打开新的类库
分隔符	在建立定制工具栏时将工具分组
超级链接	用于创建超级链接对象
生成器锁定	打开生成器锁定方式，方便自动显示生成器
按钮锁定	选中按钮锁定方式，方便添加同类型的多个控件，而不必反复单击工具栏中的按钮

7.5.1 标签控件

标签（Label）控件只用于显示文本类型的提示信息，其本身没有数据处理的功能，也不能被直接编辑。它的常用属性如下：

（1）Caption：设置标签的标题，即标签显示的提示信息。

（2）AutoSize：可以设置为真或假。为真时，控件的大小随文本的改变而变化；为假时，控件的大小不随文本的变化而变化。

（3）BackStyle：可以设置为 0 或 1。为 0 表示无边框，为 1 表示有固定单线。

（4）WordWrap：确定标签上显示的文本是否换行，可以设置为真或假。为真时，控件将在垂直方向上变化以适应文本大小，但在水平方向上不起作用；为假时，控件不会改变垂直方向上的大小，但在水平方向上的大小取决于 AutoSize 属性的设置。

7.5.2 文本框控件与编辑框控件

文本框（Text）控件是设计交互式应用程序所不可缺少的控件，可以输入至多 255 个字符的单行文本或多行文本，具有基本的文字处理功能，譬如：可以使用“剪贴板”。它常用于运行时接受用户的输入文本，也可用于显示文本信息，是字符型字段默认绑定的控件。

编辑框（Edit）控件同文本框控件的作用相同，用于输入或显示文本信息，但文本框至多只能接受 255 个字符，而编辑框控件可以接受多于 255 个字符，是备注型字段默认绑定的控件。编辑框有滚动条，当数据内容没有超过编辑区域时，该滚动条呈灰色，为不可用状态。

文本框和编辑框的常用属性如下：

（1）ControlSource：设定文本框的数据源，譬如：数据表的字段或变量名。

（2）InputMask：设置文本框的文本输入格式，譬如：##:##:##或 9999.99。

（3）ReadOnly：设置文本框的文本是否只读。为真时表示只读方式，即只能查看而不能修改文本信息。

文本框和编辑框的常用事件如下：

（1）GotFocus：当文本框接受到焦点时触发该事件。

（2）InteractiveChange：当文本框的文本值更改时触发该事件。

（3）LostFocus：当文本框失去焦点时触发该事件。

（4）Valid：在文本框失去焦点前触发该事件。

7.5.3 命令按钮与命令按钮组控件

命令按钮与命令按钮组控件用于人机交互界面上触发一些事件，以便完成所需的任务，譬如：释放表单、保存数据、取消输入等。

命令按钮的提示信息可以是文本的，也可以是图形的。文本型命令按钮可以在 Caption 属性中通过“\ <”来设置热键，譬如：“\ <C 关闭”中 C 为热键。图形命令按钮可以通过 ToolTipText 属性设置文本提示后，鼠标在该命令按钮上停留片刻，就

可以显示设置的文本提示，提示用户该命令按钮的功能。

命令按钮组控件是一种容器，在其下一层次可以设定一组命令按钮。命令按钮组的按钮数目默认为2，可以通过 ButtonCount 属性设置。初学者常遇到不能选定容器中下一层次控件的情况，可以通过“属性”窗口选定或从鼠标右键单击容器控件弹出的快捷菜单中选择“编辑”菜单项，从命令按钮组控件中选择命令按钮的操作，如图 7.21 所示。

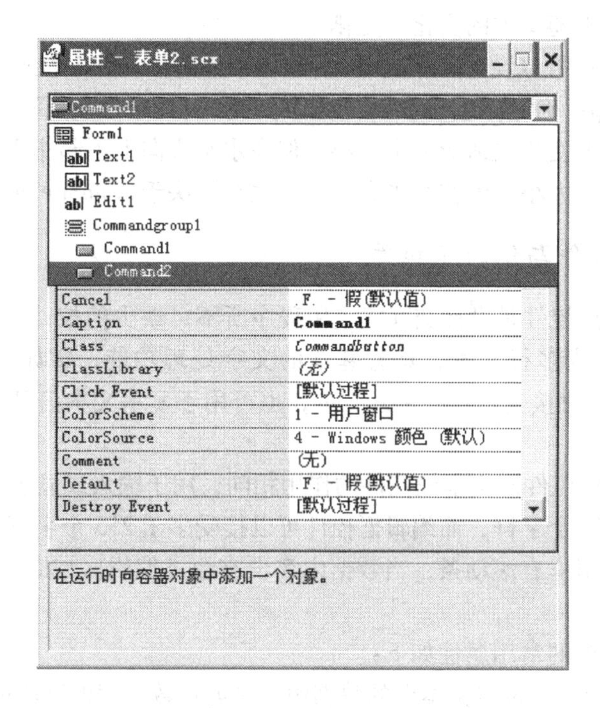

图 7.21　从命令按钮组控件中选择命令按钮

命令按钮与命令按钮组控件的常用属性如下：

(1) Caption：设置命令按钮的标题。

(2) Picture：指定命令按钮中显示的图像文件。

(3) ToolTipText：设置命令按钮的文本提示信息。

命令按钮与命令按钮组控件的常用事件如下：

Click：当用户单击命令按钮时触发该事件。

下面综合前面介绍的几种控件的知识举例说明其用法。

【例 7.2】　设计一个加载程序文件（.prg）内容的阅读器。该阅读器可以实现输入文件名或未输入文件名而直接单击“确定”按钮，通过“打开”窗口选择文件，如果选择的文件存在，则在编辑框中显示其内容。实现该功能的表单设计如图 7.22 所示。

图 7.22 中包括两个标签控件 Label1 和 Label2，Label1 用于显示“文件名”，Label2 用于提示信息的显示。一个文本框 Text1 用于输入文件名。一个命令按钮组 Commandgroup1，包括 Command1 和 Command2 两个命令按钮，它们的 Caption 属性分别设为“确定”和“取消”。单击“确定”按钮完成类似文件的打开功能，如果文本框中

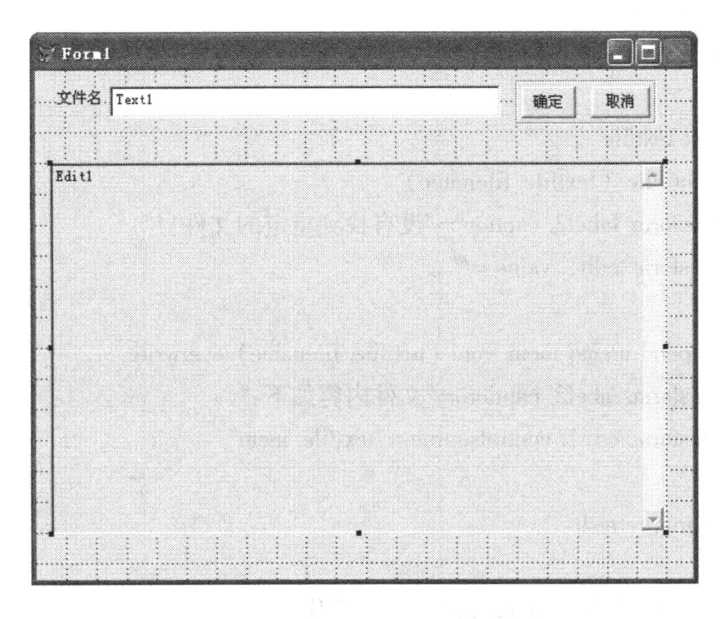

图 7.22　文件内容阅读器表单设计

没有输入内容，就可以弹出“打开”窗口，便于用户选择文件；单击“取消”按钮完成恢复到运行的开始状态。一个编辑框（Edit1）用于显示文件内容。定义控件的代码如下：

（1）表单 Form1 的 Load 事件代码

```
create cursor textfile(filename c(60),mem m)   && 建立临时表 textfile. dbf
append blank          && 添加一条空记录
```

（2）“确定”按钮 Command1 的 Click 事件代码

```
replace textfile. filename with thisform. text1. value
if empty(textfile. filename)
   replace textfile. filename with getfile("prg")
   if empty(textfile. filename)
      thisform. label2. caption ="没有指定文件!"
      thisform. edit1. value =""
      thisform. refresh
      return
   else
      thisform. text1. value = textfile. filename
      thisform. label2. caption ="文件内容如下:"
      select textfile
      append memo mem from (textfile. filename) overwrite
      thisform. edit1. controlsource ="textfile. mem"
```

```
      thisform. refresh
    endif
  else
    select textfile
    if . not. file (textfile. filename)
      thisform. label2. caption ="没有找到指定的文件!!"
      thisform. edit1. value =""
    else
      append memo mem from (textfile. filename) overwrite
      thisform. label2. caption ="文件内容如下:"
      thisform. edit1. controlsource ="textfile. mem"
    endif
    thisform. refresh
  endif
```

(3)“取消”按钮 Command2 的 Click 事件代码

```
  thisform. edit1. value =""
  thisform. label2. caption =""
  thisform. text1. value =""
  thisform. refresh
```

该表单运行效果如图 7. 23 所示。

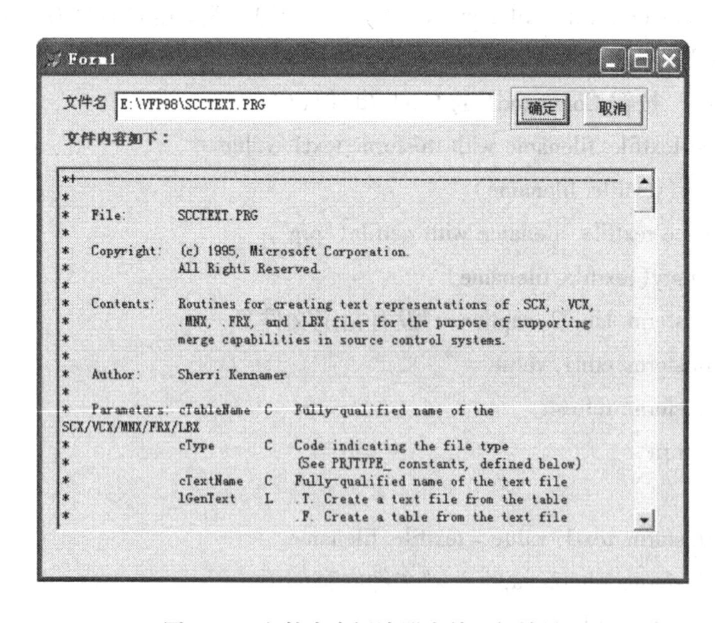

图 7. 23　文件内容阅读器表单运行效果

7.5.4 选项组控件与复选框控件

选项组（OptionGroup）控件是一个包含选项命令的容器，与命令按钮组控件相似，选项组对象的下一层是选项命令按钮对象，选项命令按钮个数默认为2，可以通过ButtonCount属性来设置。选项组控件用于多个值只能选取之一的情形，在选项命令按钮前的圆圈中有黑点表示该项被选中。

复选框（Check）控件用来在逻辑值真（.T.）和假（.F.）之间切换，多个复选框构成的复选框组允许选取多项，在选项前的方框中有“×”表示该项被选中。

复选框和选项组都为用户提供了友好、美观的界面，用户可以十分方便地通过鼠标准确输入，但它们有如下明显的不同：

（1）复选框可以只有一个选项，而选项组必须有两个以上的可选命令按钮。

（2）多个复选框构成的复选框组允许选择多项，而在选项组中只能选择一项。

选项组控件与复选框控件的常用属性如下：

（1）Caption：选项的标题。

（2）ControlSource：确定控件选项的数据源。

（3）Value：数值型，选项组中指定当前选择第几个选项；复选框中为其当前状态，为1时表示选中。

选项组控件与复选框控件的常用事件如下：

Click：当用户单击选项组或复选框时触发该事件。

【例7.3】 设计一个客观题测试的简单系统。系统功能：根据参考答案来确定是单选题还是多选题；能够循环地选择数据表中所有的题目；可以判断是否选择正确，如果错误需要给出答案。题库数据表（TK.dbf）存放题目、选项、参考答案和选择，题库数据表结构如图7.24所示。

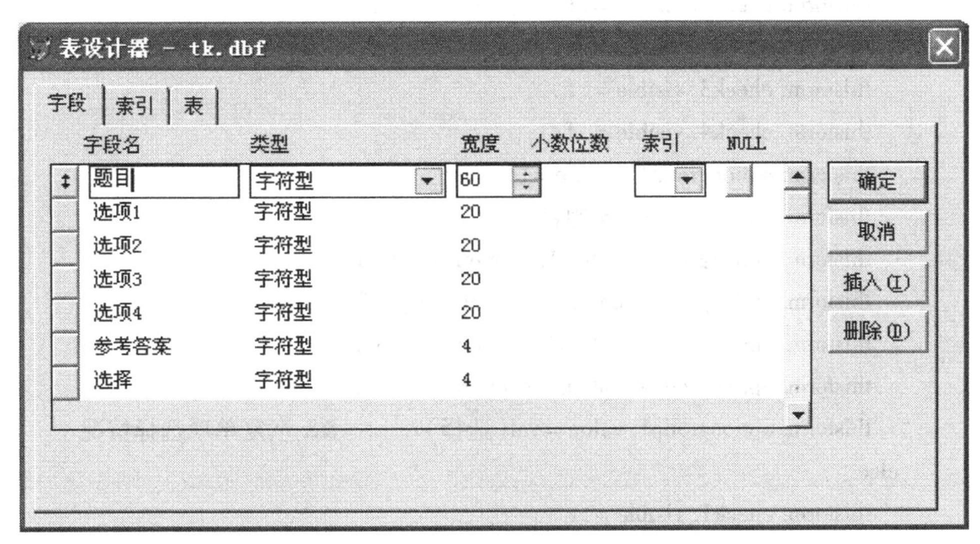

图7.24 题库数据表结构

实现系统功能的表单设计如图 7.25 所示。

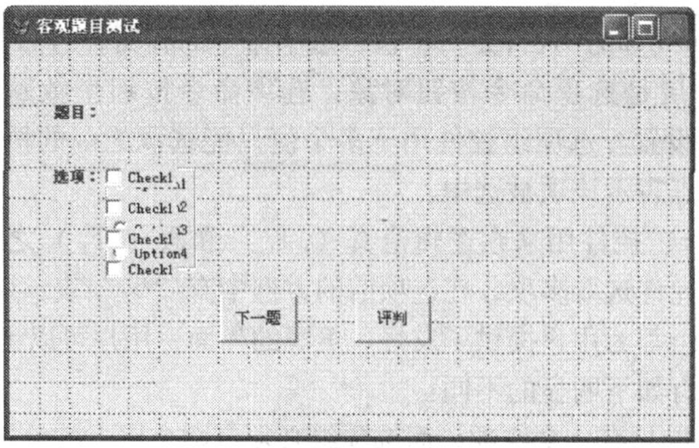

图 7.25　客观题测试的表单设计

图 7.25 中包括 Label1 至 Label4 四个标签控件。Label1 用于显示题目的题干部分，Label2 用于显示“评判”的结果，Label3 和 Label4 分别显示“题目:”和“选项:”。一个选项组 OptionGroup1 用于显示和选择单项选择题的 4 个选项。Check1 至 Check4 四个复选框用于显示和选择多项选择题的 4 个选项。由于选项组和复选框所在的位置几乎重叠，它们不能同时出现，通过控制控件的 Visible 属性可以实现，为真时表示可见，为假时表示不可见。两个命令按钮 Command1 和 Command2，它们的 Caption 属性分别为“下一题”和“评判”。根据上面控件的设置，还需要定义控件的如下代码：

（1）表单 Form1 的 Init 事件代码

```
sele tk        && 选择数据表所在工作区
if len(alltrim(参考答案)) = 1
   thisform.check1.visible = .f.
   thisform.check2.visible = .f.
   thisform.check3.visible = .f.
   thisform.check4.visible = .f.
   thisform.optiongroup1.visible = .t.
   thisform.label1.caption = 题目
   thisform.optiongroup1.option1.caption = 选项 1
   thisform.optiongroup1.option2.caption = 选项 2
   thisform.optiongroup1.option3.caption = 选项 3
   thisform.optiongroup1.option4.caption = 选项 4
   thisform.optiongroup1.value = val(选择)          && 恢复单项选择情况
else
   thisform.check1.visible = .t.
   thisform.check2.visible = .t.
   thisform.check3.visible = .t.
```

```
    thisform. check4. visible =. t .
    thisform. optiongroup1. visible =. f .
    thisform. label1. caption = 题目
    thisform. check1. caption = 选项 1
    thisform. check2. caption = 选项 2
    thisform. check3. caption = 选项 3
    thisform. check4. caption = 选项 4
    xz = alltrim(选择)        && 下面 for 循环恢复选择情况
    for i =1 to len(xz)
      st = substr(xz,i,1)
      op ="check" + st
      thisform. &op. . value =1
    endfor
  endif
```

（2） Optiongroup1 的 Click 事件代码

```
  replace 选择 with str(thisform. optiongroup1. value,1)
```

（3） Check1 至 Check4 的 Click 事件代码

```
  if len(参考答案) =0
      replace 选择 with str(thisform. optiongroup1. value,1)
  else
    ch =""
    for i =1 to 4
      op ="check" + str(i,1)
      if thisform. &op. . value =1
        ch = ch + str(i,1)
      endif
    endfor
    replace 选择 with ch
  endif
```

（4）“下一题” 按钮 Command1 的 Click 代码

```
  sele tk
  skip
  if eof()
    go 1
  endif
  …      && 参照 form1 的 Init 事件代码
  thisform. label2. caption =""
  thisform. refresh
```

（5）“评判”按钮 Command2 的 Click 事件代码：

```
if(empty(选择))
  if len(alltrim(参考答案)) =1
    replace 选择 with str(thisform. optiongroup1. value,1)
  else
    ch =""
    for i =1 to 4
      op ="check" + str(i,1)
      if thisform. &op. . value =1
        ch = ch + str(i,1)
      endif
    endfor
    replace 选择 with ch
  endif
endif
if alltrim(参考答案) < >alltrim(选择)
  thisform. label2. caption ="× 错误（答案:" +参考答案 +")"
else
  thisform. label2. caption ="√ 正确"
endif
thisform. refresh
```

该表单运行效果如图 7. 26 所示。

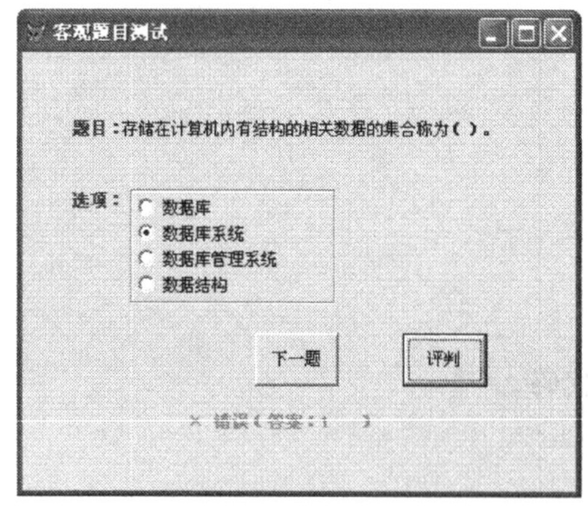

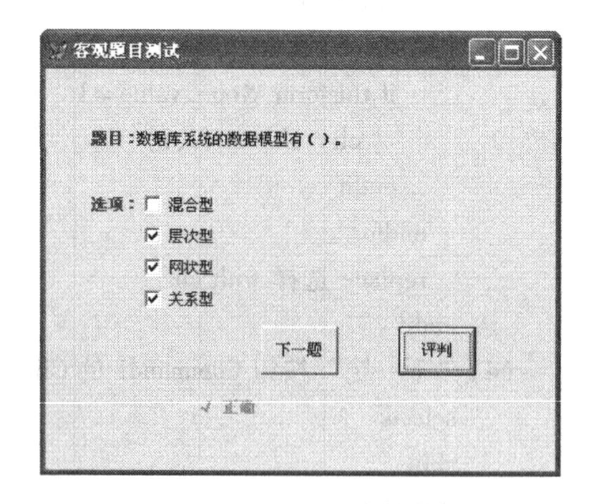

图 7. 26　客观题测试的表单运行效果

7. 5. 5　列表框控件与组合框控件

列表框（ListBox）用于显示一系列数据项，方便用户从中选择一项或多项。组合框（ComboBox）相当于文本框和列表框的组合，它有两种表现方式，一种是下拉组合框，另一个是下拉列表框。这两种方式的区别在于：利用下拉组合框可以通过键盘输入内容；而利用下拉列表框只能选择列表中的值，无法进行输入。列表框与组合框的功能相似，其不同之处表现在：

（1）列表框可显示多个数据项，而组合框初始时只显示一个数据项，所以使用组合框可以节省界面。

（2）列表框可以选择多个数据项，而组合框只能选择一个数据项。

（3）列表框不允许用户输入数据项，而组合框中的下拉组合框允许用户键盘输入数据项。

数据源是使用列表框和组合框控件首先需要考虑的，它们的数据源通过 RowSource 属性来设置，但必须与 RowSourceType 属性的设置相对应，否则表单不能正确运行。下面列出 RowSourceType 的情况，如表 7.6 所示。

表 7.6　RowSourceType 的值和说明

RowSourceType 的值	说明
0（无）	运行时通过 AddItem 或 AddListItem 方法添加数据项
1（值）	直接设置显示的数据项，各数据项间用逗号分隔
2（别名）	使用 ColumnCount 属性在数据表中选择字段
3（SQL 语句）	SQL Select 命令用于创建一个表或临时表
4（查询）（.qpr）	指定查询文件
5（数组）	设置列属性可以显示多维数组的多个列
6（字段）	用逗号分隔的字段列表
7（文件）	指定数据表文件
8（结构）	由 RowSource 所指定的表的字段填充列
9（弹出式菜单）	包含此设置是为了向下兼容

列表框控件与组合框控件的常用属性如下：

（1）ColumnCount：指定列表框中的列数。

（2）IncrementalSearch：指定是否提供递增搜索功能。

（3）ListCount：统计列表框中所有数据项的个数。

（4）ListIndex：确定列表框中被选中数据项的索引。

（5）MoverBars：指定列表框是否显示移动条。

（6）MultiSelect：确定是否能在列表框中进行多项选择。

（7）Sorted：指定列表框中的数据项是否有序排列。

（8）Style：指定组合框为下列组合框还是下拉列表框，默认为下拉组合框。

列表框控件与组合框控件的常用事件如下：

（1）Click：当用户单击列表框时触发该事件。

（2）InteractiveChange：在使用键盘或鼠标更改列表框时触发该事件。

列表框控件与组合框控件的常用方法如下：

（1）AddItem：当 RowSourceType 设置为 0 或 1 时，向列表框中添加一个数据项，允许用户指定数据项的索引位置。

（2）AddListItem：与 AddItem 功能相同。

（3）RemoveItem：当 RowSourceType 设置为 0 或 1 时，从列表框中移去一个数据项。

（4）RemoveListItem：与 RemoveItem 功能相同。

（5）Query：当 RowSource 中的值改变时更新列表。

【例 7.4】　设计一个下拉框和组合框测试的简单系统。表单设计如图 7.27 所示。

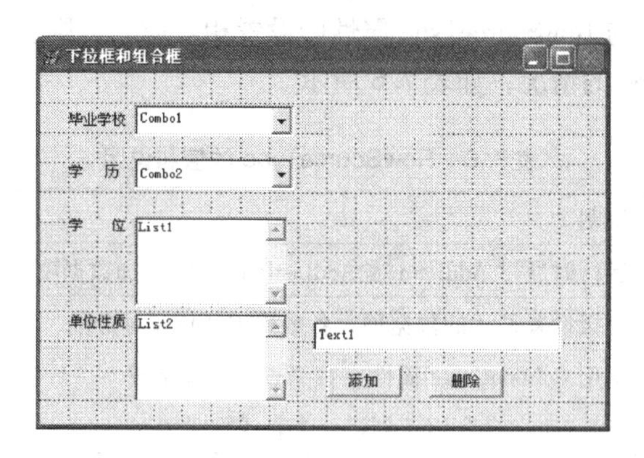

图 7.27　下列框和组合框测试系统表单设计

图 7.27 中包括 7 个标签控件，其中 Label4 至 Label6 用于显示选择的数据。两个组合框，其中 Combo1 是下拉组合框，RowSource 属性设置为 BYXX. dbf 的“毕业学校”字段（C，20），而 Combo2 是下拉列表框，RowSource 属性设置为 XL. dbf 的“学历”（C，12）。两个下拉框，其中 List1 可以多选，RowSource 属性设置为 XW. dbf 的“学位”（C，12），List2 不能多选，RowSource 属性设置为 0，通过方法程序添加和删除数据项，Sorted 属性设置为 . T . ，表示排序方式。一个文本框 Text1 用于添加数据项时输入数据。两个命令按钮，它们的 Caption 属性分别设置为“添加”和“删除”，单击“添加”按钮后，文本框才能输入数据；选中了单位性质下拉框中的数据项，再单击“删除”按钮，就可以删除该选中的数据项，一次只能删除一个。下面是定义控件的代码：

（1）表单 Form1 的 init 事件代码

```
this. list2. additem("政府部门")      && 向下拉框中添加数据项
this. list2. additem("事业单位")
this. list2. additem("国有企业")
this. text1. readonly = . t .
```

（2）Combo1 的 InteractiveChange 事件代码

```
thisform. label4. caption = thisform. combo1. text
```

（3）Combo1 的 KeyPress 事件代码

```
LPARAMETERS nKeyCode, nShiftAltCtrl
if (nKeyCode = 13)
  select byxx
  locate for alltrim(毕业学校) = = alltrim(this. text)
  if. not. found( )
    if( Messagebox("是否将它添加到毕业学校表中?",48 +1,"确认")) =1
      append blank
      replace 毕业学校 with this. text
    else
      thisform. refresh
    endif
  endif
endif
```

（4）Combo2 的 InteractiveChange 事件代码

```
thisform. label5. caption = this. list( this. listindex)
```

（5）List1 的 Click 事件代码

```
txt =""
for i =1 to this. listcount
  if this. selected(i)
    txt = txt +" "+ alltrim( this. list(i))
  endif
endfor
thisform. label6. caption = txt
thisform. refresh
```

（6）Command1 的 Click 事件代码

```
thisform. text1. readonly =. f .
thisform. text1. setfocus
this. enabled =. f .
```

（7）Command2 的 Click 事件代码

```
thisform. list2. removeitem( thisform. list2. listindex)
```

（8）Text1 的 LostFocus 的事件代码

```
if. not. empty( this. value)
  thisform. list2. additem( this. value)
endif
this. value =""
this. readonly =. t .
thisform. command1. enabled =. t .
```

该表单运行效果如图 7. 28 所示。

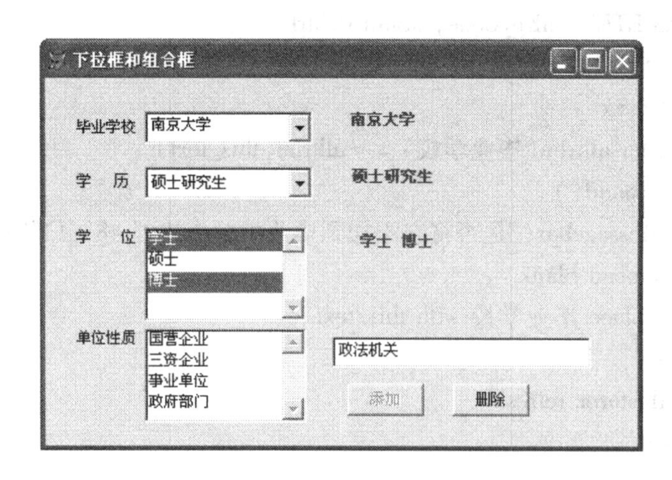

图 7.28　下拉框和组合框测试系统表单运行效果

7.5.6　图像控件

图像（Image）控件用于在表单上显示图像文件，譬如 .bmp、.gif、.jpg 或图标 .ico 等类型的文件，但不能对显示的图像进行编辑。使用该控件可以使界面显得更生动。图像控件的常用属性如下：

（1）Picture：指定图像文件。

（2）Stretch：指定图像文件大小的调整方式以适应图像控件区域的大小，该属性有三种值：0、1 或 2。当设置为 0 时是剪裁方式，即将图像控件区域容不下的部分剪裁掉；当设置为 1 时是等比填充方式，即按照图像原始比例调整大小以适应图像控件的大小，如果图像控件区域的长宽比与图像原始比例不一致，图像会有部分被剪裁掉；当设置为 2 时，按图像控件区域比例调整图像以适应控件区域，所以显示有可能失真。

7.5.7　线条控件与形状控件

线条（Line）控件是一种图形控件，用于创建水平线、垂直线或对角线。由于不能对它进行编辑，如果需要对它进行修改，必须通过线条属性设置或事件过程来完成。线条控件的常用属性如下：

（1）BorderStyle：指定边框样式，取值为 0 时表示透明，取值为 1 时表示实线，取值为 2 时表示虚线，取值为 3 时表示点线，取值为 4 时表示点画线，取值为 5 时表示双点画线，取值为 6 时表示内实线。

（2）BorderWidth：指定边框的宽度。

（3）LineSlant：指定线条倾斜方向，取值为“\”时表示从左上到右下倾斜，取值为“/”时表示从左下到右上倾斜。

形状（Shape）控件也是一种图形控件，同样不能对它进行直接编辑，需要通过属性设置或事件过程来修改。它主要用于创建矩形、圆或椭圆形状的对象。形状控件的常用属性如下：

（1）BackStyle：指定形状控件的背景是否透明，为0表示透明，为1表示不透明。

（2）Curvature：指定形状的弯角曲率，取值范围在0～99，取值为0时表示无曲率，形状为直角矩形；取值为99时达到最大曲率，形状为圆或椭圆；取值在1～98时为圆角矩形。

7.5.8 微调控件

微调（Spinner）控件用于接收指定范围内的数值输入，通过在当前值的基础上做微小的增量（单击向上箭头）或减量（单击向下箭头）调节，可以代替键盘输入，也可以通过键盘在微调控件框内直接输入数值。微调控件的常用属性如下：

（1）Increment：指定微调控件向上或向下箭头的微调量，默认值为1.0。

（2）KeyBoardHighValue：指定在微调控件框中通过键盘可输入的最大值。

（3）KeyBoardLowValue：指定在微调控件框中通过键盘可输入的最小值。

（4）SpinnerHighValue：指定单击微调控件的向上箭头所能调节的最大值。

（5）SpinnerLowValue：指定单击微调控件的向下箭头所能调节的最小值。

微调控件的常用事件如下：

InteractiveChange：使用鼠标或键盘改变微调控件的值时触发该事件。

7.5.9 OLE控件

OLE控件用于显示和操作OLE对象（是指可供链接或嵌入的对象），譬如文本、声音、图像、动画或视频数据等。OLE对象是Windows环境下提供的实现程序间共享信息资源的一种手段，可以分为OLE绑定型对象和OLE容器两类，前者仅用于将依附于数据表的通用字段中的OLE对象添加到表单中，它也是将通用字段中的OLE对象添加到表单中的惟一方法；后者将不依附于数据表的通用字段的OLE对象添加到表单中。

7.5.10 页框控件

页框（PageFrame）控件是包含页面的容器控件，而页面中又可以包含控件。一个页框控件可以包含两个以上的页面，这些页面共同占用表单的一块区域，在任何时刻只有一个页面是活动页面，只有活动页面中的控件才是可见的，通过页框中的页面标题可以方便地完成页面的快速切换。页框控件的常用属性如下：

（1）ActivePage：确定多个页面页框的活动页。

（2）PageCount：确定页框的页面总数。

页框控件的常用方法如下：

Refresh：仅刷新活动页面。

【例7.5】 使用页框控件设计界面，第1个页面通过微调设置某一形状的曲率并显示图形；第2个页面通过命令按钮组的选择显示图像的裁剪、等比填充或变比填充；第3个页面根据设定的参数画线，显示线条；第4个页面插入日历OLE控件。

1. 设计步骤

（1）设置表单属性：Caption 为“页框”。

（2）设置页框属性：PageCount 为4。

（3）设置 Page1 及其中控件的属性：Page1 的 Caption 为“图形”；图形 shape1 的 Fillcolor 为 RGB(0,128,0)，FillStyle 为 0；Label1 的 Caption 为“形状曲率”，Autosize 为 .T. ；Spinner1 的 SpinnerHighValue 为 99，SpinnerLowValue 为 0，设计效果如图 7.29a 所示。

（4）设置 Page2 及其中控件的属性：Page2 的 Caption 为“图像”；CommandGroup1 的 ButtonCount 为4；command1 至 command4 的 Caption 分别为“裁剪”、“等比填充”、“变比填充”和“原始图形”；image1的 Picture 为“e:\ vfp98 \ zp \ sunset1. jpg”,设计效果如图 7.29b 所示。

（5）设置 Page3 及其中控件的属性：Page3 的 Caption 为“线条”；line1 的属性采用默认值；Label1 至 Label3 的 Caption 分别为“样式”、“宽度”和“方向”；Spinner1 的 SpinnerHighValue 为 6，SpinnerLowValue 为 0；Spinner2 的 SpinnerHighValue 为 20，SpinnerLowValue 为 0；text1 采用默认值“\”，设计效果如图 7.29c 所示。

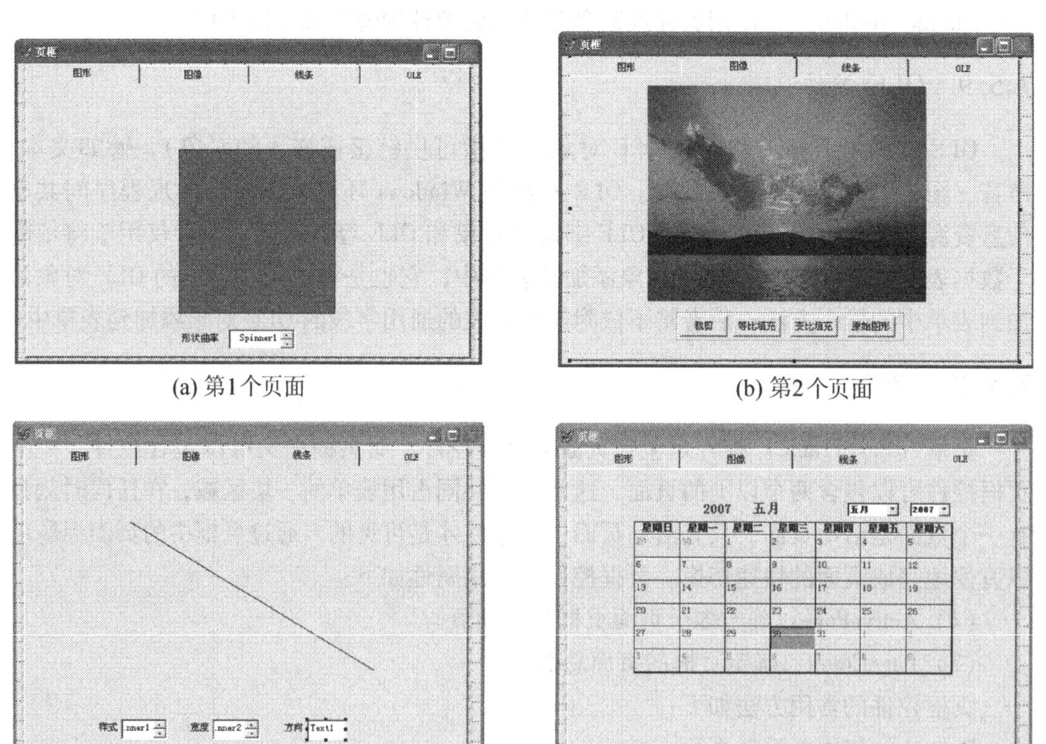

(a) 第1个页面　　(b) 第2个页面

(c) 第3个页面　　(d) 第4个页面

图 7.29　表单设计效果

（6）设置 Page4 及其中控件的属性：Page4 的 Caption 为“OLE”；单击 OLE 控件后，在表单上用鼠标单击，弹出“插入对象”窗口，如图 7.30 所示。

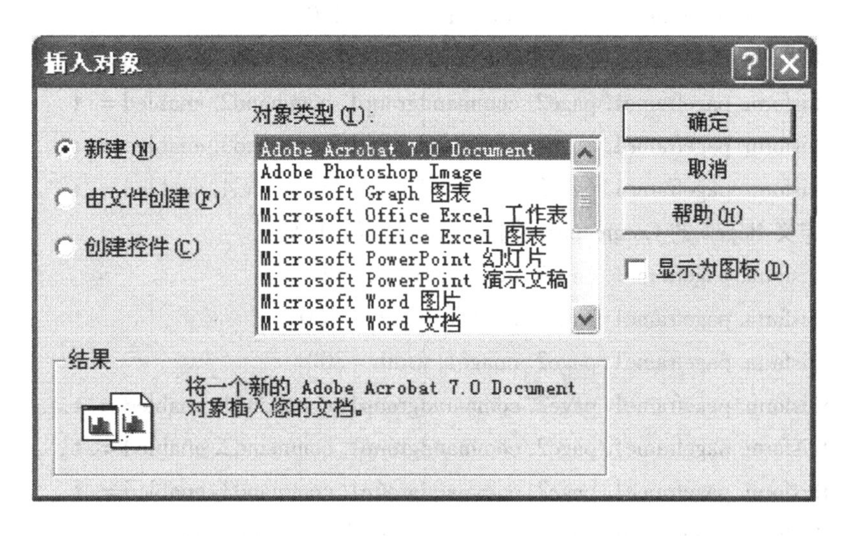

图 7.30 “插入对象”窗口

从图 7.30 中选中“创建控件”单选按钮，再从“对象类型”列表框中选择“日历控件”，并调整日历控件大小，设计效果如图 7.29d 所示。

2. 定义代码

设置好了表单、页面和控件的属性后，接下来就需要对交互操作的控件定义相应代码。

（1）定义 Page1 的 Spinner1 的 InteractiveChange 事件代码

```
thisform.pageframe1.page1.shape1.curvature = this.value
thisform.pageframe1.page1.refresh
```

（2）定义 Page2 的 Init 事件代码

```
thisform.pageframe1.page2.commandgroup1.command1.enabled = .t.
thisform.pageframe1.page2.commandgroup1.command2.enabled = .t.
thisform.pageframe1.page2.commandgroup1.command3.enabled = .t.
```

（3）定义 Page2 的 Command1 控件的 Click 事件代码

```
thisform.pageframe1.page2.image1.stretch = 0
thisform.pageframe1.page2.image1.height = 150
thisform.pageframe1.page2.image1.width = 200
thisform.pageframe1.page2.commandgroup1.command1.enabled = .f.
thisform.pageframe1.page2.commandgroup1.command2.enabled = .t.
thisform.pageframe1.page2.commandgroup1.command3.enabled = .t.
thisform.pageframe1.page2.commandgroup1.command4.enabled = .t.
```

（4）定义 Page2 的 Command2 控件的 Click 事件代码

```
thisform.pageframe1.page2.image1.stretch = 1
thisform.pageframe1.page2.image1.height = 150
```

```
thisform. pageframe1. page2. image1. width =200
thisform. pageframe1. page2. commandgroup1. command1. enabled =. t .
thisform. pageframe1. page2. commandgroup1. command2. enabled =. f .
thisform. pageframe1. page2. commandgroup1. command3. enabled =. t .
thisform. pageframe1. page2. commandgroup1. command4. enabled =. t .
```

（5）定义 Page2 的 Command3 控件的 Click 事件代码

```
thisform. pageframe1. page2. image1. stretch =2
thisform. pageframe1. page2. image1. height =150
thisform. pageframe1. page2. image1. width =200
thisform. pageframe1. page2. commandgroup1. command1. enabled =. t .
thisform. pageframe1. page2. commandgroup1. command2. enabled =. t .
thisform. pageframe1. page2. commandgroup1. command3. enabled =. f .
thisform. pageframe1. page2. commandgroup1. command4. enabled =. t .
```

（6）定义 Page2 的 Command4 控件的 Click 事件代码

```
thisform. pageframe1. page2. image1. stretch =0
thisform. pageframe1. page2. commandgroup1. command1. enabled =. t .
thisform. pageframe1. page2. commandgroup1. command2. enabled =. t .
thisform. pageframe1. page2. commandgroup1. command3. enabled =. t .
thisform. pageframe1. page2. commandgroup1. command4. enabled =. f .
```

（7）定义 Page3 的 Spinner1 的 InteractiveChange 事件代码

```
thisform. pageframe1. page3. line1. borderstyle = this. value
thisform. pageframe1. page3. refresh
```

（8）定义 Page3 的 Spinner2 的 InteractiveChange 事件代码

```
hisform. pageframe1. page3. line1. borderwidth = this. value
thisform. pageframe1. page3. refresh
```

（9）定义 Page3 的 Text1 的 LostFocus 事件代码

```
thisform. pageframe1. page3. line1. lineslant = alltrim （this. value）
thisform. pageframe1. page3. refresh
```

（10）Page4 没有定义事件代码。

3. 运行表单

运行设计好的表单，并依次单击各个页面的显示效果，如图 7. 31 所示。

7. 5. 11　计时器控件

计时器（Timer）控件用于通过时间间隔自动触发事件，常用于控制定时执行某些重复的操作，它在运行时是不可见的，具有如下常用属性：

（1）Interval：设置计时器的时间间隔，单位为毫秒。

（2）Enabled：设置计时器的有效性，为 . T. 时表示计时器控件在表单加载时就开

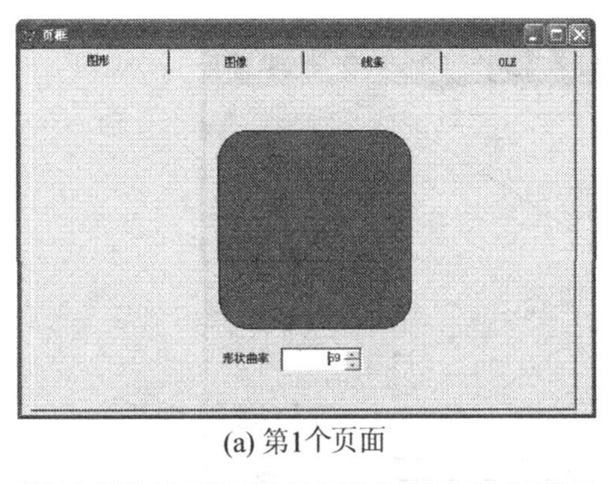

(a) 第1个页面

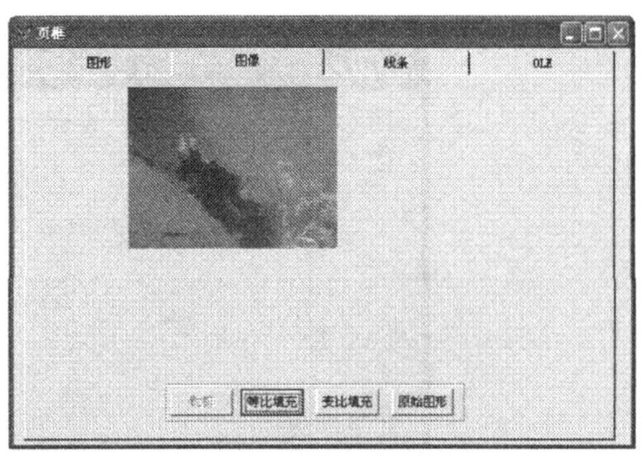

(b) 第2个页面

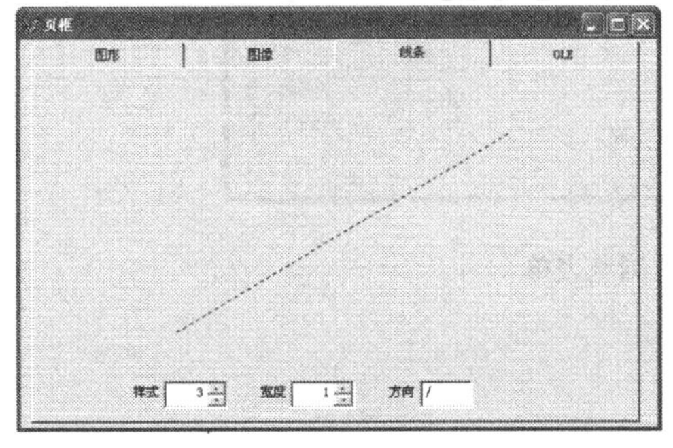

(c) 第3个页面

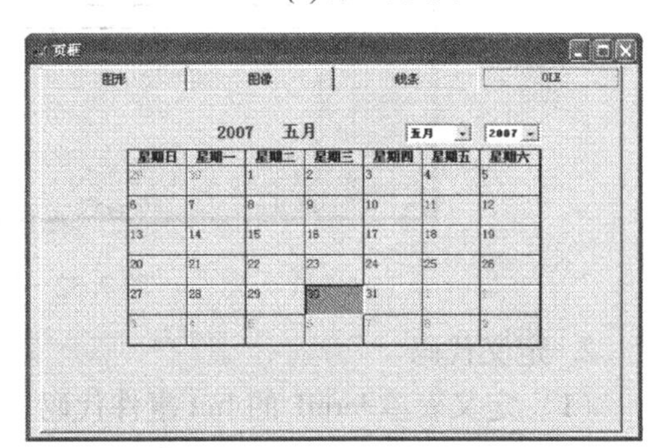

(d) 第4个页面

图 7.31 表单运行效果

始工作，为 .F. 时挂起计时器。

计时器控件的常用事件如下：

Timer：当经过 Interval 属性指定的毫秒数时触发该事件。

【例 7.6】 有一个自由表（zp.dbf)，其中包括如下字段：zp(G，4)、sm(M，4)。表中的记录内容包括图片和图片的说明。设计一个界面，单击“下一幅”按钮时，显示下一幅图片和该图片对应的文字说明。如果已经显示到了最后一幅图片，继续单击该按钮，则转回显示第一幅图片。钩选了“自动”复选框，则每幅图片大约经过 2 秒后自动转入下一幅图片；如果不钩选“自动”复选框，则需要单击“下一幅”按钮才能转入下一幅图片。

1. 设计步骤

（1）从数据环境中拖动“字段:”到“表单设计器”，自动添加字段名标签、OLE 控件和编辑框，再删除字段名标签。设置 OLE 控件的 AutoActivate = 1、Sizeable = .F . 和 Stretch 属性为 1（等比填充）。

（2）添加定时器控件，设置 Interval 属性为 2000（毫秒）。

（3）添加复选框，设置 Caption 属性为“自动”。

（4）添加命令按钮控件，设置 Caption 属性为“下一幅”，设计的表单界面如图 7.32 所示。

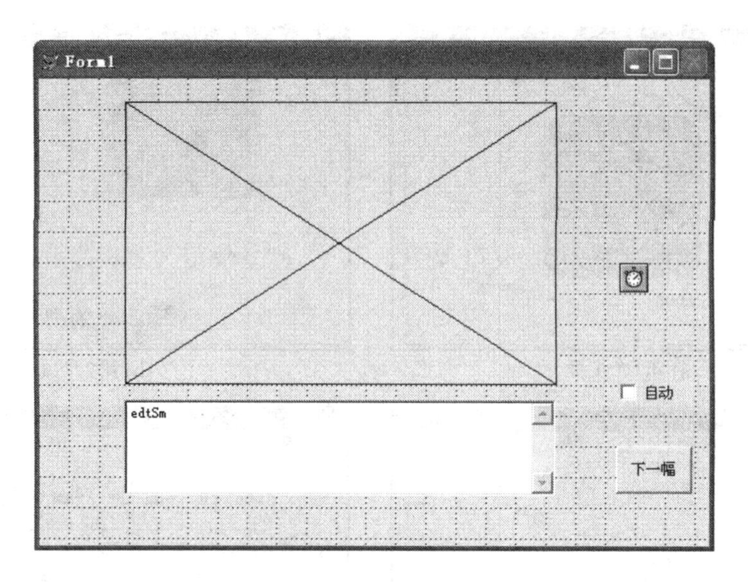

图7.32 图片浏览表单

2. 定义代码

(1) 定义表单 form1 的 Init 事件代码

```
thisform. check1. value =0
thisform. timer1. enabled =. f .
```

(2) 定义 command1 控件的 Click 事件代码

```
skip
if eof( )
   go top
endif
thisform. refresh
```

(3) 定义 timer1 控件的 Timer 事件代码

```
skip
if eof( )
   go top
endif
thisform. refresh
```

(4) 定义 check1 控件的 Click 事件代码

```
if thisform. check1. value =0
   thisform. timer1. enabled =. f .
else
   thisform. timer1. enabled =. t .
endif
```

3. 运行表单

运行本表单，运行效果如图 7.33 所示。

图 7.33　图片浏览表单运行效果

7.5.12　表格控件

表格（Grid）控件类似于浏览窗口，具有网格结构、垂直滚动条和水平滚动条，可以同时操作和显示多行数据。表格控件是一个包含列控件的容器控件，其中每列又包括标头（Header）和其他控件，如文本框、复选框、下拉框、微调等，并且每列还拥有自己的一组属性、事件和方法。

表格控件不仅可以在表单中静态地设计，也可以通过编写代码在运行时动态地设计。表格控件的数据源通过 RecordSourceType 与 RecordSource 两个属性指定，其中 RecordSourceType 的属性设置如表 7.7 所示。

表 7.7　RecordSourceType 的属性设置

设置	功能
0（表）	自动打开 RecordSource 属性设置中指定的表
1（别名，默认值）	按指定方式处理记录源
2（提示）	在运行时间向用户提示记录源
3（查询（.qpr））	RecordSource 属性设置指定一个查询文件
4（SQL 语句）	RecordSource 属性设置指定一个 SQL 查询语句

表格控件的常用属性如下：

（1）ChildOrder：指定在子表中与父表关键字相连的外部关键字。

（2）ColumnCount：指定表格中包含的列数。

（3）DeleteMark：指定在表格控件中是否出现删除标记列。

（4）LinkMaster：指定父表。

（5）ReadOnly：指定表格记录是否为只读的。

（6）RecordMark：指定在表格控件中是否显示记录选择器列。

（7）ScrollBars：指定表格所具有的滚动条类型，取值为0时无滚动条，取值为1时只有水平滚动条，取值为2时只有垂直滚动条，取值为3时水平和垂直两种滚动条都有。

表格控件的常用事件如下：

（1）AfterRowColChange：当用户移动到另一行或另一列后触发该事件。

（2）BeforeRowColChange：当用户更改活动的行或列之前触发该事件。

（3）Deleted：当用户在记录上作删除标记、清除一个删除标记或执行Delete命令时触发该事件。

表格控件的常用方法如下：

Refresh：刷新表格中显示的数据记录。

7.5.13 容器控件

容器（Container）控件可以包含其他控件并允许编辑和访问所包含的控件。使用容器控件可以将多个控件组合在一起，方便统一操作和处理。表单设计时，为了编辑容器中的控件，可以单击鼠标右键，从弹出的快捷菜单中选择“编辑”命令。容器控件的常用属性如下：

（1）BackStyle：设置容器是否透明，取值为0时透明，取值为1时不透明（默认值）。

（2）ControlCount：指出容器中的控件个数。

（3）Controls：是一个集合属性。Controls（i）表示第 *i* 个控件。譬如：单击命令按钮，将容器控件（Container1）中所包含的控件名添加到列表（List1）中，其命令格式如下：

```
for i =1 to thisform. container1. controlcount
   thisform. list1. additem( thisform. container1. controls( i). name)
endfor
```

（4）SpecialEffect：设置容器的样式，取值为0时是凸起样式，取值为1时是凹下样式，取值为2时是平面样式（默认值）。

【例7.7】 有一个工资表（gz. dbf），其中包括如下字段：编号（C，4）、姓名（C，8）和工资（N，8，2）。设计一个表单完成工资查询功能：输入工资范围，在表格中浏览符合该范围的记录。

表单设计如图7.34所示。图中共包括6个控件：1个表格控件（grdgz）用于显示符合条件的记录，Readonly属性设置为.T.。1个容器控件（container1），BackStyle属性设置为.T.，SpecialEffect属性设置为0（凸起样式），其中包括2个标签控件和2个

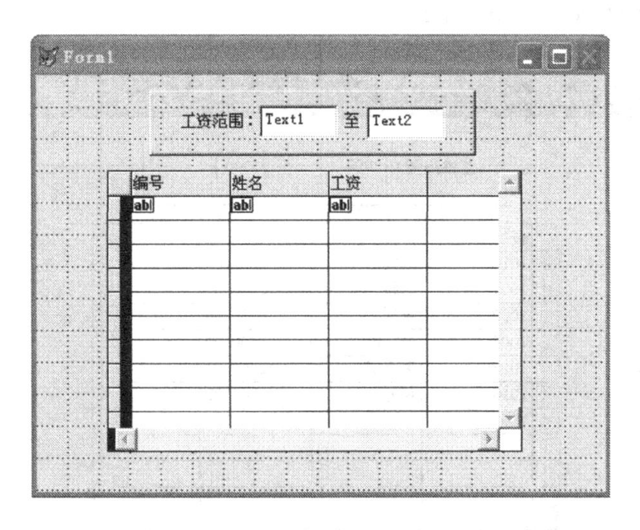

图 7.34　工资查询表单设计

文本框控件。2 个标签控件 Label1 和 Label2 的 Caption 属性分别设置为“工资范围”和“至”。2 个文本框控件 Text1 和 Text2 用于输入工资范围，它们的 InputMask 属性设置为“9999.99”。另外，为表单添加了两个属性，它们分别是 T1 和 T2，用于存放工资范围。向表单新建属性 t1 和 t2。然后，设置控件代码：

（1）表单 Form1 的 Init 事件代码

```
this.t1 =0
this.t2 =0
sele gz
set filt to 工资 > =thisform.t1.and. 工资 < =thisform.t2
```

（2）表单 Form1 的 Destroy 事件代码

```
sele gz
set filt to
```

（3）文本框 Text1 和 Text2 的 LostFocus 的事件代码

```
thisform.t1 =val(thisform.container1.text1.value)
thisform.t2 =val(thisform.container1.text2.value)
if thisform.t1 >thisform.t2        && 确保属性 t1 <t2
   t =thisform.t1
   thisform.t1 =thisform.t2
   thisform.t2 =t
endif
sele gz
set filt to 工资 > =thisform.t1.and. 工资 < =thisform.t2
go top
thisform.grdgz.refresh
```

该表单运行效果如图 7.35 所示。

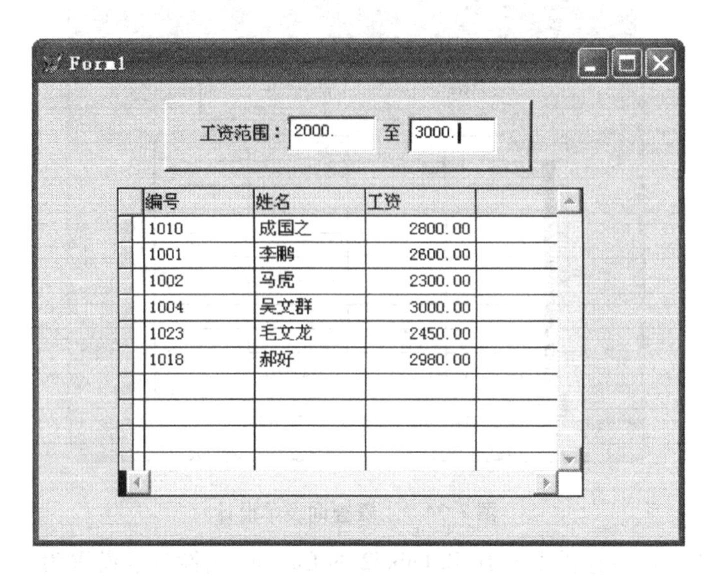

图 7.35　工资查询表单运行效果

【学习指导】

✦ 一个对象是既包含数据（也称属性），又包含处理该数据代码（也称方法）的一个逻辑实体。

✦ 类具有如下特征：封装性、可派生子类、继承性和隐藏不必要的复杂性等。

✦ 事件集合虽然范围很广却是固定的，用户不能创建新的事件，然而方法程序集合却可以无限扩展。

✦ “可视性”可以是公共、保护和隐藏三种之一。

✦ 类是对象的抽象，对象是类的实例。类不能直接被引用，由类创建的对象才能被引用，所以，对象的过程代码设计特别重要。

✦ 创建表单的过程就是添加控件、定义控件的属性、确定事件或方法程序代码的过程。

✦ 熟练掌握常用控件的使用是表单设计和学习新控件的基础。

【习题 7】

一、单选题

7.1　面向对象的程序设计中，程序运行的基本实体是（　　）。

A. 对象　　B. 方法　　C. 类　　D. 函数

7.2　对象的属性是指（　　）。

A. 对象所具有的行为　　B. 对象所具有的动作

C. 对象所具有的特征和状态　　D. 对象所具有的继承性

7.3　下面关于“对象”的方法和事件错误的描述是（　　）。

A. 方法是对象的程序　　B. 事件是对象的程序

C. 方法和事件都是对象的程序　　D. 只有方法才能称为对象的程序

7.4　下面关于“类”的描述，错误的是（　　）。

A. 一个类包含了相似的有关对象的特征和行为方法

B. 类只是实例对象的抽象

C. 类并不执行任何行为操作，它仅仅表明如何做

D. 类可以按所定义的属性、事件和方法进行实际的行为操作

7.5　在 Visual Foxpro 中，表单（Form）是指（　　）。

A. 数据库中各数据库表的记录清单

B. 数据库中包含的表的清单

C. 窗口界面

D. 根据某种条件查询数据库所得到的数据清单

7.6　下面关于对象的方法和事件错误的描述是（　　）。

A. 方法是对象的程序　　B. 事件是对象的程序

C. 方法和事件都是对象的程序　　D. 只有方法才能称为对象的程序

7.7　下列关于数据环境的叙述中，正确的是（　　）。

A. 一个表可以归为数据环境，而表的关系不能包括在数据环境中

B. 数据环境是对象，关系不是对象

C. 数据环境和关系都不是对象

D. 数据环境和关系都是对象

7.8　在表单 Form1 中有一个文本框 Text1 和一个命令按钮组 CommandGroup1，其中包括两个命令按钮，分别为 Command1 和 Command2。若需要在 Command1 的 Click 事件代码中访问文本框 Text1 的 Value 属性值，则下面正确的式子是（　　）。

A. This. Parent. text1. value　　B. This. Parent. Parent. text1. value

C. This. Thisform. text1. value　　D. Thisform. value

7.9　下列关于表单集的说法中，错误的是（　　）。

A. 表单集可以包含多个表单，并且可以用一条命令同时显示或隐藏表单集中的全部表单

B. 可以移除只含一个表单的表单集而只剩下表单

C. 可以删除表单集中某个表单

D. 表单集只能作为一个整体来使用，不能访问其中的某个表单

7.10　只有一个命令按钮的表单，运行表单后再关闭它，下列所述触发事件次序中正确的是（　　）。

A. 表单 Load→命令按钮 Init→表单 Init→表单 Destroy→表单 Unload

B. 命令按钮 Init→表单 Load→表单 Init→表单 Destroy→表单 Unload

C. 表单 Init→表单 Load→命令按钮 Init→表单 Destroy→表单 Unload

D. 表单 Load→表单 Init→命令按钮 Init→表单 Destroy→表单 Unload

7.11　在命令窗口中输入：Do Form testform name mytest with 10 并回车，则下面的叙述中错误的是（　　）。

A. 运行的表单文件名为 testform

B. 通过 name 子句把 testform 表单文件更名为 mytest 表单文件

C. 通过 name 子句指定一个变量 mytest，并使它指向表单对象

D. 通过 with 子句把数值 10 传递给表单运行，触发 Init 事件代码中的 Parameters 子句中声明的形参

7.12　在对象的“相对引用”中，可以使用的关键字有（　　）。

A. This、Thisform、Parent　　B. This、Thisformset、PageFrame

C. This、Thisform、Formset　　D. This、Form、Formset

二、上机操作题

7.13　有一个自由表（cj.dbf），其中包括如下字段：学号（C，4）、姓名（C，8）、语文（N，5，1）、数学（N，5，1）、英语（N，5，1）、总分（N，5，1）。设计一个界面，输入语文、数学、英语的百分制成绩，自动计算出总分，单击“确认”按钮保存记录，单击“取消”按钮不保存记录。

1. 设计步骤

（1）从数据环境中拖动“字段:”到“表单设计器”，自动添加字段名标签、字段域文本框。

（2）设置 txt 语文、txt 数学、txt 英语和 txt 总分四个文本框的 InputMask 属性为“999.9”，txt 总分的 ReadOnly 属性为 .T. 。

（3）添加两个命令按钮 command1 和 command2，分别设置它们的 Caption 属性为“确定”和“取消”。设计的表单界面如图 7.36 所示。

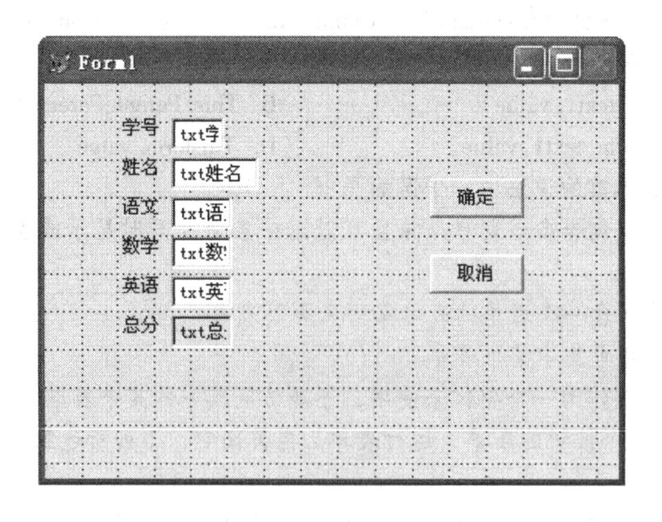

图 7.36　成绩输入表单设计

请添加相应的代码完成题目所要求的操作。

7.14　创建一个“超市销售”数据库，在数据库中添加两个表“品种”和“超市销售明细”，表结构如下：

品种（品种编号、品名、规格），其中品种编号为主索引。

超市销售明细（客户、品种编号、数量、单价、金额），其中品种编号为普通索引。要求使用表单向导创建一对多表单，其运行效果如图 7.37 所示。

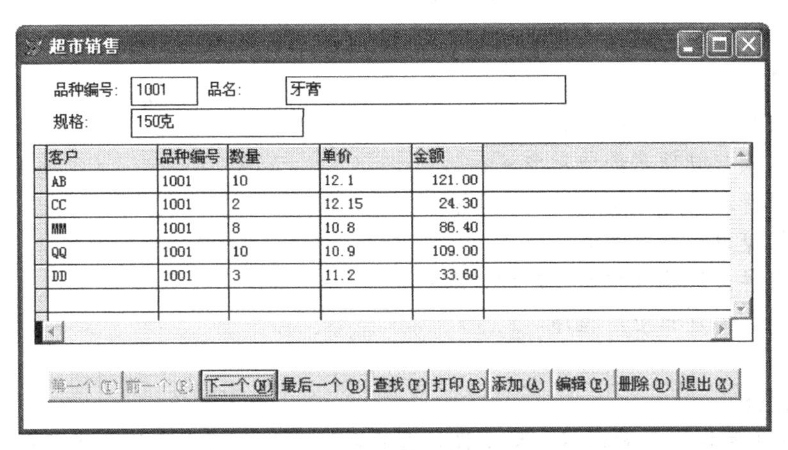

图 7.37　一对多表单

第8章　项目开发实例

【学习目标】

✧ 理解项目管理的概念；
✧ 掌握项目管理器的使用方法；
✧ 理解管理信息系统设计的步骤；
✧ 掌握菜单设计器的使用方法；
✧ 理解并掌握构造应用程序的步骤；
✧ 了解如何发布应用程序。

【重点与难点】

重点在于掌握项目管理器、菜单设计器的用法和构造应用程序的步骤；难点在于数据库应用管理信息系统的设计与实现。

8.1　项目管理器

VFP的项目管理器是按一定的顺序和逻辑关系，对数据库应用系统的文件进行有效组织的工具，并可以简单、可视化的方法对数据库、数据表进行管理。在进行应用程序开发时，可以有效地组织数据库、数据表、表单、菜单、类、程序和其他文件，并将它们连编成可独立运行的可执行文件。

8.1.1　创建项目

从VFP主菜单中打开“文件”菜单，选择“新建”菜单项，或直接单击工具栏中的“新建”按钮，弹出“新建”窗口，从窗口中选择“项目”。如果单击工具栏中的“新建文件”按钮就进入“创建”窗口，输入项目文件主名（项目的类型名或扩展名为.pjx）。下面介绍使用“向导”创建项目的过程。单击“向导”按钮后，打开“应用程序向导”窗口，如图8.1所示。

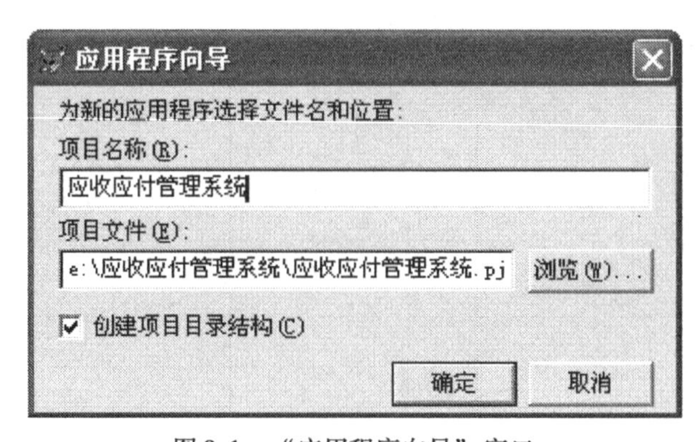

图8.1　“应用程序向导”窗口

在图 8.1 中单击“确定”按钮，创建项目并打开“应用程序生成器”窗口，如图 8.2 所示。在窗口中按要求填写相应的内容后，单击“确定”按钮就可以进入到“项目管理器”窗口。

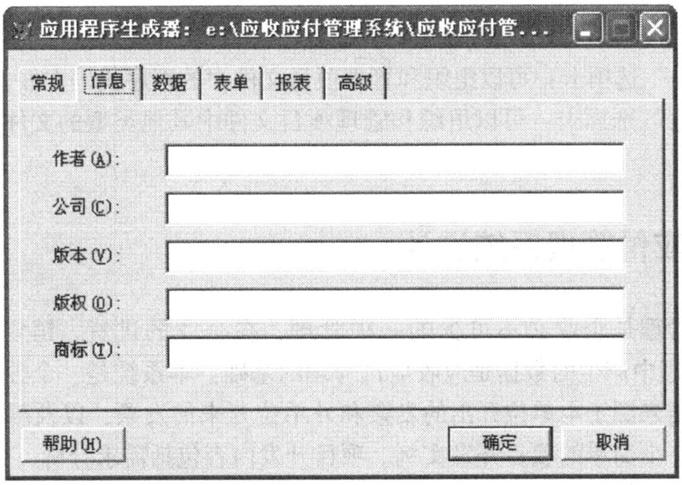

图 8.2　“应用程序生成器”窗口

8.1.2　使用项目管理器

创建项目后，就可以用项目管理器来管理各种类型的文件，如图 8.3 所示。

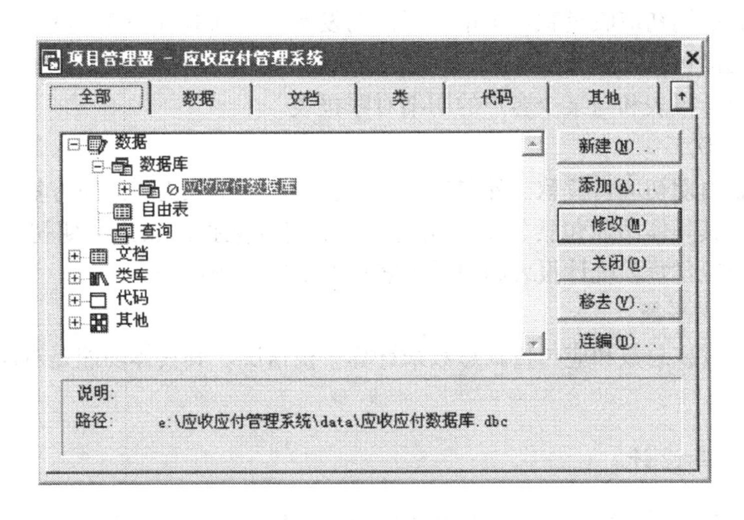

图 8.3　“项目管理器”窗口

项目管理器中有 6 个选项卡，包括全部、数据、文档、类、代码和其他。当出现“项目管理器”窗口时，VFP 的主菜单中就出现“项目”菜单，它也可以完成项目的管理。

（1）“全部”选项卡：包括其他几个选项卡中出现的全部内容。

（2）“数据”选项卡：可以组织和管理项目文件中包含的所有数据，如数据库、数据表、查询或视图等。

（3）“文档”选项卡：可以组织和管理项目文件中利用数据进行操作的文件，如表单、报表、标签等。

（4）“类”选项卡：可以组织和管理项目文件中的类和类库。

（5）“代码”选项卡：可以组织和管理项目文件中的程序代码文件，如 main. prg。

（6）“其他”选项卡：可以组织和管理项目文件中其他类型的文件，如文本文件、菜单文件等。

8. 2 应收应付管理系统设计

应收应付管理是企业必不可少的一项管理，在企业的进货、销售和库存（简称“进销存”）管理中产生的数据是应收应付管理的基础。本系统是一个独立的管理系统，它所管理的数据来源于本单位开出的发票和外单位开来的发票，以及款项往来的数据，因此该系统是一个简单的项目开发实例。项目开发内容包括需求分析、数据库设计、菜单设计和功能实现等。

8. 2. 1 需求分析

应收应付管理包括应收货款、应付货款和本企业应收应付平衡三个部分。

1. 应收货款

应收货款由期初应收货款、本单位开出的发票、收到对方来款三项计算本期应收货款。其具体功能包括发票数据的录入、来款数据的录入、期初应收货款的设置、全部客户应收货款统计报表和与某个客户的明细对账报表。

2. 应付货款

应付货款由期初应付货款、外单位开来的发票、本单位支付给对方货款三项计算本期应付货款。其具体功能包括发票数据的录入、付款数据的录入、期初应付货款的设置、全部客户应付货款统计报表和与某个客户的明细对账报表。

3. 应收应付平衡

统计应收货款总数和应付货款总数来计算平衡情况。其具体功能是对应收应付进行平衡查询。

8. 2. 2 数据库设计

应收应付管理系统数据库中的表分为应收和应付两大类。其中应收方面包括销售客户、销售发票和来款三个表，而应付方面包括供货客户、供货发票和付款三个表。各表之间的关系如图 8. 4 所示，这些表的作用如表 8. 1 所示。

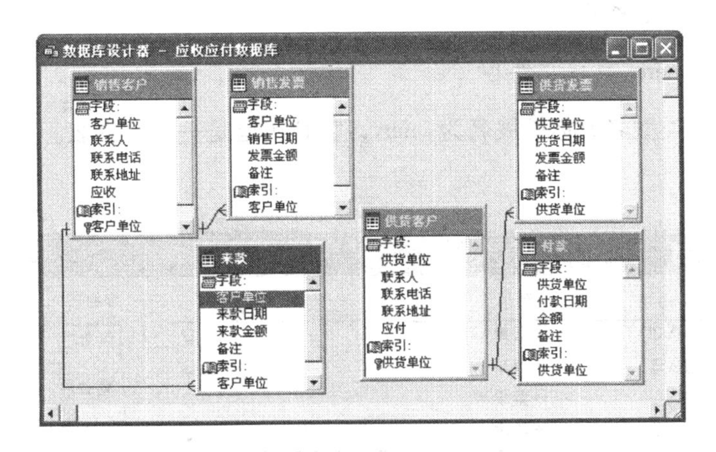

图 8.4　应收应付数据库中表间关系

表 8.1　应收应付数据库中表的作用

表名	作用	包括的字段名
销售客户	存放销售客户资料和当前的应收	客户单位、联系人、联系电话、联系地址、应收
销售发票	存放开给销售客户发票的金额数据	客户单位、销售日期、发票金额、备注
来款	存放销售客户打过来的货款	客户单位、来款日期、来款金额、备注
供货客户	存放供货客户资料和当前的应付	供货单位、联系人、联系电话、联系地址、应收
供货发票	存放收到供货客户发票的金额数据	供货单位、供货日期、发票金额、备注
付款	存放支付给供货客户的货款	供货单位、付款日期、来款金额、备注

除了数据库的表外，还包括下面三个自由表。

(1) 操作员表：存放操作员资料，包括操作员姓名和口令两个字段。

(2) 客户表：存放查询客户应付或应收明细所指定的客户名称，只有一个客户字段。

(3) 应收应付明细：存放指定客户的应付或应收明细数据，包括日期、金额和备注三个字段。

8.2.3　菜单设计

菜单是一个具有友好界面的应用系统必不可少的功能，它能将应用程序的各功能模块有机地联系起来，用户通过菜单操作应用程序，就如在饭馆通过菜谱点菜一样方便。VFP 提供的菜单设计器使得创建菜单非常方便。

1. 启动菜单设计器

从 VFP 的主菜单中选择“文件”菜单下的“新建”菜单项，再从文件类型表中选择“菜单”，单击“新建文件”按钮就可以启动菜单设计器。除菜单方式操作外，还可以使用命令方式，创建菜单的命令格式如下：

```
create menu 菜单文件名
```

修改菜单的命令格式如下：

modify menu 菜单文件名

菜单文件的类型名或称扩展名为 . mnx，它其实也是一个数据表。菜单设计器如图 8. 5 所示。

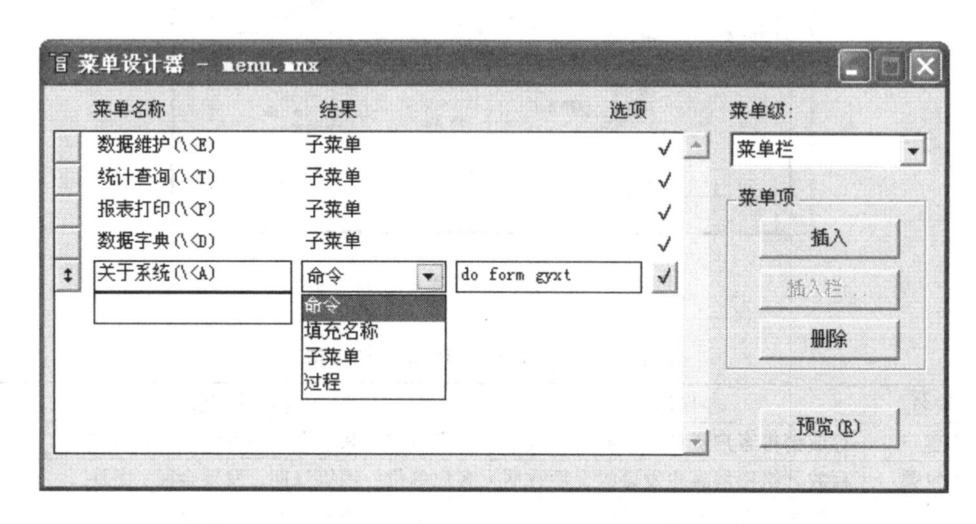

图 8. 5　菜单设计器

2. 使用菜单设计器

图 8. 5 右上角“菜单级”栏的下拉框用于在主菜单和子菜单之间切换，类似于导航。右下角的“预览”按钮可以暂时屏蔽当前使用的系统菜单，用于预览菜单设计效果。下面介绍菜单设计主要涉及的三项内容：菜单名称、结果和选项。

（1）“菜单名称”列

在“菜单名称”栏的文本框中输入的文本作为菜单的提示字符串显示，在文本中还可以通过“\ ＜字母”设置访问键，譬如：若字母为“E”，则访问键为 Alt + E。另外，在文本框中输入“/ -”可以创建一条分隔线，用于将内容相关的菜单项分隔成组，以增加可读性。

（2）“结果”列

在“结果”栏的下拉列表框中有 4 种选项，如表 8. 2 所示。

表 8. 2　“结果”选项

选项	作用
命令	执行一条 VFP 命令
过程	为菜单或菜单项指定一个过程，即可以执行多条 VFP 命令
子菜单	用于构造弹出式菜单，即当前菜单有下一级子菜单
菜单项	用于标识由菜单生成过程所创建的菜单或菜单项

(3) "选项" 按钮

单击 "选项" 栏下面的命令按钮，会弹出 "提示选项" 窗口，如图 8.6 所示。

提示选项
快捷方式
键标签(A): CTRL+S
键说明(T): CTRL+S
位置
容器(C):
对象(O):
跳过(K):
信息(G): "查询应收应付平衡情况"
菜单项 #(B):
备注(M):
确定
取消

图 8.6　"提示选项" 窗口

在图 8.6 中，菜单项的提示选项包括键盘快捷键、位置、跳过该菜单项的条件或状态显示信息等。如果已经设置选项部分，则与选项对应的命令按钮上会有一个 "√" 标识，从图 8.5 可以看出。

键盘快捷键是由 Ctrl 键和其他键组合，如 Ctrl + S。快捷键和访问键的不同之处在于，快捷键能够在下拉菜单没有激活时直接执行菜单功能。

完成菜单设计，还需要进行程序代码的生成，生成菜单程序文件（其扩展名为 . mpr，编译后的扩展名为 . mpx），具体操作如图 8.7 所示。

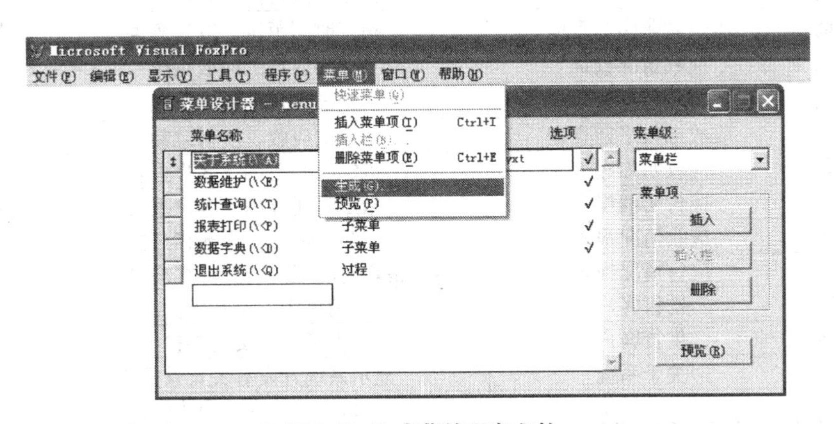

图 8.7　生成菜单程序文件

3. 设计应收应付管理系统菜单

VFP 提供的菜单设计器功能强大，能够实现各项菜单设计要求，也能实现对动态菜单的控制，具体的设计请读者多上机实践。应收应付管理系统的菜单设计效果如图 8.8 所示。

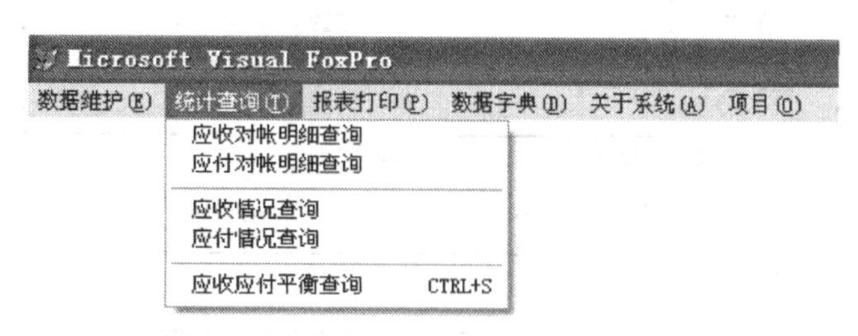

图 8.8　应收应付管理系统菜单设计效果

8.2.4　功能实现

应收应付管理系统功能包括数据维护、统计查询、报表打印、数据字典和关于系统。

（1）数据维护：完成发票数据、来款数据和支付数据的输入、修改或删除等。

（2）统计查询：完成应收或应付对账明细查询、全部客户应收或应付情况查询和应收应付平衡查询。

（3）报表打印：完成应收或应付对账明细报表打印、应收或应付情况报表打印。

（4）数据字典：完成销售客户或供货客户数据的输入、修改或删除等。

（5）关于系统：显示系统开发的有关背景信息。

应收应付管理系统各项具体功能的作用如表 8.3 所示。

8.3　应收应付管理系统功能一览表

类别	功能	作用	表单名
数据维护	开出发票	销售发票数据维护	KCFP
数据维护	收到发票	供货发票数据维护	SDFP
数据维护	收到货款	销售客户来款数据维护	SDHK
数据维护	支付货款	支付供货客户货款数据维护	ZFHK
统计查询	应收对账明细查询	指定时间范围、客户查询	YSDZMX
统计查询	应付对账明细查询	指定时间范围、客户查询	YFDZMX
统计查询	应收情况查询	全部客户的应收情况	YSCX
统计查询	应付情况查询	全部客户的应付情况	YFCX
统计查询	应收应付平衡查询	查询应收、应付总额	YSYFPH
报表打印	应收明细报表	指定时间范围、客户报表	YSMXBB
报表打印	应付明细报表	指定时间范围、客户报表	YFMXBB
报表打印	应收情况报表	指定时间范围、全部客户报表	YSBB
报表打印	应付情况报表	指定时间范围、全部客户报表	YFBB
数据字典	销售客户	销售客户资料维护	XSKH
数据字典	供货客户	供货客户资料维护	GHKH
关于系统	关于系统	显示系统开发有关背景资料	GYXT
	登录系统	用户认证，口令正确才能登录	XTDL

本系统以应收应付数据作为管理对象，设计一个简单的管理系统，介绍应用 VFP 进行数据库应用系统开发的过程。由于基础数据比较简单，所以系统的功能也比较简单。本项目开发实例从项目管理、需求分析、功能规划和菜单设计等几个方面进行介绍，希望对读者开发实际的应用系统有所启发和帮助。由于篇幅所限，系统的具体实现和运行情况不在此罗列，系统的源代码可以向读者免费提供。

8.3 构造应用程序

使用 VFP 创建面向对象的事件驱动应用程序时，创建一个模块后立即对其进行测试和检查，当所有的功能模块创建和测试完毕，就可以进行应用程序的连编了。一般来讲，应用程序的建立需要以下三个步骤：①构造应用程序框架；②将文件添加到项目中；③连编应用程序。

8.3.1 构造应用程序框架

数据库应用系统由数据库、表、用户界面、查询、报表、菜单和主程序等组成。在设计应用程序时，需要仔细考虑每个组件将提供的功能以及与其他功能之间的关系。一般需要考虑如下任务：

（1）设置应用程序的起始点，也就是设置主文件，如图 8.9 所示。

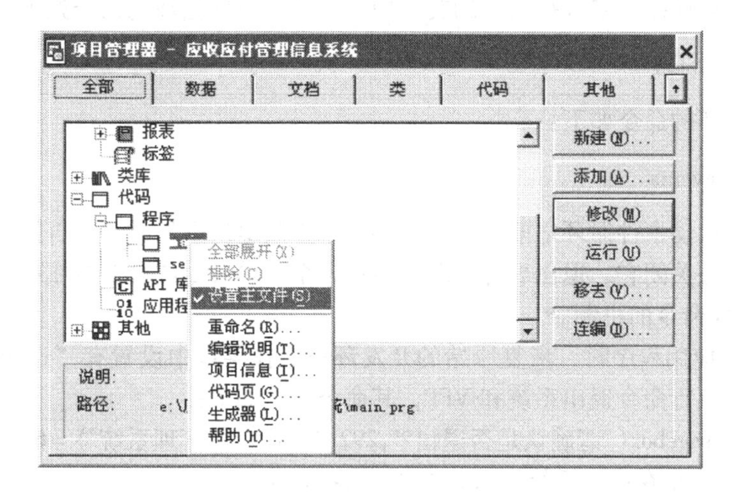

图 8.9 设置主文件

用鼠标右键单击需要设置为“主文件”的程序文件，从弹出的快捷菜单中选择“设置主文件”菜单项，出现“√”标识表示设置好了，主文件名也会用粗体字显示。

（2）初始化环境，也就是使用 set 命令进行设置。一般是通过获得系统默认设置，再进行相应的修改，在 2.1.2 节已经介绍过。

（3）显示初始的用户界面，它们可以是菜单或表单。为了完成对操作用户的认证，常常需要用户进行登录，如图 8.10 所示。

（4）控制事件循环。一旦建立应用程序的环境，并显示出初始的用户界面后，就

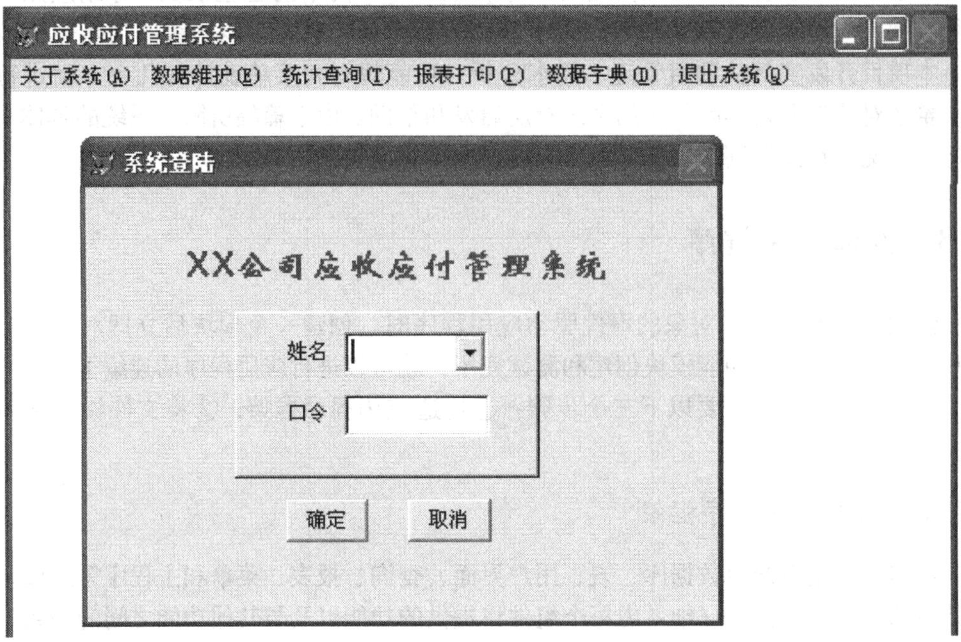

图 8.10　系统登录功能

需要建立一个事件循环来等待用户的交互操作。建立事件循环的命令如下：

```
read events
```

而结束事件循环的命令如下：

```
clear events
```

注意：在启动事件循环之前，需要提供一个方法退出事件循环，否则应用程序会陷入死循环而无法关闭它。退出事件循环一般在某个菜单命令或命令按钮中存在一个可执行 Clear Events 命令的机制。

（5）退出应用程序时，恢复原始的开发环境。在菜单中设置有“退出系统”菜单项，也可通过执行命令退出系统和 VFP，其命令格式如下：

```
if messagebox("请确认是否退出?",292,"应收应付管理系统") =6
  wait "正在退出系统......" windows nowait
  wait clear
  clear events
  quit
endif
```

如果在应用程序系统进行测试，可以将 quit 命令替换成系统环境恢复的命令。

【例 8.1】　编写应收应付管理系统的主文件。

根据应用程序框架的要求，应收应付管理系统的主文件（main. prg）内容如下：

```
clear all
```

```
clear
set talk off
set date ansi
set cent on
set sysmenu off
set stat off
_screen.caption ="应收应付管理系统"
_screen.windowstate =2
_screen.closable =.f.
_screen.activate
do menu.mpr           && 菜单程序
do form xtdl          && 系统登录界面
read events           && 建立事件循环
set talk on
set sysmenu on
set sysmenu to defa
_screen.closable =.t.
return
```

8.3.2　将文件添加到项目中

开发一个管理信息系统项目需要包括各种类型的文件，如果一个文件需要包含在应用程序中，就必须将它添加到项目中，只有这样才能在编译应用程序时，VFP 将其作为组件包含进去。下面介绍从项目管理器添加文件的方法，这是一种常用的方法，如图 8.11 所示。

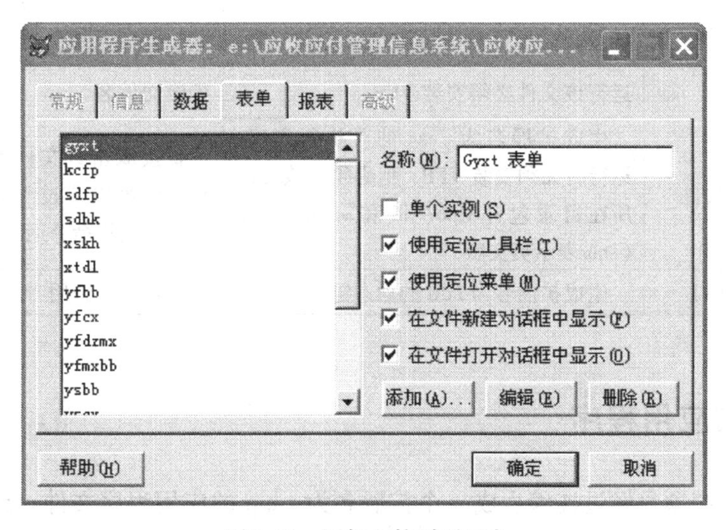

图 8.11　添加文件到项目中

8.3.3 连编应用程序

项目的连编就是将所有在项目中包含的文件（标记为排除的文件除外）合成为一个应用程序文件。连编操作可以使用如下命令：

build project 项目文件名

另一种方法是从项目管理器中单击“连编”按钮，弹出“连编选项”窗口，如图8.12所示。

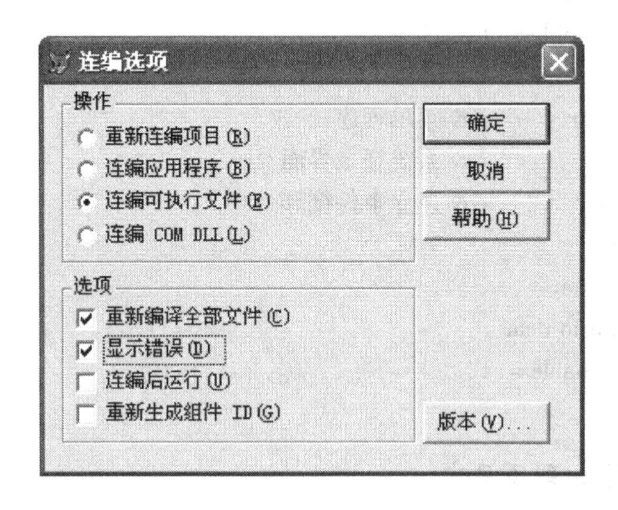

图8.12 “连编选项”窗口

三种连编类型的比较如表8.4所示。

表8.4 三种连编类型的比较

连编类型	特征	使用
连编应用程序	生成扩展名为.app的应用程序文件，运行该文件必须安装VFP	在VFP命令窗口键入：Do 应用程序文件名
连编可执行文件	生成扩展名为.exe的可执行程序，运行时无须安装VFP，但必须在该文件所在目录包含vfp6r.dll和vfp6renu.dll（enu表示英文版）	直接双击该文件的图标就可执行；也可以通过VFP“程序”菜单中的运行命令运行
连编 COM DLL	生成扩展名为.dll的动态链接库	编程方式调用

8.4 发布应用程序

数据库系统项目经过连编生成一个扩展名为.app的应用程序文件，或一个扩展名为.exe的可执行文件后，就可以发布它了。VFP中发布应用程序的一般步骤如下：

（1）使用 VFP 开发环境创建并调试应用程序。

（2）为运行环境准备并定制应用程序。

（3）生成应用程序或者可执行文件。

（4）创建发布目录，存放用户运行应用程序所需要的全部文件。

（5）使用“安装向导”创建发布磁盘和安装程序。

（6）包装并发布应用程序磁盘以及文档。

下面介绍使用 VFP 的“安装向导”为应用程序创建安装程序和发布磁盘，如图 8.13 所示。

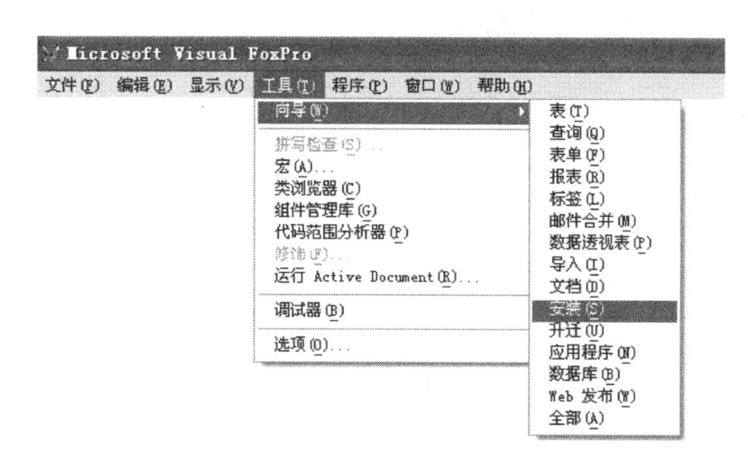

图 8.13 选择安装向导命令

根据“安装向导”的提示完成相应的设置就可为应用程序创建安装程序和发布磁盘。由于“安装向导”自动记录下为每个指定的发布树（目录）所设置的选项，这样，下一次由相同的发布树创建安装程序时，就可以使用这些设置。

【学习指导】

✦ 项目管理的实质就是各种类型的文件管理。

✦ 数据库管理信息系统的设计包括需求分析、数据库设计、菜单设计和功能实现等内容。

✦ 菜单将系统的各项功能按一定的规则组合起来，提供一种友好的用户界面。

✦ VFP 提供的可视化程序设计是由面向对象的事件驱动的。

✦ Read Events 建立事件循环后，用户就可以交互操作；如果没有建立事件循环，应用程序执行完毕后会立即返回 VFP 或操作系统。

✦ 数据库管理信息系统包括的文件只有添加到项目中才能编译到应用程序中。

✦ 连编成可执行文件后，可以独立运行，即无须安装 VFP 系统。

✦ 发布应用程序的实质就是将数据库管理信息系统所包含的文件及其支持文件压缩并复制到磁盘上。

【习题8】

一、课程设计题

从下面四个题目中选择一个，完成该应用系统的设计与开发，要求如下：

（1）撰写实验报告，内容包括需求分析、数据库设计、菜单设计、功能实现等。

（2）提交系统源代码，可以是未发布的应用程序或已发布的应用程序。

8.1　学生成绩管理信息系统。

8.2　图书借阅管理信息系统。

8.3　小区物业管理信息系统。

8.4　小型企业“进销存”管理信息系统。

第9章　公共基础知识

【学习目标】

✧ 了解数据结构和算法的基本概念、基本的数据结构；
✧ 理解基本数据结构的操作方法；
✧ 了解查找与排序的有关知识；
✧ 了解程序设计方法、原则与风格；
✧ 了解软件工程的基本概念；
✧ 了解软件测试的有关知识；
✧ 了解程序调试的方法。

【重点与难点】

重点在于了解各种基本概念；难点在于对基本概念的理解。

全国计算机等级考试二级 Visual FoxPro 数据库程序设计考试大纲对题型及分值做了调整。题型包括：单项选择题 40 分（含公共基础知识部分 10 分）、操作题 60 分（包括基本操作题、简单应用题及综合应用题）。二级公共基础知识包括如下四部分：数据结构与算法、程序设计基础、软件工程基础和数据库设计基础。本书第 1 章包含了数据库设计基础；第 6 章涉及了数据结构与算法、程序设计基础、程序调试等有关知识，但不够全面和系统。

9.1　数据结构与算法

一般来说，用计算机解决一个实际问题需要经过下列步骤：首先对实际问题进行分析，抽象出一个恰当的数学模型，然后设计一个解此数学模型的算法，最后编写程序，进行测试、调整直至得到最终解答。使用计算机解决问题的实质就是程序设计，那么程序和程序设计有哪些基本要素？PASCAL 语言之父、结构化程序设计的先驱、著名的计算机科学家 Niklaus Wirth 提出著名的公式：

程序 = 数据结构 + 算法

类似地，其他计算机科学家提出了程序设计公式：

程序设计 = 数据结构 + 算法 + 程序设计方法 + 开发工具

从上述两个公式可以看出，程序和程序设计的关键是数据结构和算法。

9.1.1　数据结构的基本概念

数据结构（Data Structure）作为一门学科，是研究非数值型程序设计中计算机操作的对象以及它们之间的关系和运算等的科学。

9.1.1.1　基本术语

（1）数据。它是指所有能输入到计算机中并能被计算机存储和处理的符号的集合，譬如字符、数值、表格、声音或图像等。

（2）数据元素。它是数据的基本单位，在计算机中通常作为一个整体进行处理，是这个数据集合中的一个个体（客观存在的个体）。

（3）数据对象。它是性质相同的数据元素的集合，是数据的一个子集。

（4）数据项。它是数据的不可分割的、具有独立含义的最小单位。一个数据元素可由一个或多个数据项组成。

（5）数据结构。它是带有结构的数据元素的集合。在任何问题中，数据元素都不是孤立存在的，它们之间存在着某种关系，数据元素相互间的这种关系就称为结构。

9.1.1.2　研究内容

数据结构是一门研究数据的组织、存储和运算的一般方法的学科，包括三个方面的内容，如图9.1所示。① 数据集合中各数据元素间固有的逻辑关系，即数据的逻辑结构；② 在进行数据处理时，计算机中各数据元素的存储关系，即数据的存储结构；③ 各种数据结构之间的操作。

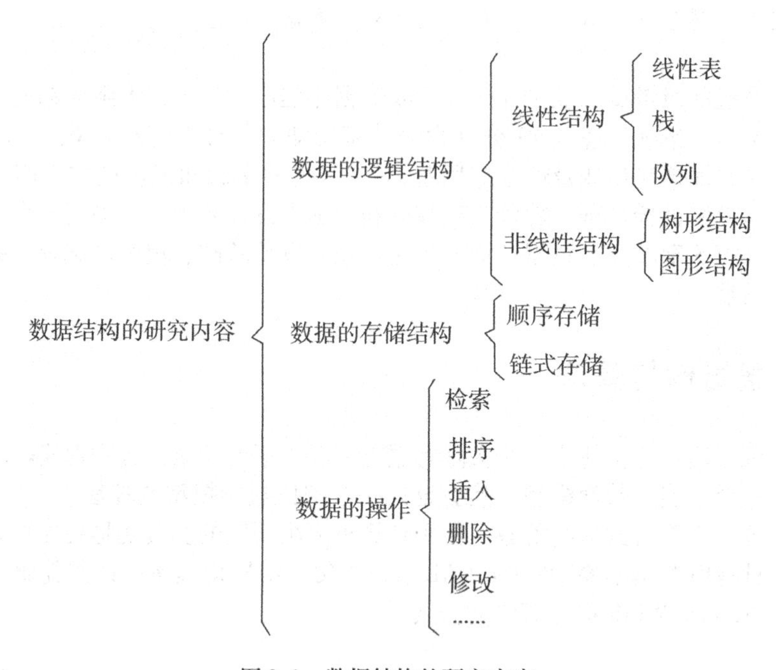

图9.1　数据结构的研究内容

数据的逻辑结构是指抽象地反映数据元素之间的逻辑上的联系结构，与数据的存储无关；数据的存储结构又称物理结构，是指数据在计算机中的存储方式。

数据结构（简写为 *DS*）可以看作是一个二元组，也可以看作是一个三元组。

（1）二元组。*DS* 是由一个数据元素的集合 *D* 和 *D* 上关系的集合 *R* 构成，即二元组（*D*，*R*）。

（2）三元组。*DS* 是由一个逻辑结构 *S*、一个定义在 *S* 上的基本运算集☆和 *S* 的一

个存储实现 D 所构成的整体，即一个三元组（S，☆，D）。

9.1.1.3　数据的逻辑结构

数据的逻辑结构反映数据元素的逻辑关系，主要有四种基本逻辑结构，数据结点用“○”表示，结点间用“—”表示，如图 9.2 所示。

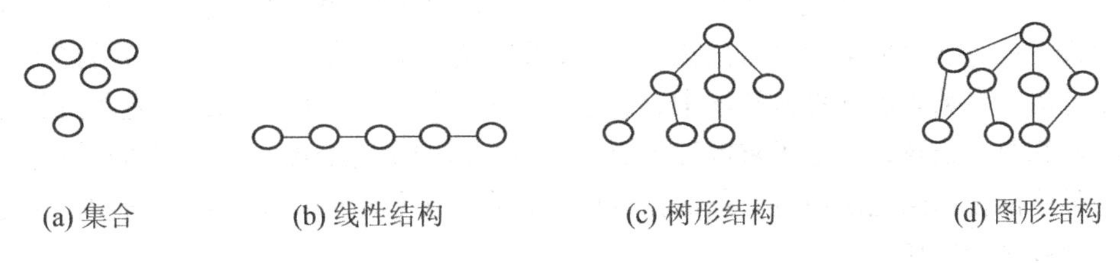

图 9.2　四种基本逻辑结构

（1）集合。数据元素之间同属于一个集合，再无其他关系。

（2）线性结构。数据元素之间存在一对一的线性关系，每个结点只有一个直接前趋结点（或称前件）和一个直接后继结点（或称后件）；最前面的结点没有前趋结点，最后面的结点没有后继结点。

（3）树形结构。元素之间存在着一对多的层次关系，有且仅有一个根结点（顶层），只有根结点没有父结点；最底层的属于叶子结点，叶子结点没有子结点；既有父结点，又有子结点的是树枝结点。

（4）图形结构。也称网状结构，元素之间存在着多对多的任意关系。

9.1.1.4　数据的存储结构

数据的存储结构是指数据元素在计算机中以什么方式存储，是逻辑结构在计算机中的存储映像和实现，包括数据元素的表示和关系的表示。数据的存储结构可以分为顺序存储结构和非顺序存储结构。

（1）顺序存储结构。它是指用一组连续的存储单元来存放具有某种结构的数据元素，实现逻辑上相邻的数据元素存储在物理上相邻的存储单元，即结点间的关系由存储单元的邻接关系来体现。

（2）非顺序存储结构。通常采用链式存储结构，用任意的存储单元来存放结点，每个结点中至少包含一个数据域与一个指针域，数据元素之间逻辑上的联系是由指针来体现的。这种存储结构可以把逻辑上相邻的两个元素存放在物理上不相邻的存储单元中，数据通过每个结点的指针链接成一个链表。

9.1.1.5　数据的操作

数据的操作是对数据进行处理，使得一个数据结构中的元素结点个数或结点之间的关系发生动态变化，譬如：在一个数据结构中增加一个新结点（插入操作）或删除某个结点（删除操作）。除了插入和删除两种基本操作外，还有修改、检索、排序、合并、分解或复制等操作。数据在计算机内的有效组织直接影响数据处理的效率，数据结构就是研究数据的表示及其相关操作。

9.1.2 算法的基本概念

9.1.2.1 算法的定义

算法（Algorithm）起源于描述用阿拉伯数字进行算术运算过程的算术（Algorism）一词。在古代，算法是指人们用算术方法求解未知问题的运算过程；而在近代，算法是指采用科学的方法完成某项事务的执行过程，如制定工作计划、编写菜谱或乐谱等。计算机诞生后，在数学和计算机科学中，算法通常是计算机算法的简称，它是指解题方案的准确而完整的描述，规定了求解给定类型问题所需的所有处理步骤及其执行顺序，使得给定类型的任何问题能通过有限的指令序列，在有限的时间内被求解，其中每条指令表示一个或多个操作。

9.1.2.2 算法的特性

算法具有如下 5 个特性：

（1）有穷性。算法在有限的时间内执行有限个步骤后必须能终止，即具有执行时间的合理性。

（2）确定性。算法的描述必须无歧义，以保证算法的实际执行结果精确地符合要求或期望，通常要求实际运行结果是确定的。

（3）可行性。又称有效性，算法中描述的操作必须通过已经实现的基本运算的次数有限的执行来实现，即每条指令都应在有限时间内完成。

（4）输入。一个算法必须有零个或多个输入量。

（5）输出。一个算法应有一个或多个输出量，输出量是算法计算的结果。

9.1.2.3 算法的基本要素

一个算法通常包括两种基本要素：

（1）对数据对象的操作。计算机算法是指计算机能处理的操作所组成的指令序列。算法描述可以采用自然语言、流程图、伪代码和计算机程序等。对数据对象的操作，一般包括 4 类基本运算：①算术运算。如加减、乘除、乘方等。②关系运算。用于描述单个条件，如大于、小于、大于等于、小于等于、不等于、相等。③逻辑运算。用于描述复合条件，三种基本的逻辑运算包括与、或、非。④数据传输。如赋值、输入或输出等。

（2）算法的控制结构。即算法的基本框架，不仅决定了算法中各种操作的执行顺序，而且也直接反映了算法设计是否符合结构化原则（单入口、单出口）。不论算法多么复杂，其实描述它的控制结构不外乎 3 种基本结构：顺序结构、选择结构和循环结构。复杂结构的描述不过是由上述 3 种基本结构按照一定的规则进行嵌套。

9.1.2.4 算法设计的基本方法

常用的计算机算法设计方法包括如下 6 种：

（1）列举法。也称枚举法，列举出所有可能的情况，从这些情况中依据条件进行判断，符合条件的是问题的解答，而不符合条件的不属于问题的解答。

（2）归纳法。它是通过列举少量的特殊情况，经过分析、推理，最后找到一般的关系，即数学模型。

（3）递推法。它是指从已知的初始条件出发，逐步推出所要求的各个中间结果以及最终结果。递推法本质上属于归纳法，递推关系式常常是归纳的结果。

（4）递归法。它是重要的算法设计方法，其主要思想是将一个复杂的问题归结为若干个较简单的问题，然后将这些较简单的问题进一步归结为更简单的问题，这一归结过程持续，直到最简单的问题（可直接解决的）为止。递归法分为直接递归和间接递归两种。①直接递归。假设算法为 P，P 显式地调用自身。②间接递归。假设算法为 P、Q，P 调用 Q，Q 又调用 P。

（5）减半递推法。又称分治法，属于归纳法的一个分支。所谓“减半”，是指将问题的规模减半，而问题的性质不变；所谓“递推”，是指重复“减半”的过程。实际问题的复杂度往往与问题的规模有密切的关系，降低问题的规模，同时也减小了问题的复杂度。

（6）回溯法。有些实际问题很难归纳出简单的递推公式或直观的求解步骤，并且由于组合数太大也不能进行有效的列举。针对这一类问题，有效的方法是“试探”，通过对问题的分析，找到一个解决问题的线索，然后沿着这个线索逐步试探。对于每一步试探，如果试探成功，就获得了问题的解；否则逐步退回，更换其他未被试探的路线进行试探。这种逐步退回称为回溯。

9.1.2.5　算法复杂度

算法复杂度主要包括时间复杂度和空间复杂度两个方面。

1．时间复杂度

时间复杂度是执行算法所需的计算工作量。一个算法执行所耗费的时间，从理论上是无法算出来的，必须上机运行测试才能知道，但在算法比较中并不需要知道耗费的具体时间，只需知道哪个算法花费的时间多，哪个算法花费的时间少就可以了。一个算法花费的时间与算法中语句的执行次数成正比，哪个算法中语句执行次数多，它花费的时间就多。因此，算法的时间复杂度可以由语句执行次数（称为语句频度或时间频度）来表示。

一般情况下，算法中基本操作重复执行的次数是问题规模 n 的某个函数，用 $T(n)$ 表示，若有某个辅助函数 $f(n)$，使得当 n 趋近于无穷大时，$T(n)/f(n)$ 的极限值为不等于零的常数，则称 $f(n)$ 是 $T(n)$ 的同数量级函数。记作 $T(n)=O(f(n))$，称 $O(f(n))$ 为算法的渐进时间复杂度，简称时间复杂度。

在同一个问题规模下，如果算法执行所需的基本运算次数取决于某一个特定输入时，可以用以下两种方法来分析算法的工作量。

（1）平均性态分析。它是指用各种特定输入下的基本运算次数的加权平均值来度量算法的工作量。

（2）最坏情况复杂性分析。它是指算法所执行的基本运算的最大次数。

按数量级递增排列，常见的时间复杂度有：常数阶 $o(1)$，对数阶 $o(\log_2 n)$，线性阶 $o(n)$，线性对数阶 $o(n\log_2 n)$，平方阶 $o(n^2)$，立方阶 $o(n^3)$，…，k 次方阶 $o(n^k)$，指数阶 $o(2^n)$ 等。

2. 空间复杂度

与时间复杂度类似，空间复杂度是指算法在计算机内执行时所需存储空间的度量，记作 $S(n)=O(f(n))$。算法执行期间所需要的存储空间包括3个部分：①算法程序所占的空间；②输入的初始数据所占的存储空间；③算法执行过程中所需要的额外空间。其中，额外空间包括算法程序执行过程中的工作单元以及某种数据结构所需的附加存储空间。如果额外空间量相对于问题规模来说是一个常数，则称该算法是在原地工作的。在许多实际问题中，为了减少算法所占的存储空间，通常采用压缩存储技术。

9.1.2.6 算法的质量评价标准

一个算法除了满足5个特性外，还有一个质量评价问题。评价算法质量有如下4个标准：

（1）正确性。一个好的算法必须保证运行结果正确。但程序正确性难以给出严格的数学证明，所以建议多选用现有的、经过时间考验的算法，采用科学规范的算法设计方法。

（2）可读性。一个好的算法应可读性强，程序中适当的注释、良好的编排风格和科学规范的程序设计方法有助于提高可读性，进而有助于保证算法的正确性。

（3）通用性。一个好的算法应尽可能通用，适合一类问题的求解。

（4）高效性。算法的效率包括时间和空间两个方面。如果执行时间短、需要的存储空间（内存）少，则算法效率高。但这些指标是相互制约的，内存越多，越有利于减少时间。随着硬件成本下降、计算机性能提高，效率已经处于次要地位，算法的可读性和可维护性显得更为重要。

9.1.3 线性表

线性表（Linear List）的逻辑结构是线性结构，所包含的结点个数称为线性表的长度，简称表长，表长为0的线性表称为空表。

线性结构是 n（$n>0$）个数据元素（结点）的有穷序列 $a_1,a_2,\cdots,a_n$，当 $n=0$ 时，称为空表。其中，数据元素可由若干个数据项组成，但同一线性结构中的元素必定具有相同的特性，属于同一数据对象。线性结构具有如下特征：①有且仅有一个根结点 a_1，且它没有前趋结点；②有且仅有一个终端结点 a_n，且它没有后继结点；③除根结点和终端结点外，其他所有节点有且仅有一个前趋结点，有且仅有一个后继结点。

顺序表是线性表的顺序存储结构，具有两个基本特点：①顺序表中所有元素所占的存储空间是连续的；②顺序表中各数据元素在存储空间中是按逻辑顺序依次存放的。

假设顺序表中的第一个数据元素的存储地址（首地址）为 Address（a_1），每个数据元素占 k 个字节，则顺序表中第 i 个元素 a_i 在计算机存储空间的地址可表示为：

$$\text{Address}(a_i)=\text{Address}(a_1)+(i-1)\times k$$

对顺序表进行的主要操作包括：

（1）插入操作。在表中的指定位置处添加一个新元素。

（2）删除操作。在表中删除指定的元素。

（3）查找操作。在表中查找某个（或某些）特定的元素。

(4) 排序操作。对表中的元素按从小到大（升序）或从大到小（降序）排列。

(5) 分解操作。按要求将一个表分解成多个表。

(6) 合并操作。按要求将多个表合并成一个表。

(7) 复制操作。将一个表拷贝到一个新表。

(8) 逆转操作。将一个表逆转，譬如：表中元素1、3、5逆转为5、3、1。

顺序表的存储结构简单，运算方便，特别是小顺序表或长度固定的顺序表优点更突出。但由于经常使用的插入和删除操作常常需要对数据元素进行移动，如果在大顺序表中进行这些操作，显然，数据元素的移动将消耗较多的处理时间，造成处理效率降低。

9.1.4　线性链表与循环链表

线性表除了采用顺序存储结构实现，还可以采用链式存储结构实现。在链式存储结构中，存储数据元素的存储空间可以是不连续的，即存储顺序与数据元素之间的逻辑顺序可能不一致，数据元素间的逻辑关系由指针域来确定。链式存储除了可以表示线性结构，也可以表示非线性结构。

线性链表（Linear Linked List）是线性表的链式存储结构，如图9.3所示，表中每个结点分为两部分：

(1) 数据域。存储数据元素的值。

(2) 指针域。存放下一个数据元素的结点地址。

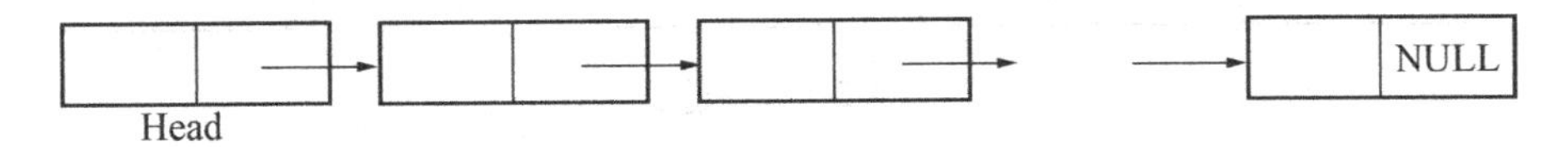

图9.3　线性单链表

其中，NULL（或0）表示空指针，Head结点的指针域如果为NULL，则该线性链表为空表。线性链表方便查找后继结点，但不方便查找前趋结点，要从表头向表尾顺序扫描。双向链表弥补了线性链表查找前趋结点不方便的缺点，可方便查找前趋结点和后继结点，如图9.4所示。

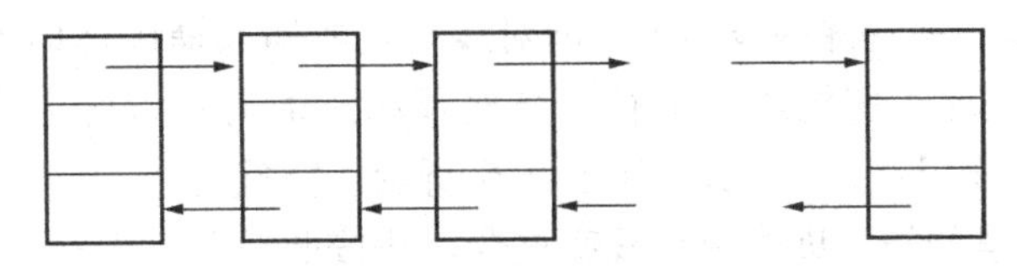

图9.4　双向链表

对线性链表的主要操作包括：

(1) 插入操作。在线性链表中指定元素的结点之前插入一个新元素。

(2) 删除操作。在线性链表中删除指定元素对应的结点。

(3) 合并操作。将两个线性链表按要求（如按升序要求）合并成一个线性链表。

(4) 分解操作。将一个线性链表按要求分解成多个线性链表。

（5）逆转操作。将一个线性链表实现首尾掉转。

（6）复制操作。将一个线性链表所有元素拷贝到一个新的线性链表中。

（7）排序操作。按某种顺序从前往后排列线性链表中的所有元素。

（8）查找操作。在线性链表中查找指定元素所对应的结点，如果所查找的元素不在链表中，将遇到链表的NULL。

同顺序表比较，在线性链表中进行查找操作就是从链表的头指针所指向的结点开始往后沿指针进行扫描，直到后面已经没有结点（即遇到NULL）或下一个结点的数据域为所查找的数据。查找操作是基本的操作，插入操作和删除操作均需要首先进行查找操作。线性链表的插入和删除操作过程中不发生数据元素移动过程，只需要改变有关结点的指针即可，因而具有较高的插入和删除操作效率。

由于在线性链表操作过程中对空表和第一个结点的处理必须单独考虑，因而使得空表与非空链表的操作不统一。为了克服这一缺点，提出循环链表（Circular Linked List）的结构，如图9.5所示，循环链表同线性链表比具有如下两个特点：

（1）在循环链表中增加一个表头结点，其数据域为任意或根据需要来设置，指针域指向线性链表的第一个元素的结点。

（2）循环链表中最后一个结点的指针域不为NULL，而是指向表头结点，即形成一个环状链。

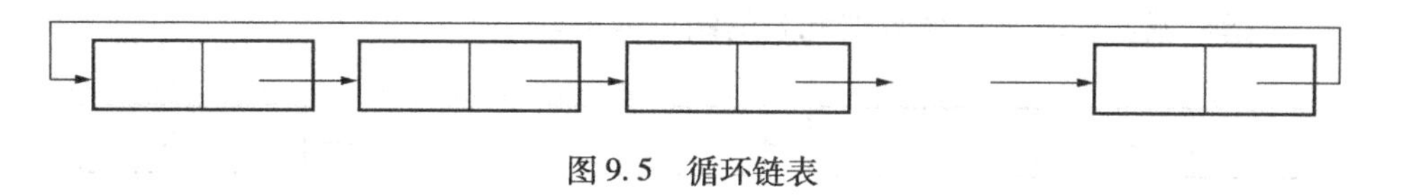

图9.5　循环链表

在任何情况下，循环链表中至少有一个结点存在，指定循环链表中任何一个结点的位置，就可以从该结点出发访问到表中其他所有结点。

9.1.5　栈和队列

栈和队列都是线性结构，从数据结构角度看，它们是操作受限的线性表。

9.1.5.1　栈

栈（Stack）是一种特殊的线性表，即对线性表的插入操作（即入栈）和删除操作（即出栈）限定在表尾（即栈顶）进行，与栈顶相对的另一端称为栈底，栈顶指针用top表示，栈底指针用bottom表示，如图9.6所示。空栈是指不含任何数据元素的栈，即栈顶与栈底重合。栈按照“先进后出”（First In Last Out，FILO）或称“后进先出”（Last In First Out，LIFO）方式组织数据。栈的实现可以分为如下两种方式。

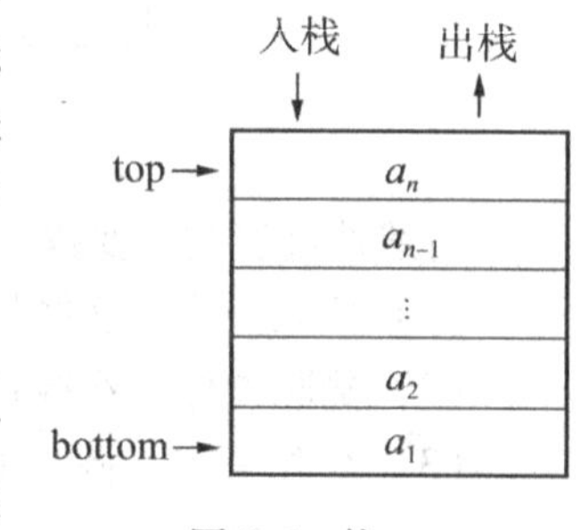

图9.6　栈

1. 顺序栈

顺序栈采用顺序存储结构，通常由一个一维数组和一个记录栈顶位置的变量组成，而栈底指针指向数组的起始地址。在栈的顺序存储空间S（1：m）中，S（bottom）表示栈非空情况下的栈底元素，S（top）表示栈顶元素。栈顶指针为 top，当 top =0 时表示栈空，当 top = m 时表示栈满。顺序栈的基本操作包括：

（1）插入操作。在栈的顶部插入元素，简称入栈。当 top = m 时，说明栈已满，不能再进行入栈操作，否则发生栈“上溢”错误。

（2）删除操作。删除栈顶元素，简称出栈。当 top =0 时，说明栈已空，不能再进行出栈操作，否则发生栈“下溢”错误。出栈操作包括两个步骤：首先将栈顶元素赋给一个指定的变量，然后将 top 减 1。

（3）新建操作。创建一个空栈。

（4）检查操作。检查栈是否为空。

（5）取栈顶元素操作。将栈顶元素赋给一个指定的变量，且 top 保持不变。当 top =0 时，栈已空，即读不到栈顶元素。

2. 链栈

链栈采用链式存储结构，由栈顶指针（链表头）唯一确定，不会产生单个栈满而其余的栈空的情形，只有当申请分配结点存储空间不成功时才会发生“上溢”错误。链栈具有顺序栈一样的基本操作，通过对链表的操作来实现。

链栈在计算机的存储空间管理中有十分重要的应用。可利用栈就是利用链栈链接了计算机存储空间中的所有空闲结点，当计算机系统或用户程序需要一个存储结点时，就从可利用栈出栈；而当计算机系统或用户程序释放一个存储结点时，该结点将入栈到可利用栈中。

9.1.5.2　队列

队列（Queue）是一个具有队头（front）和队尾（rear）的线性表，front 和 rear 分别表示队头和队尾指针，如图 9.7 所示。

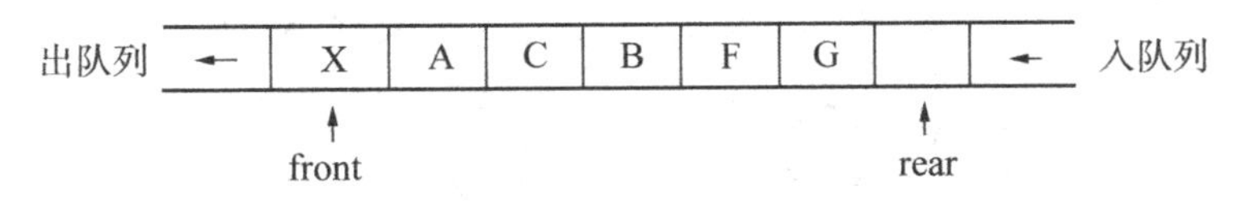

图 9.7　队列

队列是按照“先进先出”（First In First Out，FIFO）或“后进后出”（Last In Last Out，LILO）的方式组织数据。仅允许在队尾进行插入操作、在队头进行删除操作。往队列的队尾插入一个元素称为入队列，从队列的队头删除一个元素称为出队列。队列的基本操作包括：

（1）入队列操作。在队列的队尾插入一个元素，rear 加 1。

（2）出队列操作。在队列的队头删除一个元素，front 加 1，并将这个元素的值赋给指定的变量。

（3）获取队头操作。读取队列的队头元素的值赋给指定的变量，front 保持不变。

（4）新建队列操作。创建一个空队列。

（5）检查操作。判断队列是否为空。当 front = rear 时，队列为空。

队列的存储结构可以采用顺序存储结构（如数组），也可以采用链式存储结构来实现。实际应用中，常常使用循环队列。循环队列是将队列的存储空间的最后一个位置绕到第一个位置，形成逻辑上的环状空间，实现队列的循环使用。

9.1.6 树

树形结构是一类重要的非线性数据结构，其中以树和二叉树最为常用，直观看来，树是以分支关系定义的层次结构。在计算机中树得到广泛的应用：在编译程序中，树可用来表示源程序的语法结构，也可用来表示表达式；在数据库中，数据的组织形式采用树形结构；在操作系统中，文件夹的管理也采用树形结构。

9.1.6.1 树的基本概念

树（Tree）是 n（$n \geqslant 0$）个结点的有限集。当 $n = 0$ 时，称为空树。在任一非空树（$n > 0$）中，

（1）有且仅有一个称为根（root）的结点；

（2）其余结点可分为 m（$m \geqslant 0$）个互不相交的有限集 T_1，T_2，…，T_m，其中每一个集合本身又是一棵树，并且称为根的子树（Subtree）。

树的示意图如图 9.8 所示。

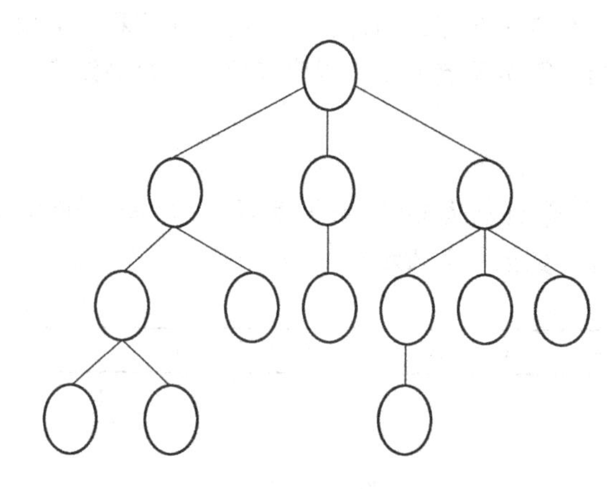

图 9.8　树

树的结点包含一个数据元素及若干指向其子树的分支。结点拥有的子树（或后继结点）个数称为结点的度。度为 0 的结点称为叶子或终端结点；度不为 0 的结点称为非终端结点或分支结点。除根结点外，分支结点也称为内部结点。树的度是树内各结点的度的最大值。结点的层次从根开始定义，根为第一层，根的孩子为第二层，依次类推。树中结点的最大层数称为树的深度。

树的基本操作包括：

（1）新建操作。创建一棵空树。

（2）根结点操作。获取指定的树或结点所在树的根结点，若该树为空或结点不在该树上，则返回 NULL。

（3）双亲结点操作。获取树中指定结点的双亲结点，若该结点不在该树上，则返

回 NULL。

（4）孩子结点操作。获取树中指定结点的第 i 个孩子结点，若该结点是树的叶子结点、无第 i 个孩子或不在该树上，则返回 NULL。

（5）右边兄弟操作。获取树中指定结点的右边兄弟结点，若该结点是其双亲的最右边的孩子结点或不在该树上，则返回 NULL。

（6）增添孩子操作。置以结点 x 为根的树为结点 y 的第 i 棵子树。

（7）删除孩子操作。删除结点 x 的第 i 棵子树。

9.1.6.2 二叉树

二叉树（Binary Tree）是一种与树不同的数据结构，它的特点是每个结点至多只有两棵子树，即不存在度大于 2 的结点，并且二叉树的子树有左右之分，在有序树中，其次序不能颠倒。满二叉树和完全二叉树是两种特殊的二叉树。

所谓满二叉树，是指这样的一种二叉树，除了最后一层外，每层上的所有结点都有两个子结点。每一层的结点数都达到最大值，即在满二叉树的第 k 层上有 2^{k-1} 个结点（$k \geq 1$）；深度为 m 的满二叉树有 2^m-1 个结点。

所谓完全二叉树，是指这样的二叉树，除最后两层外，其余每一层上的结点数均达到最大值；在最后一层上只缺少右边的若干结点。即叶子结点只可能出现在最后两层上，对任何一个结点，若其右分支下的子孙结点的最大层次为 p，则其左分支下的子孙结点的最大层次为 p 或 $p+1$。完全二叉树具有如下性质：

（1）具有 n 个结点的完全二叉树的深度为 $[\log_2 n]+1$。

（2）具有 n 个结点的完全二叉树，如果从根结点开始，按层序（每层从左到右）用自然数 1，2，…，n 给结点进行编号（$k=1, 2, \cdots, n$），则有如下结论：若 $k=1$，则为根结点；若 $k>1$，则该结点的父结点编号为 $[k/2]$；若 $2k \leq n$，则编号为 k 的结点的左子结点编号为 $2k$，否则该结点无左子结点，也无右子结点；若 $2k+1 \leq n$，则编号为 k 的结点的右子结点编号为 $2k+1$，否则该结点无右子结点。

二叉树具有如下基本性质：

（1）在二叉树的第 i 层上最多有 2^{i-1} 个结点（$i \geq 1$）。

（2）深度为 k 的二叉树最多有 2^k-1 个结点（$k \geq 1$）。

（3）对任何一棵二叉树，如果其终端结点数为 n_0，度为 2 的结点数为 n_2，则 $n_0=n_2+1$。

（4）具有 n 个结点的完全二叉树的深度为 $[\log_2 n]+1$。

注意：[ ] 表示数学上的取整运算。

二叉树存储结构采用链式存储结构，如图 9.9 所示，“∧”表示 NULL；对于满二叉树与完全二叉树可以按层序进行顺序存储。

二叉树的访问方法是遍历，访问的含义包括简单的输出或复杂的数据处理。二叉树的遍历按某种次序系统地访问二叉树的所有结点，使得每个结点均被访问，且仅被访问一次。遍历方法可以分为三种（注：D—Data；L—Left；R—Right）：

（1）先序遍历（DLR）。首先访问根结点，然后遍历左子树，最后遍历右子树。

（2）中序遍历（LDR）。首先遍历左子树，然后访问根结点，最后遍历右子树。

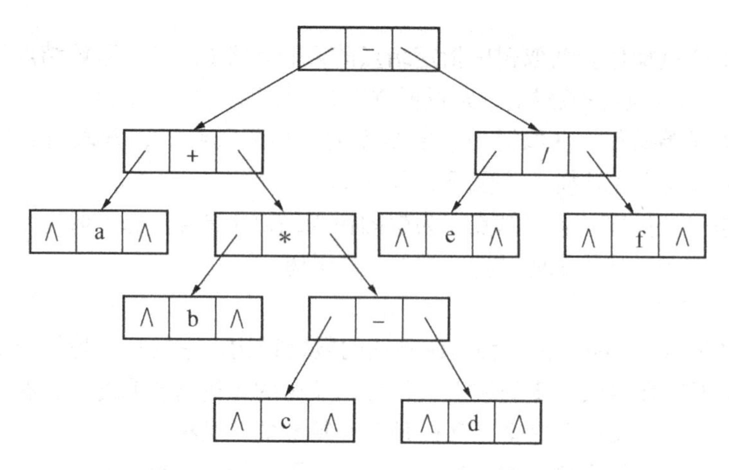

图9.9 表达式 a+b*(c-d)-e/f 的二叉树

（3）后序遍历（LRD）。首先遍历左子树，然后遍历右子树，最后访问根结点。

如图9.9所示的二叉树的先序遍历为：-+a*b-cd/ef；中序遍历为：a+b*c-d-e/f；后序遍历为：abcd-*+ef/-。

9.1.7 查找

所谓查找，是指在一个给定的数据结构中查找某个指定元素。根据不同的数据结构，通常应采用不同的查找方法。查找是数据处理的一个重要内容，查找的效率直接影响数据的处理效率。

查找表作为一种数据结构，其实质是集合，基本运算包括检索（查找，读表元素）和修改（插入、删除元素等）。依据检索与修改两个阶段的交叉情况分为：

（1）静态查找表。它是指查找表一经生成之后，便只能对其进行检索，而不能进行修改，或者在进行了一段时间的检索后集中进行修改，即检索与修改不交叉。

（2）动态查找表。检索与修改交叉进行，无法分成两个不相交的阶段。

顺序表作为静态查找表的存储结构，与作为线性表的存储结构不同：对线性表来说，存储结点间的位置关系对应于数据元素之间的逻辑关系（邻接关系）；对静态查找表来说，由于其中的数据元素之间没有逻辑关系，各个数据元素在顺序表中的排列次序是任意的。根据静态查找表中的数据元素是否有序，可分为顺序查找和二分法查找。

（1）顺序查找。不管静态查找表中的数据元素是否有序，从表的第一个元素开始，依次将表中的元素与被查找元素进行比较，若相等则表示已经找到，即查找成功；若表中所有元素都与被查找元素进行了比较但都不相等，则表示表中没有要找的元素，即查找失败。如果查找表有 n 个数据元素，最坏的情况是比较次数为 n；平均情况的比较次数为 $n/2$，即要比较一半的元素，可见顺序查找效率不高。不过，在查找表无序或查找表采用链式存储结构时只能采用顺序查找方法。

（2）二分法查找。又称折半查找，要求查找表是有序的。设查找表的长度为 n，且为升序（降序时方法类似），被查找的元素为 x，则二分法查找方法如下：将 x 与表的中间项进行比较：若中间项的值等于 x，则表示已经查找到，查找结束；如果 x 小于中间项的值，则在表的前半部分（即中间项以前的部分）以相同的方法进行查找；如果 x 大于中间项的值，则在表的后半部分以相同的方法进行查找。上述查找过程一直进行到查找成功或达到子表长度为 0 为止。二分法查找最坏情况只需比较 $[\log_2 n]+1$ 次。

9.1.8　排序

排序是计算机程序设计中的一种重要运算，可以提高查找的效率。所谓排序，是指按照关键字的值的大小将一个无序序列调整成为一个有序序列。关键字的值从小到大排列，称为升序；关键字的值从大到小排列，称为降序。

由于文件大小不同，使得排序过程中涉及的存储器不同，排序分为内部排序和外部排序。

（1）内部排序。在排序的整个过程中，数据全部存放在计算机的内存，并且在内存中调整数据元素或数据记录的相对位置。

（2）外部排序。在排序过程中，数据的主要部分存放在外部存储器中，借助于内存逐步调整数据元素或数据记录的相对位置。

排序的方法很多，具体选择哪种方法需要依据排序序列的规模及对数据处理的要求。下面主要介绍 3 种内部排序方法。

1. 插入排序

插入排序是从待排序的记录中依照其存储次序逐一选取，插到已经排好序的那部分记录的正确位置。要获取正确位置，必须用选取的那条记录的关键字与已经排好序的那部分记录的关键字逐个比较。插入排序包括简单插入排序和希尔排序。

（1）简单插入排序。将无序序列中的各元素依次插入到已经有序的线性表中，每次比较后最多移掉一个逆序。

（2）希尔排序。它是将整个无序序列分割成若干小的子序列分别进行简单插入排序。子序列的分割方法：将相隔某个增量 h 的元素构成一个子序列，在排序过程中，逐次减小这个增量，最后当 h 减到 1 时，进行依次简单插入排序。设待排序列的长度为 n，增量序列一般取 $h=n/2^k$（$k=1, 2, \cdots, [\log_2 n]$）。

2. 交换排序

交换排序是指在排序过程中，若两个记录的相对位置不符合排序要求，则交换这两个元素的位置。交换排序包括冒泡排序和快速排序。

（1）冒泡排序。也称起泡排序或下沉排序。它是通过相邻数据元素的交换逐步将序列调整为有序。其排序过程如下：首先将第 1 个元素与第 2 个元素进行比较，若为逆序，则将两个元素进行交换；然后比较第 2 个元素和第 3 个元素，依次类推，直到第 $n-1$ 个元素和第 n 个元素进行比较、交换后为止。相邻元素的一次交换只能消除一个逆序，所以速度慢。

（2）快速排序。它是对冒泡排序的一种改进，其基本思想是通过一趟排序将序列分成两部分，然后分别对这两部分进行排序以达到最后序列为有序的目的。其排序过程如下：任意选取序列中的一个元素（通常可选第一个元素），将它与序列中其他所有元素进行比较，将所有比选取元素小的元素排在它之前，而将比它大的元素安置在它之后，则经过一趟排序后，按所选取元素将序列分为两部分，然后再分别对这两部分重复上述过程，直至每一部分仅剩下一个元素为止。快速排序通过不相邻的两个元素交换，能够消除多个逆序，加快了排序的速度。

3. 选择排序

选择排序是指每一趟在 $n-i+1$ 个（$i=1, 2, \cdots, n-1$）元素中选择值最小的元素。选择排序包括简单选择排序和堆排序。

（1）简单选择排序。扫描整个线性表，从中选择最小的元素，将它交换到表的最前面，然后对剩下的子表采用同样的方法，直到子表空为止。

（2）堆排序。堆的定义：n 个元素的序列 $\{k_1, k_2, \cdots, k_n\}$，当且仅当满足

$$\begin{cases} k_i \leqslant k_{2i} \\ k_i \leqslant k_{2i+1} \end{cases} \quad 或 \quad \begin{cases} k_i \geqslant k_{2i} \\ k_i \geqslant k_{2i+1} \end{cases} \quad (i=1, 2, \cdots, [n/2])$$

堆排序过程如下：首先将一个无序序列建成堆；然后将堆顶元素（序列中最大元素）与堆中最后一个元素交换（即最大元素应该在序列的最后）。不考虑已经交换到最后的那个元素，只考虑前 $n-1$ 个元素构成的子序列，显然该子序列已不是堆，但左右子树仍为堆，可以将该子序列调整为堆，依次类推，直到剩下的子序列空为止。

对上述排序方法的比较，度量内部排序算法时间复杂性，通常只考虑元素的比较次数和移动次数。设待排序的序列长度为 n，各排序算法之间的比较如表 9.1 所示。

表 9.1　内部排序算法比较

分类	算法名称	比较次数	移动次数	时间复杂度
插入排序	简单插入排序	最少 $n-1$ 最多 $(n+2)(n-1)/2$	最少 $2(n-1)$ 最多 $(n+4)(n-1)/2$	$O(n^2)$
	希尔排序	$O(n^{1.3})$	$O(n^{1.3})$	$O(n^{1.5})$
交换排序	冒泡排序	最少 $n-1$ 最多 $n(n-1)/2$	最少 0 最多 $n(n-1)/2$	$O(n^2)$
	快速排序			速度最快，平均时间为 $kn\ln(n)$ （$n \geqslant 2$，k 为常数）
选择排序	简单选择排序	$n(n-1)/2$	最少 0，最多 $3(n-1)$	$O(n^2)$
	堆排序	最多 $2n[\log_2 n]$	n	n 较大有效，最坏情况时间复杂度 $O(n\log_2 n)$

9.2 程序设计基础

9.2.1 程序设计方法

程序设计方法学是一门讨论程序的性质以及程序设计的理论和方法的学科，是研究和构造程序的过程的学问，是研究关于问题的分析、环境的模拟、概念的获取、需求定义的描述，以及把这种描述变换细化并编码成机器可以接受的表示的一般方法。常用的程序设计方法包括结构化程序设计方法、面向对象方法和软件工程方法等。从程序设计方法和技术的发展而言，程序设计主要经历了结构化程序设计和面向对象的程序设计阶段。

9.2.2 程序设计风格

程序设计风格指一个人编制程序时所表现出来的特点和习惯。在程序设计中要使程序结构合理、清晰，形成良好的编程习惯，对程序的要求是不仅可以在机器上执行，给出正确的结果，而且要便于程序的调试和维护，这就要求编写的程序不仅自己看得懂，而且也要让别人能看懂。

“清晰第一、效率第二”的观点成为当今主导的程序设计风格，反映了程序设计风格对保证程序的质量具有重要影响。如何形成一种良好的程序设计风格，离不开一些指导原则：

（1）源程序文档化。标识符见名知其义，以及规范、合理和适当的注释等。

（2）数据说明原则。数据说明顺序应规范；一个语句说明多个变量时，各变量名按字典序排列；对于复杂的数据结构，要加注释，说明在程序实现时的特点。

（3）语句构造原则。简单直接；不同层次的语句采用缩进形式；要避免复杂的判定条件，避免多重循环嵌套；表达式中使用括号以提高运算次序的清晰度等。

（4）输入/输出原则。输入操作步骤和输入格式尽量简单；应检查输入数据的合法性、有效性，报告必要的输入状态信息及错误信息；输入一批数据时，使用数据或文件结束标志，不要用计数来控制等。

（5）追求效率原则。追求效率建立在不损害程序可读性或可靠性的基础上。要先使程序正确，再提高程序效率；先使程序清晰，再提高程序效率。

9.2.3 结构化程序设计

1960年代末至1970年代初，出现软件危机。一方面需要大量的软件系统，如操作系统、数据库管理系统；另一方面，软件研制周期长，可靠性差，维护困难。结构化程序设计的概念最早由 E. W. Dijkstra 提出，1965年他在一次会议上指出“可以从高级语言中取消 goto 语句”。1966年，Bohm 和 Jacopini 证明了“只用3种基本的控制结构（顺序结构、选择结构和循环结构）就能实现任意单入口和单出口的程序”。1969年，Wirth 提出采用“自顶向下、逐步求精、分而治之”的原则进行大型程序的设计。1972

年，IBM公司的Mills进一步提出“程序应该只有一个入口和一个出口”。

结构化程序设计（Structured Programming）原则概括为自顶向下、逐步求精、模块化和限制使用goto语句。自顶向下是指程序设计时，先考虑总体，后考虑细节；先考虑全局目标，后考虑局部目标；先从最上层总目标开始设计，逐步使问题具体化。逐步求精是指对复杂问题，应设计一些子目标作过渡，逐步细化。模块化是把程序要解决的总目标分解为目标，再进一步分解为具体的小目标，把每个小目标称为一个模块。

在具体实施中，要注意把握结构化程序设计要素：使用程序设计语言中的顺序、选择、循环等有限的控制结构表示程序的控制逻辑；选用的控制结构只准许有一个入口和一个出口；程序语句组成容易识别的块，每块仅有一个入口和一个出口；复杂结构应该用嵌套的基本控制结构通过组合来实现；语言中所没有的控制结构，应该采用前后一致的方法来模拟；严格控制goto语句的使用。

9.2.4 面向对象程序设计

面向对象程序设计（Object Oriented Programming，OOP）是一种计算机编程架构。OOP的任务是围绕类程序设计、对象程序设计和事件方法设计3种设计方法展开。进行面向对象设计时，不再单纯地从代码的第一行一直编写到最后一行，而是考虑如何创建对象，利用对象来简化程序设计，提供代码的可重用性，提高系统设计的可扩展性。OOP具有如下优点：更加紧凑的代码；在应用程序中可更容易地加入代码而不必精心确定方案的每个细节；降低了由不同文件代码集成为应用程序的复杂度；代码重用性、可维护性和扩展性好。

面向对象程序设计中的概念主要包括：对象、类、封装、继承、组合、多态性、绑定、消息传递、方法等。

（1）对象。包含数据和对数据操作的代码实体，一个对象有状态、行为和标识三种属性。

（2）类。一个共享相同结构和行为的对象的集合。

（3）封装。将数据和操作捆绑在一起，创造出一个新的类型的过程；将接口与实现分离的过程。

（4）继承。类之间的关系，在这种关系中，一个类共享了一个或多个其他类定义的结构和行为。继承描述了类之间的“是一种”（is a）关系。子类可以对基类的行为进行扩展、覆盖、重定义。

（5）组合。既是类之间的关系也是对象之间的关系。在这种关系中一个对象或者类包含了其他的对象和类。组合描述了“有”关系。

（6）多态性。类型理论中的一个概念，一个名称可以表示很多不同类的对象，这些类和一个共同超类有关。因此，这个名称表示的任何对象可以以不同的方式响应一些共同的操作集合。

（7）绑定。分为动态绑定和静态绑定。动态绑定也称动态类型，指的是一个对象或者表达式的类型直到运行时才确定，通常由编译器插入特殊代码来实现。静态绑定也称静态类型，指的是一个对象或者表达式的类型在编译时确定。

（8）消息传递。消息是一个实例与另一个实例之间传递的信息。消息传递是指一个对象调用了另一个对象的方法（或者称为成员函数）。

（9）方法。也称成员函数，是指对象上的操作，作为类声明的一部分来定义。方法定义了可以对一个对象执行哪些操作。

在面向对象方法中，对象和消息传递分别表示事物及事物间相互联系的概念。类和继承是适应人们一般思维方式的描述范式。方法是允许作用于该类对象上的各种操作。这种对象、类、消息和方法的程序设计范式的基本点在于对象的封装性和类的继承性。通过封装能将对象的定义和对象的实现分开，通过继承能体现类与类之间的关系，以及由此带来的动态联编和实体的多态性，从而构成了面向对象的基本特征（封装性、继承性和多态性）。

9.3 软件工程基础

软件是由计算机程序和程序设计的概念发展演化而来的，是在程序和程序设计发展到一定规模并且逐步商品化的过程中形成的。软件开发经历了程序设计阶段、软件设计阶段和软件工程阶段的演变过程。

9.3.1 软件工程概述

9.3.1.1 软件

计算机系统包括硬件系统和软件系统。计算机软件是计算机系统中与硬件相互依存的另一部分，包括程序、数据及其相关文档的完整集合。

（1）程序。它是软件开发人员根据用户需求开发的、用程序设计语言描述的、适合计算机执行的指令（语句）序列。

（2）数据。它是使程序能正常操纵信息的数据结构。

（3）文档。它是与程序开发、维护和使用有关的图文资料。

软件的特点主要包括如下6个方面：

（1）逻辑实体性。软件不同于硬件，它是计算机系统中的逻辑实体而不是物理实体，具有抽象性。

（2）复制性。软件的生产不同于硬件，它没有明显的制作过程，一旦开发成功，可以大量拷贝同一内容的副本。

（3）无损性。软件在运行过程中不会因为使用时间过长而出现磨损、老化以及用坏的问题。但为了适应硬件、环境以及需求的变化要进行修改或升级。

（4）移植性。软件的开发、运行在很大程度上依赖于计算机系统，受计算机系统的限制，客观上出现了软件移植问题。

（5）高成本性。软件开发复杂性高，开发周期长，成本较高。

（6）社会性。软件开发还涉及诸多的社会因素。

软件分为系统软件和应用软件两种。

（1）系统软件。它为计算机使用提供最基本的功能，可分为操作系统和支撑软件。

其中，操作系统是最基本的软件，管理计算机硬件与软件资源，提供一个让使用者与系统交互的操作接口（或界面）；支撑软件是支撑各种软件的开发与维护的软件，又称为软件开发环境，主要包括环境数据库、各种接口软件和工具组。

（2）应用软件。应用软件是为了某种特定的用途而被开发的软件。它可以是一个特定的程序，也可以是一组功能联系紧密、可以互相协作的程序的集合，还可以是一个由众多独立程序组成的庞大的软件系统。

9.3.1.2　软件危机

20 世纪 60 年代以前，计算机刚刚投入实际使用，软件设计往往只是为了一个特定的应用而在指定的计算机上设计和编制，采用密切依赖于计算机的机器代码或汇编语言，软件的规模较小，通常不存在文档资料，很少使用系统化的开发方法，设计软件往往等同于编制程序，基本上是个人设计、个人使用、个人操作、自给自足的私人化的软件生产方式。20 世纪 60 年代中期，大容量、高速度计算机的出现，使计算机的应用范围迅速扩大，开始出现高级语言，操作系统的发展引起了计算机应用方式的变化，大量数据处理导致第一代数据库管理系统的诞生，软件开发急剧增长。软件系统的规模越来越大，复杂程度越来越高，软件可靠性问题也越来越突出。原来的个人设计、个人使用的方式难以满足需求，迫切需要改变软件生产方式，提高软件生产率，软件危机开始爆发。

软件危机泛指在计算机软件的开发和维护过程中所遇到的一系列严重问题，归结为成本、质量和生产率等问题。软件生产的这种知识密集和人力密集的特点是造成软件危机的根源所在。

9.3.1.3　软件工程的定义

为了解决软件危机这一问题，1968 年，在 NATO（北大西洋公约组织）会议上首次提出了“软件工程”这一概念，使软件开发开始了从“艺术、技巧、个体行为”向“工程、群体、协同工作”转化的历程，其核心思想是把软件产品看作为一个工程产品来处理。

经过 40 多年的发展，软件工程已经发展成为一门学科，但软件工程一直以来都缺乏一个统一的定义，很多学者、组织机构分别给出了自己的定义。譬如：IEEE 给出了一个综合的定义：软件工程是将系统化、严格约束的、可量化的方法应用于软件的开发、运行和维护的过程，即将工程化应用于软件开发中。Fritz Bauer 在 NATO 会议上给出的定义是：软件工程是建立并使用完善的工程化原则，以较经济的手段获得能在实际机器上有效运行的可靠软件的一系列方法。国家标准给出的定义是：软件工程是应用于计算机软件的定义、开发和维护的一整套方法、工具、文档、实践标准和工序。

比较认可的一种定义认为：软件工程是研究和应用如何以系统性、规范化、可定量的过程化方法去开发和维护软件，以及如何把经过时间考验而证明正确的管理技术和当前能够得到的最好的技术方法结合起来，涉及程序设计语言、数据库、软件开发工具、系统平台、标准、设计模式等方面。软件工程包括方法、工具和过程三个要素。方法是完成软件工程项目的技术手段；工具支持软件的开发、管理和文档生成；过程支持软件开发的各个环节的控制和管理。

软件工程的目标是在给定成本、进度的前提下，开发出具有适用性、有效性、可修改性、可靠性、可理解性、可维护性、可重用性、可移植性、可追踪性、可互操作性和满足用户需求的软件产品。基于这些目标，软件工程的理论和技术性研究主要包括软件开发技术和软件工程管理。为了实现软件工程目标，在软件开发过程中围绕工程设计、工程支持以及工程管理必须遵循的四项基本原则是：

（1）选取适宜的开发范型。该原则与系统设计有关。在系统设计中，软件需求、硬件需求以及其他因素之间是相互制约、相互影响的，经常需要权衡。因此，必须认识到需求定义的易变性，采用适宜的开发范型予以控制，以保证软件产品满足用户的要求。

（2）采用合适的设计方法。在软件设计中，通常要考虑软件的模块化、抽象与信息隐蔽、局部化、一致性以及适应性等特征。合适的设计方法有助于这些特征的实现，以达到软件工程的目标。

（3）提供高质量的工程支持。在软件工程中，软件工具与环境对软件过程的支持相当重要。软件工程项目的质量与开销直接取决于对软件工程所提供的支撑质量和效用。

（4）重视开发过程的管理。软件工程的管理，直接影响可用资源的有效利用、生产满足目标的软件产品、提高软件组织的生产能力等。因此，仅当软件过程得以有效管理时，才能实现有效的软件工程。

9.3.1.4　软件工程过程

ISO 9000 定义：软件工程过程是把输入转化为输出的一组彼此相关的资源和活动。包括两个方面的内涵：

（1）活动。软件工程过程是指为获得软件产品，在软件工具支持下由软件工程师完成的一系列软件工程活动，通常包含 4 种基本活动：①Plan：软件规格说明；②Do：软件开发；③Check：软件确认；④Action：软件演进。事实上，软件工程过程是一个软件开发机构针对某类软件产品为自己规定的工作步骤，它应当是科学的、合理的，否则必将影响软件产品的质量。

（2）转化。从软件开发的观点看，它就是使用适当的资源（包括人员、硬件与软件工具、时间等），为开发软件进行的一组开发活动，在过程结束时将输入（用户要求）转化为输出（软件产品）。

所以，软件工程过程是将软件工程的方法和工具综合起来，以达到合理、及时地进行计算机软件开发的目的。软件工程过程应确定方法使用的顺序、需要交付的文档资料、为保证质量和适应变化所需要的管理、软件开发各个阶段完成的任务。

9.3.1.5　软件生命周期

一个软件产品或软件系统同任何事物一样，也要经历孕育、诞生、成长、成熟、衰亡等阶段，一般称为软件生命周期（软件生存周期）。整个软件生命周期可划分为软件定义、软件开发及软件运行维护三个阶段，每个阶段有明确的任务，使规模大、结构复杂和管理复杂的软件开发变得容易控制和管理。软件生命周期的主要活动阶段包括：

（1）可行性研究与计划制定。确定待开发软件系统的开发目标和总要求，给出它的功能、性能和可靠性以及接口等方面的可能方案，制定完成开发任务的实施计划。

（2）需求分析。对待开发软件提出的目标和要求进行分析并给出详细定义，编写软件规格说明书及初步的用户手册，提交评审。

（3）软件设计。系统设计人员和程序设计人员应该在反复理解软件需求的基础上，给出软件的结构、模块的划分、功能的分配以及处理流程。在系统比较复杂的情况下，设计阶段可分解为概要设计阶段和详细设计阶段。编写概要设计说明书、详细设计说明书和测试计划初稿，最后提交评审。

（4）软件实现。完成软件设计转换成计算机可接受的程序代码，即编码，编写用户手册、操作手册等面向用户的文档，编写单元测试计划。

（5）软件测试。在设计测试用例的基础上，检验软件的各个组成部分，编写测试分析报告。

（6）运行和维护。交付软件并投入运行，运行过程中不断维护，根据新的需求变化进行必要且可能的扩充和修改。

软件工程国家标准分为 8 个阶段：系统定义、可行性分析、需求分析、概念设计、详细设计、编写代码、用户测试和软件维护。

9.3.1.6　软件开发环境

软件开发环境（Software Development Environment，SDE）是指在基本硬件和宿主软件的基础上，为支持系统软件和应用软件的工程化开发和维护而使用的一组软件。它由软件工具和环境集成机制构成，前者用以支持软件开发的相关过程、活动和任务，后者为工具集成和软件的开发、维护及管理提供统一的支持。软件开发环境可以从不同角度进行分类：

（1）按软件开发模型及开发方法分类，有支持瀑布模型、演化模型、螺旋模型、喷泉模型以及结构化方法、信息模型方法、面向对象方法等不同模型及方法的软件开发环境。

（2）按功能及结构特点分类，有单体型、协同型、分散型和并发型等多种类型的软件开发环境。

（3）按应用范围分类，有通用型和专用型软件开发环境。其中专用型软件开发环境与应用领域有关，故又可称为应用型软件开发环境。

（4）按开发阶段分类，有前端开发环境（支持系统规划、分析、设计等阶段的活动）、后端开发环境（支持编程、测试等阶段的活动）、软件维护环境和逆向工程环境等。此类环境往往可通过对功能较全的环境进行剪裁而得到。软件开发环境由工具集和集成机制两部分构成，工具集和集成机制的关系犹如“插件”和“插槽”的关系。

计算机辅助软件工程（Computer Aided Software Engineering，CASE）是协助进行应用程序开发的软件，包括分析、设计和代码生成，是当前软件开发环境中富有特色的研究工作和发展方向。

软件工程环境（Software Engineering Environment，SEE）是指以软件工程为依据，支持典型软件生产的系统。它具有以下特点：强调支持软件生产的全过程；强调大型软件的工业化生产；以集成和剪裁作为主要技术路径，实现软件工业化生产的目标；标准化。

9.3.2 结构化分析与设计

结构化方法（Structured Method，SM）强调开发方法的结构合理性以及所开发软件的结构合理性。结构是指系统内各个组成要素之间的相互联系、相互作用的框架。结构化开发方法提出了一组提高软件结构合理性的准则，如分解与抽象、模块独立性、信息隐蔽等。针对软件生存周期各个不同的阶段，有结构化分析（Structure Analysis，SA）、结构化程序设计（Structured Programming，SP）等方法。

9.3.2.1 结构化分析方法

常见的软件需求方法分为结构化分析方法和面向对象的分析方法。

结构化分析方法是结构化程序设计理论在软件需求分析阶段的运用，目的是帮助用户弄清软件的需求。结构化分析的步骤如下：

（1）通过对用户的调查，以软件需求为线索，获得当前系统的具体模型；

（2）通过对具体模型抽象，丢弃非本质因素，获得当前系统的逻辑模型；

（3）依据计算机的特点分析当前系统与目标系统的差别，建立目标系统的逻辑模型；

（4）完善目标系统并补充细节，撰写目标系统的软件需求规格说明；

（5）评审直至确认完全符合用户对软件的需求。

结构化分析的常用工具包括：

（1）数据流图（Data Flow Diagram，DFD）。它是描述数据处理过程的工具，是需求逻辑模型的图形表示，直接支持系统的功能建模。建立数据流图的步骤：由外向里，先画系统的输入/输出，后画系统的内部；自顶向下，顺序完成顶层、中间层和底层的数据流图；逐层分解。

（2）数据字典（Data Dictionary，DD）。它是用来定义数据流图中各个成分的具体含义的。对数据流图中出现的每一个数据流、文件、加工给出详细定义。数据字典主要有四类条目：数据流、数据项、数据存储和基本加工。数据项是组成数据流和数据存储的最小元素。

（3）判定树或判定表。它们都是以图形形式描述数据流图的加工逻辑，结构简单，易读易懂。使用判定树进行描述时，先从问题定义的文字描述中分清哪些是判定条件，哪些是判定的结论，再根据描述材料中的连接词找出判定条件之间的从属关系、并列关系、连接关系等，最后依据这些关系构造判定树。当数据流图中的加工要依赖多个条件取值的组合时，使用判定表比较适宜。

需求分析阶段的最后成果是软件需求规格说明书，它是软件开发的重要文档之一，包括概述、数据描述、功能描述、性能描述、参考文献和附录等。衡量软件需求规格说明书质量好坏的标准（按优先级排序）包括：正确性、无歧义性、完整性、可验证性、一致性、可理解性、可修改性和可追踪性。

9.3.2.2 结构化程序设计方法

与结构化需求分析方法相对应的是结构化设计方法，其基本思想是将软件设计成由相对独立、单一功能的模块组成的结构。

软件设计是一个把软件需求转换为软件表示的过程。从技术观点来看，软件设计包括软件结构设计、数据设计、接口设计和过程设计。软件设计是一个迭代过程，先进行高层次的结构设计，后进行低层次的过程设计，穿插进行数据设计和接口设计。从工程管理角度来看，软件设计分两步完成：概要设计和详细设计。

（1）概要设计。也称结构设计，其基本任务包括：设计软件系统结构、数据结构和数据设计，编写概要设计文档和概要设计评审文档。常用的软件结构设计工具是程序结构图。

（2）详细设计。它的任务是过程设计，为软件结构图中的每一个模块确定实现算法和局部数据结构，用某种选定的表达工具表示算法和数据结构的细节。过程设计常见工具包括图形工具（流程图、N－S 图、PAD 或 HIPO 等）、判定表和伪代码等。

9.3.3 软件测试

IEEE 将软件测试定义为：使用人工或自动手段来运行或测定某个系统的过程，其目的在于检验它是否满足规定的需求或弄清预期结果与实际结果之间的差别。测试以查找错误为中心。软件测试是保证软件质量的重要手段，其主要过程涵盖了整个软件生命周期。

软件测试的一些基本准则：所有测试都应追溯到需求；严格执行测试计划，排除测试的随意性；充分注意测试中的群集现象（程序错误的概率与已发现的错误个数成正比）；程序员应避免检查自己的程序；穷举测试不可能；妥善保存测试计划、测试用例、出错统计和最终分析报告。

软件测试方法包括静态测试与动态测试；白盒测试与黑盒测试。

（1）静态测试。包括代码检查、静态结构分析、代码质量度量等。静态测试不实际运行软件，主要通过人工进行。

（2）动态测试。为了发现错误而执行程序，是基于计算机的测试，即根据软件开发各阶段的规格说明和程序的内部结构而精心设计一批测试用例，利用这些用例去运行程序以发现程序错误的过程。

（3）白盒测试。也称结构测试或逻辑驱动测试，在程序内部对所有的逻辑路径进行测试，即穷举路径测试，主要用于完成软件内部操作的验证。白盒测试方法有逻辑覆盖、基本路径测试等。

（4）黑盒测试。也称功能测试或数据驱动测试。它完全不考虑程序内部的逻辑结构和内部特性，只依据程序的需求和功能规格说明，检查程序的功能是否符合其功能说明，主要用于软件确认测试。黑盒测试方法有等价类划分法、边界值分析法、错误推测法、因果图等。

软件测试过程一般按 4 个步骤进行，即单元测试、集成测试、验收测试（确认测试）和系统测试。通过这些步骤的实施来验证软件是否合格，是否能够交付用户使用。

（1）单元测试。模块或程序单元进行正确性检验测试，目的是发现模块内可能存在的各种错误。可以采用静态分析和动态测试，动态测试以白盒测试为主、黑盒测试为辅。

（2）集成测试。它是把模块在按照设计要求组装起来的同时进行的测试，主要目的是发现与接口有关的错误，内容包括软件单元的接口测试、全局数据结构测试、边界条件测试和非法输入测试等。

（3）确认测试。验证软件的功能和性能及其他特性是否满足需求规格说明中确定的各种需求以及软件配置是否完全、正确。一般采用黑盒测试方法。

（4）系统测试。在真实的目标环境下运行，用于评估系统环境下软件的性能，发现和捕捉软件存在的潜在错误。具体包括：功能测试、操作测试、配置测试、外部接口测试、安全性测试等。

9.3.4　程序调试

程序调试与软件测试不同，它的任务是诊断和改正程序中的错误。

程序调试包括两部分：根据错误的迹象确定程序中错误的性质、原因和位置；对程序进行修改以排除错误。因此，程序调试的原则包括：

（1）确定错误性质、位置时应注意的原则。分析思考与错误征兆有关的信息；避开死胡同；调试工具只是辅助手段；避免使用试探法，以免引入新的错误。

（2）修改错误的原则。在出错的地方，很可能还有别的错误；修改错误的一个常见失误是修改了这个错误的征兆或表现，而没有修改错误本身；注意修正一个错误的同时有可能会引入新的错误；修改错误的过程迫使暂时回到程序设计阶段；修改源代码程序，不要改变目标代码。

程序调试的基本步骤包括：错误定位；修改设计和代码以排除错误；进行回归测试，防止引入新的错误。

程序调试方法也可以分为静态调试和动态调试。静态调试是指主要通过人的思维来分析源程序代码和排错，是主要的调试手段，而动态调试是辅助静态调试的。主要的调试方法包括：

（1）强行排错法。作为传统的调试方法，其过程包括设置端点、程序暂停、观察程序状态和继续运行程序。很多开发环境提供相关工具，虽然该方法使用较多，但调试效率较低。

（2）回溯法。该方法适合小规模的程序排错，因为回溯路径数目增多时，回溯开销显著增加。使用步骤：一旦发现错误，先分析错误征兆，确定最先发现“症状”的位置；然后，从发现“症状”的地方开始，沿程序的控制流程，逆向跟踪源程序代码，直至找到错误根源或确定错误产生的范围。

（3）原因排除法。该方法通过演绎和归纳以及二分法来实现。演绎法是从一般原理或前提出发，经过排除和精炼化的过程推导出结论的思考方法。归纳法是从特殊推断出一般的系统化思考方法。二分法是指如果已知每个变量在程序中若干个关键点的正确值，则可在程序中的某点附近给这些变量赋正确值，然后运行程序并检查程序的输出，如果输出结果是正确的，则错误原因在程序的前半部分，否则在后半部分。

【学习指导】

✦ 程序＝算法＋数据结构。

✦ 数据结构研究数据的逻辑结构、存储结构以及数据结构之间的操作。

✦ 算法复杂度主要包括时间复杂度和空间复杂度。

✦ 顺序存储结构和链式存储结构各有优缺点。

✦ 查找表如果有序，虽然也可以采用顺序查找，但效率低，折半查找效率高。

✦ 排序分为内部排序和外部排序，内部排序算法时间复杂度只考虑键值的比较次数和记录的移动次数。

✦ 程序设计方法主要经历了结构化程序设计和面向对象的程序设计阶段。

✦ “清晰第一、效率第二”的观点成为当今主导的程序设计风格。

✦ 结构化程序设计原则概括为自顶向下、逐步求精、模块化和限制使用 goto 语句。

✦ 面向对象设计时，不再单纯地从代码的第一行一直编写到最后一行，而是考虑如何创建对象，利用对象来简化程序设计，提高代码的可重用性和系统设计的可扩展性。

✦ 软件工程的核心思想是把软件产品看作为一个工程产品来处理。

✦ 整个软件生命周期划分为软件定义、软件开发及软件运行维护三个阶段。

✦ 结构化分析方法是软件需求方法；结构化程序设计方法的基本思想是将软件设计成由相对独立、单一功能的模块组成的结构。

✦ 软件测试是保证软件质量的重要手段，包括人工或自动手段，目的是发现错误；程序调试的目的是诊断和改正程序中的错误。

【习题 9】

一、单选题

9.1 数据结构作为一门计算机的学科，主要研究数据的逻辑结构、对各种数据结构进行的运算，以及（　　）。

A. 数据的存储结构　　B. 计算方法

C. 数据映像　　D. 逻辑存储

9.2 数据处理的最小单位是（　　）。

A. 数据　　B. 数据元素

C. 数据项　　D. 数据结构

9.3 根据数据结构中各数据元素之间前后件（或称前趋和后继）关系的复杂程度，一般将数据结构分成（　　）。

A. 动态结构和静态结构　　B. 紧凑结构和非紧凑结构

C. 内部结构和外部结构　　D. 线性结构和非线性结构

9.4 下面关于算法的叙述正确的是（　　）。

A. 执行效率与数据存储结构无关　　B. 空间复杂度是指算法程序中语句条数

C. 有穷性是指执行有限个步骤后终止　　D. 以上 3 种叙述均不正确

9.5 算法分析的目的是（　　）。

A. 找出数据结构的合理性　　B. 找出算法中输入和输出之间的关系
C. 分析算法的易懂性和可靠性　　D. 分析算法的效率以求改进

9.6　算法的时间复杂度是指（　　）。
A. 执行算法程序所需要的时间　　B. 算法执行过程中所需要的基本运算次数
C. 算法程序的长度　　D. 算法程序中的指令条数

9.7　用链表表示线性表的优点是（　　）。
A. 便于随机存取　　B. 花费的存储空间较顺序存储少
C. 便于插入和删除操作　　D. 数据元素的物理顺序与逻辑顺序相同

9.8　以下数据结构中不属于线性数据结构的是（　　）。
A. 二叉树　　B. 队列
C. 线性表　　D. 栈

9.9　希尔排序法属于哪一种类型的排序法（　　）。
A. 交换排序法　　B. 插入排序法
C. 选择排序法　　D. 堆排序法

9.10　对长度为 n 的线性表进行顺序查找，在最坏情况下所需要的比较次数为（　　）。
A. $n/2$　　B. n
C. $(n+1)/2$　　D. $n+1$

9.11　下面叙述符合结构化程序设计风格的是（　　）。
A. 模块只有一个入口、可有多个出口　　B. 注重提高程序的执行效率
C. 不使用 goto 语句　　D. 使用3种基本结构表示程序的控制逻辑

9.12　下面概念不属于面向对象方法的是（　　）。
A. 过程调用　　B. 对象
C. 继承　　D. 类

9.13　结构化程序设计主要强调的是（　　）。
A. 程序的规模　　B. 程序的易读性
C. 程序的执行效率　　D. 程序的可移植性

9.14　程序流程图中的箭头代表（　　）。
A. 调用关系　　B. 组成关系
C. 数据流　　D. 控制流

9.15　在软件开发过程中，下面不属于设计阶段的任务是（　　）。
A. 定义需求并建立系统模型　　B. 数据结构设计
C. 给出系统模块结构　　D. 定义模块算法

9.16　在软件生命周期中，能准确地确定软件系统必须做什么和必须具备哪些功能的阶段是（　　）。
A. 概要设计　　B. 详细设计
C. 可行性分析　　D. 需求分析

9.17　下面不属于软件工程三要素的是（　　）。

A. 工具　　B. 环境

C. 过程　　D. 方法

9.18 检查软件产品是否符合需求定义的过程为（　　）。

A. 确认测试　　B. 集成测试

C. 验证测试　　D. 验收测试

9.19 软件调试的目的是（　　）。

A. 改善软件的性能　　B. 挖掘软件的潜能

C. 改正错误　　D. 发现错误

9.20 下列工具中为需求分析常用工具的是（　　）。

A. N－S　　B. DFD

C. PAD　　D. PDL

附录1　二级VFP数据库程序设计考试大纲

全国计算机等级考试二级 Visual FoxPro 数据库程序设计考试大纲（2013 年版）

✦ 基本要求

1. 具有数据库系统的基础知识。
2. 基本了解面向对象的概念。
3. 掌握关系数据库的基本原理。
4. 掌握数据库程序设计方法。
5. 能够使用 Visual FoxPro 建立一个小型数据库应用系统。

✦ 考试内容

一、Visual FoxPro 基础知识

1. 基本概念

数据库、数据模型、数据库管理系统、类和对象、事件、方法。

2. 关系数据库

（1）关系数据库：关系模型、关系模式、关系、元组、属性、域、主关键字和外部关键字。

（2）关系运算：选择、投影、连接。

（3）数据的一致性和完整性：实体完整性、域完整性、参照完整性。

3. Visual FoxPro 系统特点与工作方式

（1）Windows 版本数据库的特点。

（2）数据类型和主要文件类型。

（3）各种设计器和向导。

（4）工作方式：交互方式（命令方式，可视化操作）和程序运行方式。

4. Visual FoxPro 的基本数据元素

（1）常量、变量、表达式。

（2）常用函数：字符处理函数、数值计算函数、日期时间函数、数据类型转换函数、测试函数。

二、Visual FoxPro 数据库的基本操作

1. 数据库和表的建立、修改与有效性检验

（1）表结构的建立与修改。

（2）表记录的浏览、增加、删除与修改。

（3）创建数据库，向数据库添加或移出表。

（4）设定字段级规则和记录级规则。

（5）表的索引：主索引、候选索引、普通索引、唯一索引。

2. 多表操作

（1）选择工作区。

（2）建立表之间的关联：一对一的关联、一对多的关联。

（3）设置参照完整性。

（4）建立表间临时关联。

3. 建立视图与数据查询

（1）查询文件的建立、执行与修改。

（2）视图文件的建立、查看与修改。

（3）建立多表查询。

（4）建立多表视图。

三、关系数据库标准语言 SQL

1. SQL 的数据定义功能

（1）CREATE TABLE - SQL。

（2）ALTER TABLE - SQL。

2. SQL 的数据修改功能

（1）DELETE - SQL。

（2）INSERT - SQL。

（3）UPDATE - SQL。

3. SQL 的数据查询功能

（1）简单查询。

（2）嵌套查询。

（3）连接查询。① 内连接；② 外连接：左连接、右连接、完全连接。

（4）分组与计算查询。

（5）集合的并运算。

四、项目管理器、设计器和向导的使用

1. 使用项目管理器

（1）使用“数据”选项卡。

（2）使用“文档”选项卡。

2. 使用表单设计器

（1）在表单中加入和修改控件对象。

（2）设定数据环境。

3. 使用菜单设计器

（1）建立主选项。

（2）设计子菜单。

（3）设定菜单选项程序代码。

4. 使用报表设计器
(1) 生成快速报表。
(2) 修改报表布局。
(3) 设计分组报表。
(4) 设计多栏报表。
5. 使用应用程序向导
6. 应用程序生成器与连编应用程序

五、Visual FoxPro 程序设计

1. 命令文件的建立与运行
(1) 程序文件的建立。
(2) 简单的交互式输入、输出命令。
(3) 应用程序的调试与执行。
2. 结构化程序设计
(1) 顺序结构程序设计。
(2) 选择结构程序设计。
(3) 循环结构程序设计。
3. 过程与过程调用
(1) 子程序设计与调用。
(2) 过程与过程文件。
(3) 局部变量和全局变量、过程调用中的参数传递。
4. 用户定义对话框（Messagebox）的使用

✦ 考试方式

上机考试，考试时长 120 分钟，满分 100 分。
1. 题型及分值
(1) 单项选择题 40 分（含公共基础知识部分 10 分）。
(2) 操作题 60 分（包括基本操作题、简单应用题及综合应用题）。
2. 考试环境
Visual FoxPro 6.0。

附录 2　二级公共基础知识考试大纲

全国计算机等级考试二级公共基础知识考试大纲
（2013 年版）

✦ 基本要求

1. 掌握算法的基本概念。
2. 掌握基本数据结构及其操作。
3. 掌握基本排序和查找算法。
4. 掌握逐步求精的结构化程序设计方法。
5. 掌握软件工程的基本方法，具有初步应用相关技术进行软件开发的能力。
6. 掌握数据库的基本知识，了解关系数据库的设计。

✦ 考试内容

一、基本数据结构与算法

1. 算法的基本概念；算法复杂度的概念和意义（时间复杂度与空间复杂度）。
2. 数据结构的定义；数据的逻辑结构与存储结构；数据结构的图形表示；线性结构与非线性结构的概念。
3. 线性表的定义；线性表的顺序存储结构及其插入与删除运算。
4. 栈和队列的定义；栈和队列的顺序存储结构及其基本运算。
5. 线性单链表、双向链表与循环链表的结构及其基本运算。
6. 树的基本概念；二叉树的定义及其存储结构；二叉树的前序、中序和后序遍历。
7. 顺序查找与二分法查找算法；基本排序算法（交换类排序、选择类排序、插入类排序）。

二、程序设计基础

1. 程序设计方法与风格。
2. 结构化程序设计。
3. 面向对象的程序设计方法、对象、方法、属性及继承与多态性。

三、软件工程基础

1. 软件工程基本概念、软件生命周期概念、软件工具与软件开发环境。
2. 结构化分析方法、数据流图、数据字典、软件需求规格说明书。
3. 结构化设计方法、总体设计与详细设计。
4. 软件测试的方法，白盒测试与黑盒测试，测试用例设计，软件测试的实施，单元测试、集成测试和系统测试。
5. 程序的调试：静态调试与动态调试。

四、数据库设计基础

1. 数据库的基本概念：数据库、数据库管理系统、数据库系统。

2. 数据模型、实体联系模型及E－R图、从E－R图导出关系数据模型。

3. 关系代数运算，包括集合运算及选择、投影、连接运算，数据库规范化理论。

4. 数据库设计方法和步骤：需求分析、概念设计、逻辑设计和物理设计的相关策略。

✦ 考试方式

1. 公共基础知识不单独考试，与其他二级科目组合在一起，作为二级科目考核内容的一部分。

2. 考试方式为上机考试，10道选择题，占10分。

参考文献

[1] 李春葆,曾慧. 数据库原理与应用——基于 Visual Foxpro[M]. 北京:清华大学出版社,2005.
[2] 刘甫迎,党晋蓉. Visual Foxpro 面向对象程序设计[M]. 北京:清华大学出版社,2004.
[3] 伍俊良. Visual Foxpro 课程设计与系统开发案例[M]. 北京:清华大学出版社,2003.
[4] 王诚君. 中文 Access 2000 新编教程[M]. 北京:清华大学出版社,2003.
[5] 刘瑞新. 二级 Visual Foxpro 程序设计[M]. 北京:机械工业出版社,2003.
[6] 李雁翎. Visual Foxpro 应用基础与面向对象程序设计教程[M]. 北京:高等教育出版社,1999.
[7] 笑然,王辉,洪继群等. 精通 Visual Foxpro 6.0 中文版[M]. 北京:电子工业出版社,1999.
[8] 高国宏. Visual Foxpro 6.0 实用管理系统开发实例剖析[M]. 北京:中国民航出版社,1999.
[9] 廖兴祥,等. Foxpro 数据库实用技术(2.0～2.5)[M]. 北京:电子工业出版社,1994.
[10] 祝胜林等. C 语言程序设计教程[M]. 广州:华南理工大学出版社,2004.
[11] 毕超. 二级公共基础教程与考前辅导[M]. 北京:中国水利水电出版社,2006.
[12] 王珊,陈红. 数据库系统原理教程[M]. 北京:清华大学出版社,2010.